Photoshop
CC 案例实战
从入门到精通

王红卫 等编著

机械工业出版社
China Machine Press

图书在版编目（CIP）数据

Photoshop CC 案例实战从入门到精通 / 王红卫等编著 . —北京：机械工业出版社，2014.7

ISBN 978-7-111-46544-7

Ⅰ.①P… Ⅱ.①王… Ⅲ.①图像处理软件 Ⅳ.① TP391.41

中国版本图书馆 CIP 数据核字（2014）第 086961 号

本书为从事平面设计人员编写的全实例型教材，案例来自商业应用，以深入浅出、语言平实的教学风格，将 Photoshop 化繁为简，浓缩精华彻底掌握。全书采用典型范例与设计理念相结合，配以清晰的步骤详图，精选 Photoshop CC 中文版最常用、最实用的 11 个类型进行讲解：涉及特效文字、名片、杂志封面、POP 艺术招贴、商业海报、手提袋、商业包装、网站硬广、商务网页、UI 界面和商业广告。每个案例一一列出了详细的操作难度系数、技术点及创意特点，并以详细的操作步骤解析了实例的制作思路与方法，借此实例为读者抛砖引玉、拓展思路，感受 Photoshop 的强大功能以及它带给我们的无限创意。

随书附赠 1 张 DVD 多媒体教学光盘，不但包括所有案例的高清语音视频讲解，同时还提供了全书所有案例的调用素材及源文件。视频讲解将精要知识与商业案例结合，在深入剖析案例制作技法的同时，还详述了制作技巧，使您快速成为设计达人。

本书适合学习 Photoshop 的初级用户，以及从事平面广告设计、工业设计、CIS 企业形象策划、产品包装造型、印刷制版等工作的人员和电脑美术爱好者阅读，也可作为社会培训学校、大中专院校相关专业的教学参考书或上机实践指导用书。

Photoshop CC 案例实战从入门到精通

王红卫等　编著

出版发行：机械工业出版社（北京市西城区百万庄大街 22 号　邮政编码：100037）

责任编辑：夏非彼　　迟振春

印　　刷：中国电影出版社印刷厂　　　　　　　　　　　　版　　次：2014 年 7 月第 1 版第 1 次印刷

开　　本：188mm×260mm　1/16　　　　　　　　　　印　　张：26

书　　号：ISBN 978-7-111-46544-7　　　　　　　　　定　　价：85.00 元（附光盘）

　　　　　　ISBN 978-7-89405-378-7（光盘）

前　言

关于 Photoshop CC 及本书

2013 年 Adobe 公司推出了最新版本 Photoshop CC（Creative Cloud）。除去 Photoshop CS6 中所包含的功能，Photoshop CC 还添加了大量新功能，包括：相机防抖动、Camera Raw 功能改进、智能锐化、圆角矩形、多重形状、图像提升采样、属性面板改进、Behance 集成以及 Creative Cloud（即云功能）等。

本书根据版本的变化及读者的需求编写，全部实例从一线设计师作品中优选而来，采用最新版 Photoshop CC 制作，让您在第一时间领略 Photoshop 新版本的精彩。同时本书的所有实例讲解并不局限于软件版本，适合于 CS、CS2、CS3、CS4、CS5、CS6 版本，所以您完全不用纠结于软件版本问题。

本书结构

全书共分为 12 章，以全实例的形式，由浅入深地讲解了 Photoshop 平面设计的基础知识、特效文字、个性名片、杂志封面装帧、POP 艺术招贴、商业海报、精品包装、网站硬广、商务网页、手提袋、UI 界面和商业广告设计等，在介绍案例设计时，深入剖析了利用 Photoshop 进行设计创意的方法和技巧，使读者尽可能多地掌握设计中的关键技术与设计理念。此外还解析了实例的制作方法，旨在抛砖引玉，为读者开启一扇通往设计师的大门，感受 Photoshop 的强大功能及它带来的无限创意。

本书特色

1. 一线作者团队。本书由一线设计师为入门级用户量身定制，以深入浅出、语言平实的教学风格，将 Photoshop 化繁为简，浓缩精华彻底掌握。

2. 超完备的基础功能及案例详解。在全面掌握软件使用方法和技巧的同时，掌握专业设计知识与创意手法，从零到迅速提高，让初学者快速入门、入行，进而创作出好的作品。

3. 作者根据多年的教学经验，将 Photoshop 中常见的问题及解决方法以提示和技巧的形式显现出来，让读者轻松掌握核心技法。

4. DVD 超大容量高清语音教学。本书附带 1 张高清语音多媒体教学 DVD，10 小时超长教学时间，4GB 超大容量，36 堂多媒体教学内容，真正做到多媒体教学与图书互动，使读者从零起飞，快速跨入高手行列。

本书版面结构说明

为了方便读者快速阅读进而掌握本书内容，下面将本书的版面结构进行剖析说明，使读者了解本书的特色，以达到轻松自学的目的。本书设计了"设计构思"、"操作步骤"、"素材及视频"、"提示或技巧"和"最终效果"特色专题。版面结构说明如下：

操作步骤：展示实例详细的制作步骤。

技巧：重点指出软件的使用方法及操作过程中的注意事项，方便读者学习及疑难解答。汇集大量与技术性相关的功能，介绍更加出色的快捷方式或操作秘技说明。

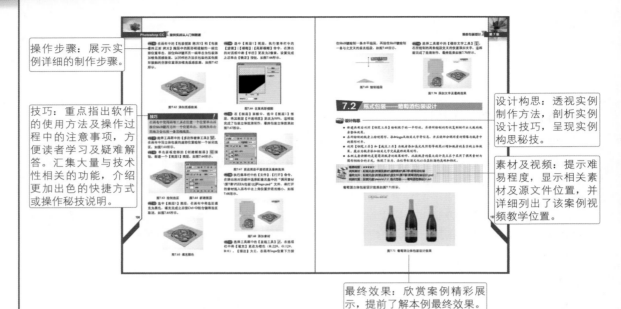

设计构思：透视实例制作方法，剖析实例设计技巧，呈现实例构思秘技。

素材及视频：提示难易程度，显示相关素材及源文件位置，并详细列出了该案例视频教学位置。

最终效果：欣赏案例精彩展示，提前了解本例最终效果。

创作团队

本书主要由王红卫编写，张四海、余昊、贺容、王英杰、崔鹏、桑晓洁、王世迪、吕保成、蔡桢桢、王红启、胡瑞芳、王翠花、夏红军、李慧娟、杨树奇、王巧伶、陈家文、王香、杨曼、马玉旋、张田田、谢颂伟、张英、石珍珍、陈志祥也参与了本书的编写。由于时间仓促，错误在所难免，希望广大读者批评指正。如果您在学习过程中发现问题或有更好的建议，欢迎发送邮件到 smbook@163.com 与我们联系。

编　者
2014 年 4 月

光盘使用说明

❖ 光盘操作

1. 将光盘插入光驱后，系统将自动运行本光盘中的程序，首先启动如图1所示的"主界面"画面。

提示：如果没有自动运行，可在光盘中双击start.exe图标运行该光盘。

进入章节选择界面

打开光盘中的素材和源文件

退出光盘演示界面

安装视频解码器

打开帮助信息

图1　主界面

2. 在主界面中单击某个选项标题，即可进入不同的界面。如果想进入多媒体教学界面，可以单击 多媒体课堂讲座 按钮，打开如图2所示的"章节选择界面"。

进入视频教学界面，开始学习

返回主界面

退出光盘演示界面

图2　章节选择界面

3. 在章节选择界面中单击某个案例标题，即可进入该案例视频界面进行学习，比如单击 7.2 瓶式包装 葡萄酒包装设计 按钮，打开如图3所示的界面。

图3 进入学习界面

4. 在任意界面中单击"退出"按钮，即可退出光盘演示界面，显示如图4所示的界面，将完全结束程序运行。

图4 退出界面

❖ 运行环境

本光盘可以运行于Windows 2000/XP/Vista/7的操作系统下。

注意: 本书配套光盘中的文件仅供学习和练习时使用，未经许可不能用于任何商业行为。

❖ 使用注意事项

1. 本教学光盘中所有视频文件均采用TSCC视频编码进行压缩，如果发现光盘中的视频不能正确播放，请在主界面中单击"安装视频解码器"按钮安装解码器，然后再运行本光盘，即可正确播放视频文件。

2. 放入光盘后程序将自动运行，或者执行Start.exe文件。

3. 本程序运行最佳屏幕分辨率为1024×768，否则将出现意想不到的错误。

❖ 技术支持

对本书及光盘中的任何疑问和技术问题可发邮件至smbook@163.com与作者联系。

目　录

包装立体效果

Pure fruit juice
Milk

Pure fruit juice
Milk

style01 style01 style01 style01
style02 style02 style02 style02

The furious bartender

中华美食
传统面点

纯手工 更地道

精致奶黄包

尚雅朵拉登陆界面

会员登陆

用户名
密　码
验证码

水晶球会员登陆

第 **1** 章 平面设计的基础知识

内容摘要

Photoshop CC是Adobe公司推出的一款优秀的图形处理软件，功能强大，使用方便。广泛应用在设计行业的各个领域。为了读者更好的掌握Photoshop软件，本章将详细讲解平面设计的基础知识，让读者对Photoshop所处的行业应用有个基本的了解，为步入设计高手行列打下坚实的基础。

教学目标

- 了解平面设计的基础概念
- 了解平面设计的分类及流程
- 了解平面设计的常用软件及应用范围
- 掌握平面设计的常用尺寸及印刷知识
- 掌握平面设计的表现手法及色彩基础

1.1 平面设计的概念

　　平面设计的定义泛指具有艺术性和专业性，以【视觉】作为沟通和表现的方式，将不同的基本图形，按照一定的规则在平面上组合成图案的，借此作出用来传达想法或信息的视觉表现。平面设计这个术语出于英文【graphic】，在现代平面设计形成前，这个术语泛指各种通过印刷方式形成的平面艺术形式。【平面】这个术语当时的含义不仅指作品是二维空间的、平面的，它还具有：批量生产的，并因此而与单张单件的艺术品区别开来。

　　平面设计，英文名称为Graphic Design，Graphic常被翻译为【图形】或者【印刷】，其作为【图形】的涵盖面要比【印刷】大。因此，广义的图形设计，就是平面设计，主要在二度空间范围之内以轮廓线划分图与底之间的界限，描绘形象。也有人将Graphic Design翻译为【视觉传达设计】，即用视觉语言进行传递信息和表达观点的设计，这是一种以视觉媒介为载体，向大众传播信息和情感的造型性活动。此定义始于20世纪80年代，如今视觉传达设计所涉及的领域不断扩大，已远远超出平面设计的范畴。

　　设计一词来源于英文【design】，平面设计在生活中无处不在，每当翻开一本版式明快、色彩跳跃、文字流畅、设计精美的杂志，都有一种爱不释手的感觉，即使对其中的文字内容并没有什么兴趣，有些精致的广告也能吸引住你。这就是平面设计的魅力。它能把一种概念，一种思想通过精美的构图、版式和色彩，传达给看到它的人。平面设计包括很广的设计范围和门类建筑：工业、环艺、装潢、展示、服装、平面设计等。

设计是有目的的策划，平面设计是这些策划将要采取的形式之一，在平面设计中需要用视觉元素来传播你的设想和计划，用文字和图形把信息传达给观众，让人们通过这些视觉元素了解你的设想和计划，这才是设计的定义。

1.2 平面设计分类

目前常见的平面设计可以归纳为八大类：网页设计、包装设计、DM广告设计、海报设计、POP广告设计、标志、书籍设计、VI设计。

网页设计主要负责网页的美工设计，或说成网页版面设计，对于网页设计来讲这块需求量是非常大的，现在人们越来越重视美观，而且要求越来越高。不管是门户网站，还是企业网站，现今使用FLASH软件制作整个网站的个人或公司也越来越多，因为FLASH制作的网站具有更大的互动性。当你在Internet这个信息的海洋中尽情邀游时，会发现许许多多内容丰富、创意新颖、设计独特的个人网页，不知道你见到这样漂亮可人的网页是否有点心动。如图1.1所示为几个网站的设计效果。

图1.1 网页设计

包装设计即指选用合适的包装材料，运用巧妙的工艺手段，为包装商品进行的容器结构造型和包装的美化装饰设计。包装作为实现商品价值和使用价值的手段，在生产、流通、销售和消费领域中，发挥着极其重要的作用，它是品牌理念、产品特性、消费心理的综合反映，是企业设计不得不关注的重要课题，包装设计也就成为市场销售竞争中重要的一环。当今世界经济的迅猛发展，极大地改变了人们的生活方式和消费观念，也使得包装深入到人们的日常生活中。如图1.2所示为几个包装设计效果。

图1.2 包装设计效果

DM是英文Direct Mail的缩写，意为【直接邮寄广告或直投广告】，即通过邮寄、赠送等形式，将宣传品送到消费者手中。DM广告除了用邮寄方法外，还可以借助于其他媒介，比如传真、杂志、电视、电话、电子邮件或直接网络、柜台散发、专人派送、来函索取、随商品包装发出等。DM广告形式有广义和狭义之分：广义上包括广告单页，如大家熟悉的街头巷尾、商场超市散布的传单；狭义上的DM广告仅指装订成册的集纳型广告宣传画册，页数在10多页至200多页不等。如图1.3所示为DM广告设计效果。

图1.3 DM广告设计效果

海报是一种视觉传达的表现形式，主要通过版面构成把人们在几秒钟之内吸引住，并获得瞬间的刺激，要求设计师做到既准确到位，又要有独特的版面创意形式。而设计师的任务就是把构图、图片、文字、色彩、空间这一切要素的完美结合，用恰当的形式把信息传达给人们。海报即招贴，【招贴】按其字义解释，【招】是指引注意，【贴】是张贴，即【为招引注意而进行张贴】。它是指公共场所，以张贴或散发的形式发布的一种广告。在广告诞生的初期，就已经有了海报这种形式；在生活的各个空间，它的影子随处可见。海报的英文名字叫【poster】，在牛津英语词典里意指展示于公共场所的告示（Placard displayed in a public place）。在伦敦【国际教科书出版公司】出版的广告词典里，poster意指张贴于纸板、墙、大木板或车辆上的印刷广告，或以其他方式展示的印刷广告，它是户外广告的主要形式，广告的最古老形式之一。海报，属于户外广告，分布在各街道、影剧院、展览会、商业闹区、车站、码头、公园等公共场所。如图1.4所示为海报设计效果。

图1.4 海报设计效果

POP 广告（Point of Purchase Advertising），又称为售卖场所广告，是一切购物场所如百货公司、购物中心、商场、超市、便利店等所做的现场广告的总称。有效的POP广告，能激发顾客的随机购买，也能有效地促使计划性购买的顾客果断决策，实现即时即地的购买。POP广告对消费者、零售商、厂家都有重要的促销作用。POP设计主要包括产品标签POP设计、促销POP设计和卖场POP设计。POP 广告具有很高的广告价值，而且其成本不高，它起源于超级市场，但同样适合于一些非超级市场的普通商场，甚至于一些小型的商店等一切商品销售的场所。也就是说，POP广告对于任何经营形式的商业场所，都具有招揽顾客、促销商品的作用。如图1.5所示为POP广告效果。

图1.5 POP广告设计效果

标志也称徽标、商标，英文俗称为：LOGO（标志），是现代经济的产物，是一种具有象征性的大众传播符号，它以精练的形象表达一定的涵义，并借助人们的符号识别、联想等思维能力，传达特定的信息。标志将具体的事物、事件，场景和抽象的精神、理念、方向，通过特殊的图形固定下来，使人们在看到logo标志的同时，自然的产生联想，从而对企业产生认同。企业标志是企业视觉识别系统中的核心部分，是一种系统化的形象归纳和形象的符号化提炼，经过抽象和具象结合与统一，最后创造出高度简洁的图形符号，企业标志不同于展会标志与其他公益标志或个人标志，它代表一个企业的文化和远景，既要能展示公司的经营理念，又要能在实际应用中方便适用。如图1.6所示为标志设计效果。

图1.6 标志设计效果

书籍设计就是对图书的装订、包装设计，设计过程包含了印前、印刷、印后对书的形态与传达效果的分析。书籍设计是指书籍的整体设计。它包括的内容很多，其中封面，扉页和插图设计是其中的三大主体设计要素。具体是指对开本、字体、版面、插图、封面、护封以及纸张、印刷、装订和材料事先的艺术设计。从原稿到成书的整体设计，被称为装帧设计。封面设计是书籍装帧设计艺术的门面，它是通过艺术形象设计的形式来反映书籍的内容。在当今琳琅满目的书海中，书籍的封面起了一个无声的推销员作用，它的好坏在一定程度上将会直接影响人们的购买欲。书籍设计和衡量设计的优劣，不能脱离市场的声音，因为书籍和读者都离不开市场。市场需要有魅力的书籍设计，成熟的设计就是最有魅力的设计，也是能够经得住市场考验和相对持久的设计。成熟的设计是解决问题和矛盾之后产生的良好结果，也是出版者和设计师所期望所追求的。因此，成熟，才是书籍设计的最高境界。如图1.7所示为书籍设计效果。

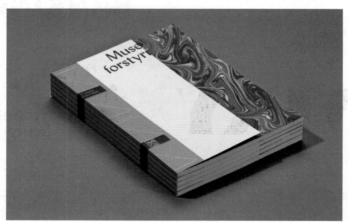

图1.7 书籍设计效果

　　VI设计即Visual Identity，通译为视觉识别系统，是CIS系统最具传播力和感染力的部分。是将CI的非可视内容转化为静态的视觉识别符号，以无比丰富的多样的应用形式，在最为广泛的层面上，进行最直接的传播。设计到位、实施科学的视觉识别系统，是传播企业经营理念、建立企业知名度、塑造企业形象的快速便捷之途。对于企业内容，VI通过标准识别来划分和产生区域、工种类别、统一视觉等要素，以利于规范化管理和增强员工的归属感。VI由两大部分组成，一是基本设计系统，二是应用设计系统。VI设计一般包括基础部分和应用部分两大内容。其中，基本设计部分一般包括：企业的名称、标志设计、标识、标准字体、标准色、辅助图形、标准印刷字体、禁用规则等；而应用设计部分则一般包括：标牌旗帜、办公用品、公关用品、环境设计、办公服装、专用车辆等。在这里，可以以一棵大树来比喻，基本设计系统是树根，是VI的基本元素，而应用设计系统是树技、树叶，是整个企业形象的传播媒体。如图1.8所示为VI设计效果。

图1.8 VI设计效果

1.3 平面设计的一般流程

平面设计的过程是有计划有步骤的渐进式不断完善的过程，设计的成功与否很大程度上取决于理念是否准确，考虑是否完善。设计之美永无止境，完善取决于态度。平面设计的一般流程如下。

❶ 前期沟通

客户提出要求，并提供公司的背景、企业文化、企业理念以及其他相关资料。设计师这时一般还要做一个市场调查，以做到心中有数。

② 达成合作意向

通过沟通，达成合作意向，然后签定合作协议，这时，客户一般要支付少量的预付款，以便开始设计工作。

③ 设计师分析设计

根据前期的沟通及市场调查，配合客户提供的相关信息，制作出初稿，一般要有两到三个方案，以便让客户选择。

④ 第一次客户审查

将前面设计的几个方案，提交给客户审查，以满足客户要求。

⑤ 客户提出修改意见

客户在提交的方案中，提出修改意见，以供设计师修改。

⑥ 第二次客户审查

根据客户的要求，设计师再次进行分析修改，确定最终的海报方案，完成海报设计。

⑦ 包装印刷

双方确定设计方案，然后经设计师处理后，提交给印刷厂进行印制，完成设计。

1.4 平面设计常用软件

平面设计软件一直是应用的热门领域，我们可以将其划分为图像绘制和图像处理两个部分，下面简单介绍这方面一些常用软件的情况。

① Adobe Photoshop

Photoshop是Adobe公司旗下最为出名的图像处理软件之一，集图像扫描、编辑修改、图像制作、广告创意、图像输入与输出于一体的图形图像处理软件，深受广大平面设计人员和电脑美术爱好者的喜爱。这款美国Adobe公司的软件一直是图像处理领域的巨无霸，在出版印刷、广告设计、美术创意、图像编辑等领域得到了极为广泛的应用。

Photoshop的专长在于图像处理，而不是图形创作。有必要区分一下这两个概念。图像处理是对已有的位图图像进行编辑加工处理以及运用一些特殊效果，其重点在于对图像的处理加工；图形创作软件是按照自己的构思创意，使用矢量图形来设计图形，这类软件主要有Adobe公司的另一个著名软件Illustrator和Macromedia公司的Freehand，不过Freehand已经快要淡出历史舞台了。

平面设计是Photoshop应用最为广泛的领域，无论是我们正在阅读的图书封面，还是大街上看到的招帖、海报，这些具有丰富图像的平面印刷品，基本上都需要Photoshop软件对图像进行处理。

② Adobe Illustrator

Illustrator是美国Adobe公司推出的专业矢量绘图工具，是出版、多媒体和在线图像的工业标准矢量插画软件。Illustrator是由Adobe公司出品，英文全称是Adobe Systems Inc，始创于1982年，是广告、印刷、出版和Web领域首屈一指的图形设计、出版和成像软件设计公司，同时也是世界上第二大桌面软件公司。

无论您是生产印刷出版线稿的设计者和专业插画家、生产多媒体图像的艺术家，还是互联网页或在线内容的制作者，都会发现Illustrator 不仅仅是一个艺术产品工具，它能适合大部分小型设计到大型的复杂项目。

③ CorelDRAW

CorelDRAW Graphics Suite是一款由世界顶尖软件公司之一的加拿大的Corel公司开发的图形图像软件。集矢量图形设计、矢量动画、页面设计、网站制作、位图编辑、印刷排版、文字编辑处理和图形高品质输出于一体的平面设计软件，深受广大平面设计人员的喜爱，目前主要在广告制作、图书出版等方面得到广泛的应用，功能与其类似的软件有Illustrator、Freehand。

CorelDRAW图像软件是一套屡获殊荣的图形、图像编辑软件，它包含两个绘图应用程序：一个用于矢量图及页面设计；一个用于图像编辑。这套绘图软件组合带给用户强大的交互式工具，使用户可创作出多种富于动感的特殊效果及点阵图像即时效果，在简单的操作中就可得到实现，而不会丢失当前的工作。通过CorelDRAW的全方位的设计及网页功能可以融合到用户现有的设计方案中，灵活性十足。

CorelDRAW软件非凡的设计能力广泛地应用于商标设计、标志制作、模型绘制、插图描画、排版及分色输出等诸多领域。其被喜爱的程度可用事实说明，用于商业设计和美术设计的PC电脑上几乎都安装了CorelDRAW。

④ Adobe InDesign

Adobe的InDesign是一个定位于专业排版领域的全新软件，是面向公司专业出版方案的新平台，由Adobe公司1999年9月1日发布，InDesign博众家之长，从多种桌面排版技术汲取精华，如将QuarkXPress和Corel－Ventura（著名的Corel公司的一款排版软件）等高度结构化程序方式与较自然化的PageMaker方式相结合，为杂志、书籍、广告等灵活多变、复杂的设计工作提供了一系列更完善的排版功能，尤其该软件是基于一个创新的、面向对象的开放体系（允许第三方进行二次开发扩充加入功能），大大增加了专业设计人员用排版工具软件表达创意和观点的能力，虽然出道较晚，但在功能上反而更加完美与成熟。

⑤ Adobe PageMaker

PageMaker是由创立桌面出版概念的公司之一Aldus于1985年推出，后来在升级至5.0版本时，被Adobe公司在1994年收购。PageMaker提供了一套完整的工具，用来产生专业、高品质的出版刊物。它的稳定性、高品质及多变化的功能特别受到使用者的赞赏。另外，在6.5版中添加的一些新功能，让我们能够以多样化、高生产力的方式，通过印刷或Internet来出版作品。还有，在6.5版中为与Adobe Photoshop 5.0配合使用提供了相当多的新功能，PageMaker在界面上及使用上就如同Adobe Photoshop、Adobe Illustrator及其他Adobe的产品一样，让我们可以更容易地运用Adobe的产品。最重要的一点，在PageMaker的出版物中，置入图的方式可谓是最好的了。通过链接的方式置入图，可以确保印刷时的清晰度，这一点在彩色印刷时尤其重要。

PageMaker操作简便但功能全面。借助丰富的模板、图形及直观的设计工具，用户可以迅速入门。作为最早的桌面排版软件，PageMaker曾取得过不错的业绩，但在后期与QuarkXPress的竞争中一直处于劣势。由于PageMaker的核心技术相对陈旧，在7.0版本之后，Adobe公司便停止了对其的更新升级，而代之以新一代排版软件InDesign。

⑥ Adobe Freehand

Freehand是Adobe公司软件中的一员，简称FH，是一个功能强大的平面矢量图形设计软件，无论是广告创意、书籍海报、机械制图，还是绘制建筑蓝图，Freehand都是一件强大、实用而又灵活的利器。

Freehand是一款方便的、可适合不同应用层次用户需要的矢量绘图软件，可以在一个流程化的图形创作环境中，提供从设计理念完美地过渡到实现设计、制作、发布所需要的一切工具，而且这些操作都在同一个操作平台中完成，其最大的优点是可以充分发挥人的想象空间，始终以创意为先来指导整个绘图，目前在印刷排版、多媒体、网页制作等领域得到广泛的应用。

❼ QuarkXPress

QuarkXpress是Quark公司的产品，是世界上最被广泛使用的版面设计软件之一。它被世界上先进的设计师、出版商和印刷厂用来制作：宣传手册、杂志、书本、广告、商品目录、报纸、包装、技术手册、年度报告、贺卡、刊物，传单、建议书等。它把专业排版、设计、彩色和图形处理功能、专业作图工具、文字处理、复杂的印前作业等全部集成在一个应用软件中。因为QuarkXPress有Mac OS版本和Windows 95/98、Windows NT版本，可以方便地在跨平台环境下工作。

无可比拟的先进产品QuarkXPress是世界上出版商使用的先进的主流设计产品。它精确的排版、版面设计和彩色管理工具提供从构思到输出等设计的每一个环节的前所未有的命令和控制，QuarkX-Press中文版还针对中文排版特点增加和增强了许多中文处理的基本功能，包括简繁字体混排、文字直排、单字节直转横、转行禁则、附加拼音或注音、字距调整，中文标点选项等。作为一个完全集成的出版软件包，QuarkXPress是为印刷和电子传递而设计的单一内容的开创性应用软件。

1.5 平面软件应用范围

平面设计是一门历史最悠久、应用最广泛、功能最基础的应用设计艺术。在设计服务业中，平面设计是所有设计的基础，也是设计业中应用范围最为广泛的类别。平面设计已经成为现代销售推广不可缺少的一个平面媒体广告设计方式，平面设计的范围也变得越来越大，越来越广。

❶ 广告创意设计

广告创意设计是平面软件应用最为广泛的领域之一，无论是大街上看到的招帖、海报、POP，还是拿在手中的书籍、报纸、杂志等，基本上都应用了平面设计软件进行处理。如图1.9所示为平面设计软件在广告创意设计中的应用。常用软件Photoshop、Illustrator、CorelDRAW和Freehand。

图1.9 广告创意设计

② 数码照片处理

平面设计软件中，Photoshop具有强大的图像修饰功能。利用这些功能，可以快速修复一张破损的老照片，也可以修复人脸上的斑点等缺陷，还可以完成照片的校色、修正、美化肌肤等。常用软件Photoshop。如图1.10所示为数码照片处理效果。

图1.10 数码照片处理效果

③ 影像创意合成

平面设计软件还可以将多个影像进行创意合成，将原本风马牛不相及的对象组合在一起，也可以使用【狸猫换太子】的手段使图像发生面目全非的巨大变化。当然在这方面Photoshop是最擅长的。常用软件Photoshop和Illustrator。如图1.11所示为平面设计在影像创意合成中的应用。

图1.11 影像创意合成设计

④ 插画设计

插画，英文统称为illustration，源自于拉丁文illustraio，意指照亮之意，插画在中国被人们俗称为插图。今天通行于国外市场的商业插画包括出版物插图、卡通吉祥物、影视与游戏美术设计和广告插画4种形式。实际在中国，插画已经遍布于平面和电子媒体、商业场馆、公众机构、商品包装、影视演艺海报、企业广告，甚至T恤、日记本、贺年片等。常用软件Illustrator和CorelDRAW。如图1.12所示为插画设计效果。

图1.12 插画设计效果

⑤ 网页设计

　　网站是企业向用户和网民提供信息的一种方式，是企业开展电子商务的基础设施和信息平台，离开网站去谈电子商务是不可能的。使用平面设计软件不但可以处理网页所需的图片，还可以制作整个网页版面，并可以为网页制作动画效果。常用软件Photoshop、Illustrator、CorelDRAW和Freehand。如图1.13所示为网页设计效果。

图1.13 网页设计效果

⑥ 特效艺术字

　　艺术字广泛应用于宣传、广告、商标、标语、黑板报、企业名称、会场布置、展览会以及商品包装和装潢、各类广告、报刊杂志和书籍的装帖上等，越来越被大众喜欢。艺术字是经过专业的字体设计师艺术加工的汉字变形字体，字体特点符合文字含义、具有美观有趣、易认易识、醒目张扬等特性，是一种有图案意味或装饰意味的字体变形。利用平面设计软件可以制作出许多美妙奇异的特效艺术字。常用软件Photoshop、Illustrator和CorelDRAW。如图1.14所示为特效艺术字效果。

图1.14 特效艺术字效果

❼ 室内外效果图后期处理

现在的装修效果图已经不是原来那种只把房子建起，东西摆放就可以的时代了，随着三维技术软件的成熟，从业务人员的水平越来越高，现在的装修效果图基本可以与装修实景图媲美。效果图通常可以理解为对设计者的设计意图和构思进行形象化再现的形式。现在常用到的是手绘效果图和电脑效果图。在制作建筑效果图时，许多的三维场景是利用三维软件制作出来的，但其中的人物及配景，还有场景的颜色通常是通过平面设计软件后期添加的，这样不但节省了大量的渲染输出时间，也可以使画面更加美化、真实。常用软件Photoshop。如图1.15所示为室内外效果图后期处理效果。

图1.15 室内外效果图后期处理效果

❽ 绘制和处理游戏人物或场景贴图

现在几乎所有的三维软件贴图，都离不开平面软件，特别是Photoshop。像3ds Max、Maya等三维软件的人物或场景模型的贴图，通常都是在Photoshop中进行绘制或处理后应用在三维软件中的，比如人物的面部和皮肤贴图、游戏场景的贴图以及各种有质感的材质效果都是使用平面软件绘制或处理的。常用软件Photoshop、Illustrator和CorelDRAW。如图1.16所示为游戏人物和场景贴图效果。

图1.16 游戏人物或场景贴图效果

1.6 平面设计常用尺寸

纸张的大小一般都要按照国家制定的标准生产。在设计时还要注意纸张的开版，以免造成不必要的浪费，印刷常用纸张开数见表1所示。

表1 印刷常用纸张开数

正度纸张：787×1092mm		大度纸张：889×1194mm	
开数（正）	尺寸单位（mm）	开数（大）	尺寸单位（mm）
2开	540×780	2开	590×880
3开	360×780	3开	395×880
4开	390×543	4开	440×590
6开	360×390	6开	395×440
8开	270×390	8开	295×440
16开	195×270	16开	220×2950
32开	195×135	32开	220×145
64开	135×95	64开	110×145

名片又称卡片，中国古代称名刺，是标示姓名及其所属组织、公司单位和联系方法的纸片。名片是新朋友互相认识、自我介绍的最快且最有效的方法。名片常用尺寸见表2。

表2 名片的常用尺寸

单位毫米（mm）	方角	圆角
横版	90×55	85×54
竖版	50×90	54×85
方版	90×90	90×95

除了纸张和名片尺寸，还应该认识其他一些常用的设计尺寸，见表3。

表3　常用的设计尺寸

类别（单位/mm）	标准尺寸	4开	8开	16开
IC卡	85×54			
三折页广告				210×285
普通宣传册				210×285
文件封套	220×305			
招贴画	540×380			
挂旗		540×380	376×265	
手提袋	400×285×80			
信纸、便条	185×260			210×285

1.7　印刷输出知识

　　设计完成的作品，还需要将其印刷出来，以做进一步的封装处理。现在的设计师，不但要精通设计，还要熟悉印刷流程及印刷知识，从而使制作出来的设计流入社会，创造其设计的目的及价值。在设计完作品然后进入印刷流程前，还要注意以下几个问题：

❶ 字体

　　印刷中字体是需要注意的地方，不同的字体有着不同的使用习惯，一般来说，宋体主要用于印刷物的正文部分；楷体一般用于印刷物的批注、提示或技巧部分；黑体由于字体粗壮，所以一般用于各级标题及需要醒目的位置；如果用到其他特殊的字体，注意在印刷前要将字体随同印刷物一起交到印刷厂，以免出现字体的错误。

❷ 字号

　　字号即是字体的大小，一般国际上通用的是点制，也可称为磅制，在国内以号制为主。一般常见的如三号、四号、五号等。字号的标称数越小，字形越大，如三号字比四号字大，四号字比五号字大。常用字号与磅数换算如表4所示。

表4　常用字号与磅数换算表

字号	磅数
小五号	9磅
五号	10.5磅
小四号	12磅
四号	16磅
小三号	18磅
三号	24磅
小二号	28磅
二号	32磅
小一号	36磅
一号	42磅

❸ 纸张

纸张的大小一般都要按照国家制定的标准生产。在设计时还要注意纸张的开版，以免造成不必要的浪费。

❹ 颜色

在交付印刷厂前，分色参数将对图片转换时的效果好坏起到决定性的作用。对分色参数的调整，将在很大程度上影响图片的转换，所有的印刷输出图像文件，要使用CMYK的色彩模式。

❺ 格式

在进行印刷提交时，还要注意文件的保存格式，一般用于印刷的图形格式为EPS格式，当然TIFF也是较常用的，但要注意软件本身的版本，不同的版本有时会出现打不开的情况，这样也不能印刷。

❻ 分辨率

通常，在制作阶段就已经将分辨率设计好了，但输出时也要注意，根据不同的印刷要求，会有不同的印刷分辨率设计，一般报纸采用分辨率为125~170dpi，杂志、宣传品采用分辨率为300dpi，高品质书籍采用分辨率为350~400dpi，宽幅面采用分辨率为75~150dpi，如大街上随处可见的海报。

1.8 印刷的分类

印刷也分为多种类型，不同的包装材料也有着不同的印刷工艺，大致可以分为凸版印刷、平版印刷、凹版印刷和孔版印刷4大类。

❶ 凸版印刷

凸版印刷比较常见，也比较容易理解，比如人们常用的印章，便利用了凸版印刷。凸版印刷的印刷面是突出的，油墨浮在凸面上，在印刷物上经过压力作用而形成印刷，而凹陷的面由于没有油墨，也就不会产生变化。

凸版印刷又包括有活版与橡胶版两种。凸版印刷色调浓厚，一般用于信封、名片、贺卡、宣传单等印刷。

❷ 平版印刷

平版印刷在印刷面上没有凸出与凹陷之分，它利用水与油不相融的原理进行印刷，将印纹部分保持一层油脂，而非印纹部分吸收一定的水分，在印刷时带有油墨的印纹部分便印刷出颜色，从而形成印刷。

平版印刷制作简便、成本低，可以进行大数量的印刷，色彩丰富，一般用于海报、报纸、包装、书籍、日历、宣传册等的印刷。

❸ 凹版印刷

凹版印刷与凸版印刷正好相反，印刷面是凹进的，当印刷时，将油墨装于版面上，油墨自然积于凹陷的印纹部分，然后将凸起部分的油墨擦干净，再进行印刷，这样就是凹版印刷。由于它的制版印刷等费用较高，一般性的印刷很少使用。

凹版印刷使用寿命长，线条精美，印刷数量大，不易假冒，一般用于钞票、股票、礼券、邮票等。

❹ 孔版印刷

孔版印刷就是通过孔状印纹漏墨而形成透过式印刷，像学校常用的用钢针在蜡纸上刻字然后印刷学生考卷，这种就是孔版印刷。

孔版印刷油墨浓厚，色调鲜丽，由于是其透过式印刷，所以它可以进行各种弯曲的曲面印刷，这是其他印刷所不能的，一般用于圆形、罐、桶、金属板、塑料瓶等印刷。

1.9 平面设计师职业简介

平面设计师是用设计语言将产品或被设计媒体的特点和潜在价值表现出来，展现给大众，从而产生商业价值和物品流通。

① 平面设计师分类

平面设计师主要分为美术设计及版面编排两大类。

美术设计主要是融合工作条件的限制及创意而创设出一个新的版面样式或构图，用以传达设计者的主观意念；而版面编排则是以创设出来的版面样式或构图为基础，将文字置入页面中、达到一定的页数或构图中以便完成成品。

美术设计及版面编排两者的工作内容差不多，关联性高，更经常是由同一个平面设计师来执行，但因为一般认知美术设计工作比起版面编排来更具创意，因此一旦细分工作时，美术设计的薪水待遇会比版面编排部分高，而且多数的新手会先从学习版面编排开始，然后再进阶到美术设计。

② 优秀平面设计师的基本要求

要成为优秀的平面设计师，应该具备以下几点：

- 具有较强的市场感受能力和把握能力。
- 不能一味的抄袭，要对产品和项目的诉求点有挖掘能力和创造能力。
- 具有一定的美术基础，有一定美学鉴定能力。
- 对作品的市场匹配性有判断能力。
- 有较强的客户沟通能力。
- 熟练掌握相关平面设计软件，如矢量绘图软件CorelDRAW 或 Illustrator、图像照片处理软件Photoshop、文字排版软件Pagemaker、方正排版或Indesign，掌握设计的各种表现技法，从草图构思到设计成形。

③ 平面设计师认证

中国认证平面设计师证书（Adobe China Certified Designer，简称ACCD）是指Adobe公司为通过Adobe平面设计产品软件认证考试者统一颁发的证书。

此考试由Adobe公司在中国授权的考试单位组织进行。通过该考试可获得Adobe中国认证平面设计师证书。如果您想成为一位图形设计师、网页设计师、多媒体产品开发商或广告创意专业人士，【Adobe中国认证设计师（ACCD）】正是您所需的。作为一名【Adobe中国认证设计师】，将被Adobe公司授予正式认证书。作为一位高技能、专家水平的Adobe软件产品用户，可以享受Adobe公司给予的特殊待遇，授权用户在宣传资料中使用ACCD称号和Adobe认证标志，及在Adobe和相关Web网页上公布个人资料等。

作为一名被Adobe认证的设计师，可在宣传材料上使用Adobe项目标识，向同事、客户和老板展示Adobe的正式认证，从而有更多的机会-就业、重用、升迁，去展示非凡的才华。要获得Adobe中国认证设计师（ACCD）证书要求通过以下四门考试：Adobe Photoshop、Adobe Illustrator、Adobe InDesign和Adobe Acrobat。

1.10 平面设计表现手法

表现手法是设计师在艺术创作中所使用的设计手法，如在诗歌文章中行文措辞和表达思想感情时所使用的特殊的语句组织方式一样，它能够将一种概念、一种思想通过精美的构图、版式和色彩，传达给受众者，从而达到传达设计理念或中心思想的目的。

平面设计表现手法主要是通过将不同的图形按照一定的规则在平面上组合，然后制作出要表达的氛围，使受众者能从中体会到设计的理念，达到共鸣，从而起到宣传的目的，有时还会配合一些文字的叙述，更好的将主题思想或设计理念传达给读者，表达手法其实就是一种设计的表达技巧。

平面设计表现手法在设计中非常实用，有了这些设计的表现手法，才能更好地表现出广告的内含，只有掌握这些平面设计的手法或技巧，并灵活运用，才能制作出更加美妙的设计作品。

平面设计的表现手法有很多，本书重点讲解了12种手法，包括色彩对比手法、展示手法、特征手法、比喻手法、联想手法、幽默手法、系列手法、夸张手法、情感手法、迷幻手法、模仿手法和悬念手法。

1.11 色彩基础知识

在五彩缤纷的大千世界里，人们可以感受到流光溢彩、纷繁复杂的色彩，比如天空、草原、花朵等都有它们各自的色彩。对于一个设计师来说，要设计出好的作品，必须学会在作品中灵活、巧妙的运用色彩，使作品达到艺术表现效果，需要掌握色彩的基础知识，下面就来详细讲解这些知识。

① 三原色

原色，又称为基色，三基色（三原色）是指红（R）、绿（G）、蓝（B）三色，是调配其他色彩的基本色。原色的色纯度最高、最纯净、最鲜艳。可以调配出绝大多数色彩，而其他颜色不能调配出三原色，如图1.17所示。

加色三原色基于加色法原理。人的眼睛是根据所看见的光的波长来识别颜色的。可见光谱中的大部分颜色可以由三种基本色光按不同的比例混合而成，这三种基本色光的颜色就是红（Red）、绿（Green）、蓝（Blue）三原色光。这三种光以相同的比例混合、且达到一定的强度，就呈现白色；若三种光的强度均为零，就是黑色。这就是加色法原理，加色法原理被广泛应用于电视机、监视器等主动发光的产品中。

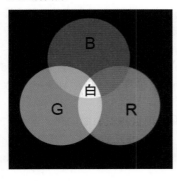

图1.17 三原色及色标样本

减色原色是指一些颜料，当按照不同的组合将这些颜料添加在一起时，可以创建一个色谱。减色原色基于减色法原理。与显示器不同，在打印、印刷、油漆、绘画等靠介质表面的反射被动发光的场合，物体所呈现的颜色是光源中被颜料吸收后所剩余的部分，所以其成色的原理叫做减色法原理。打印机使用减色原色（青色、洋红色、黄色和黑色颜料）并通过减色混合来生成颜色。减色法原理被广泛应用于各种被动发光的场合。在减色法原理中的三原色颜料分别是青（Cyan）、品红（Magenta）和黄（Yellow），如图1.18所示。通常所说的CMYK模式就是基于这种原理。

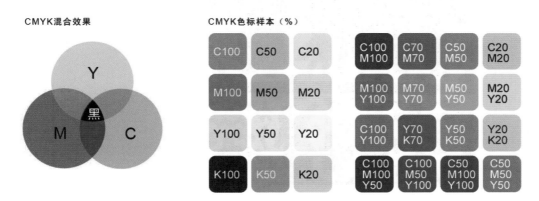

图1.18 CMYK混合效果及色标样本

❷ 色彩的分类

色彩从属性上分，一般可分为无彩色和有彩色两种。

无彩色是指白色、黑色和由黑、白两色相互调和而形成的各种深浅不同的灰色系列，即反射白光的色彩。从物理学的角度看，它们不包括在可见光谱之中，故能称之为无彩色。

无彩色按照一定的变化规律，可以排成一系列。由白色渐变到浅灰、中灰到黑色，色度学上称此为黑白系列。黑白系列中由白到黑的变化，可以用一条水平轴表示，一端为白，一端为黑，中间有各种过渡的灰色，如图1.19所示。

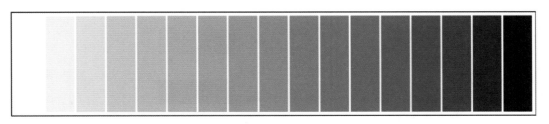

图1.19 无彩色过渡效果

无彩色系中的所有颜色只有一种基本性质，即明度。它们不具备色相和纯度的性质，也就是说它们的色相和纯度从理论上来说都等于零。明度的变化能使无彩色系呈现出梯度层次的中间过渡色，色彩的明度可用黑白度来表示，愈接近白色，明度愈高；愈接近黑色，明度愈低，无彩色设计示例如图1.20所示。

黑与白是时尚风潮的永恒主题，强烈的对比和脱俗的气质，无论是极简、还是花样百出，都能营造出十分引人注目的设计风格。极简的黑与白，还可以表现出新意层出的设计。在极简的黑白主题色彩下，加入极精致的搭配，品质在细节中得到无限的升华，使作品更加深入人心。

图1.20 无彩色设计示例效果

　　有彩色是指包括在可见光谱中的全部色彩，有彩色的物理色彩有6种基本色：红、橙、黄、绿、蓝、紫。基本色之间不同量的混合、基本色与无彩色之间不同量的混合所产生的千千万万种色彩都属于有彩色系。有彩色是由光的波长和振幅决定的，波长决定色相，振幅决定色调。这6种基本色中，一般称红、黄、蓝为三原色；橙（红加黄）、绿（黄加蓝）、紫（蓝加红）为间色。从中可以看到，这6种基本色的排列中原色总是间隔一个间色，所以，只需要记住基本色就可以区分原色和间色，如图1.21所示。

　　有彩色具有色相、明度、饱和度（也称彩度、纯度、艳度）的变化，色相、明度、饱和度是色彩最基本的三要素，在色彩学上也称为色彩的三属性。将有彩色系按顺序排成一个圆形，这便成为色相环。色环对于了解色彩之间的关系具有很大的作用，有彩色设计示例如图1.22所示。

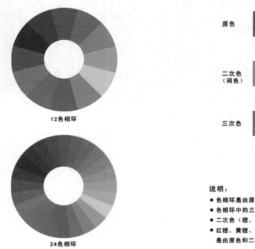

12色相环

24色相环

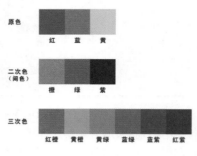

原色　　红　蓝　黄

二次色（间色）　橙　绿　紫

三次色　　红橙　黄橙　黄绿　蓝绿　蓝紫　红紫

说明：
■ 色相环是由原色、二次色（也叫间色）和三次色组合而成。
■ 色相环中的三原色（红、黄、蓝），在环中形成一个等边三角形。
■ 二次色（橙、紫、绿）处在三原色之间，形成另一个等边三角形。
■ 红橙、黄橙、黄绿、蓝绿、蓝紫、红紫这6种颜色为三次色，三次色是由原色和二次色混合而成。

图1.21 有彩色效果

大自然无形之手给我们展示一个色彩缤纷的世界，千变万化的色彩配搭令人着迷。色彩给其他人的印象特别强烈，设计师使用五颜六色的蔬菜排列展示，焦点聚焦，环保、绿色，让人浮想联翩。

图1.22 有彩色设计示例效果

❸ 色彩概念

在平面设计中，经常接触到有关图像的色相（Hue）、明度（Brightness）和饱和度（Saturation）的色彩概念，从HSB颜色模型中可以看出这些概念的基本情况，如图1.23所示。

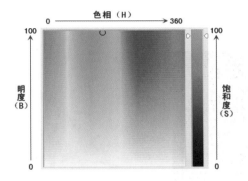

图1.23 HSB颜色模型

❹ 色相

色相，是指各类色彩的相貌称谓，是区别色彩种类的名称。如红、黄、绿、蓝、青等都代表一种具体的色相。色相是一种颜色区别于其他颜色最显著的特性，在0到360°的标准色环上，按位置度量色相，如图1.24所示。色相体现着色彩外向的性格，是色彩的灵魂。

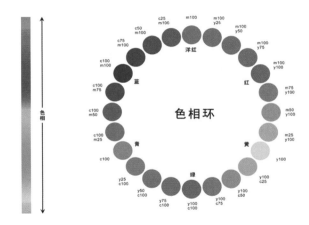

图1.24 色相及色相环

因色相不同而形成的色彩对比叫色相对比。以色相环为依据，颜色在色相环上的距离远近决定色相的强弱对比；距离越近，色相对比越弱；距离越远，色相对比越强烈，如图1.25所示。

色相对比一般包括对比色对比、互补色对比、邻近色对比和同类色对比。这些对比中互补色对比是最强烈鲜明的，比如黑白对比就是互补对比；而同类色对比是最弱的对比，同类色对比是同一色相里的不同明度和纯度的色彩对比，因为它是距离最小的色相，属于模糊难分的色相，色相设计示例如图1.26所示。

图1.25 色相对比效果

或多或少的颜色组合，形成光鲜靓丽的美妙图画，具有更强烈的情感，色彩散发浓厚情味，容易牵动观众情怀。

图1.26 色相设计示例

❺ 明度

明度指的是色彩的明暗程度。有时也可称为亮度或深浅度。在无彩色中，最高明度为白，最低明度为黑色。在有彩色中，任何一种色相中都有着一个明度特征。不同色相的明度也不同，黄色为明度最高的色，紫色为明度最低的色。任何一种色相如加入白色，都会提高明度，白色成分愈多，明度也就愈高；任何一种色相如加入黑色，明度相对降低，黑色愈多，明度愈低，如图1.27所示。

明度是全部色彩都有的属性，明度关系可以说是搭配色彩的基础，在设计中，明度最适宜于表现物体的立体感与空间感。

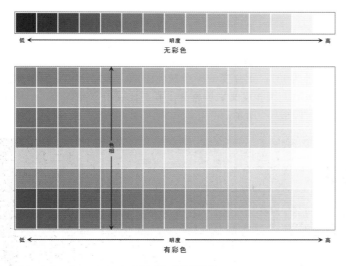

图1.27 明度效果

　　色相之间由于色彩明暗差别而产生的对比，称为明度对比，有时也叫黑白度对比。色彩对比的强弱决定于明度差别大小，明度差别越大，对比越强；明度差别越小，对比越弱。利用明度的对比可以很好地表现色彩的层次与空间关系。

　　明度对比越强的色彩越明快、清晰，具有刺激性；明度对比处于中等的色彩刺激性相对小些，表现比较明快，所以通常用在室内装饰、服装设计和包装装潢上；而处于最低等的明度对比不具备刺激性，多使用在柔美、含蓄的设计中，如图1.28所示为明度对比及设计应用。

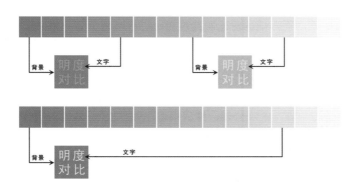

以单色为主色系，充分运用不同明度表现作品，使作品色彩分布平衡、颜色统一和谐、层次简洁分明。

图1.28 明度对比及设计应用

❻ 饱和度

饱和度是指色彩的强度或纯净程度，也称彩度、纯度、艳度或色度。对色彩的饱和度进行调整也就是调整图像的彩度。饱和度表示色相中灰色分量所占的比例，它使用从 0%（灰色）至 100% 的百分比来度量，当饱和度降低为0时，则会变成一个灰色图像，增加饱和度会增加其彩度。在标准色轮上，饱和度从中心到边缘递增。饱和度受到屏幕亮度和对比度的双重影响，一般亮度好对比度高的屏幕可以得到很好的饱和度，如图1.29所示。

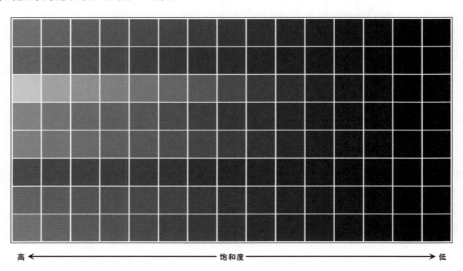

图1.29 饱和度效果

色相之间因饱和度的不同而形成的对比叫纯度对比。很难划分高、中、低纯度的统一标准。可以笼统理解为，将一种颜色（比如红色）与黑色相混成9个纯度色标，1~3为低纯度色，4~6为中纯度色，7~9为高纯度色。

纯度相近的色彩对比，如3级以内的对比叫纯度弱对比，纯度弱对比的画面视觉效果比较弱，形象的清晰度较低，适合长时间及近距离观看；纯度相差4~6级的色彩对比叫纯度中对比，纯度中对比是最和谐的，画面效果含蓄丰富，主次分明；纯度相差7~9级的色彩对比叫纯度强对比，纯度强对比会出现鲜的更鲜、浊的更浊的现象，画面对比明朗、富有生气，色彩认知度也较高，纯度对比及设计应用如图1.30所示。

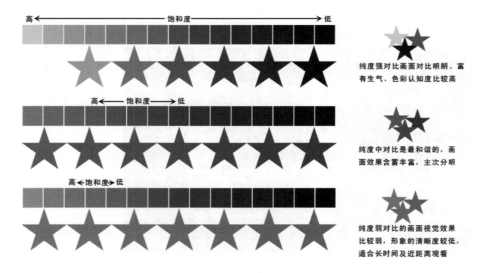

以彩度区分各元素的鲜明设计，明显划分版面产生对比，再配以或深或浅的单纯背景，达到醒目、素雅的设计风格。

图1.30 纯度对比及设计应用

❼ 色彩的性格

当人们看到颜色时，对它所描绘的印象中具有很多共通性，比方说当看到红色、橙色或黄色会产生温暖感；当看到海水或月光时，会产生清爽的感觉，于是当人们看到青、绿之类的颜色，也相应会产生凉爽感；由此可见，色彩的温度感不过是人们的习惯反映，是长期实践的结果，如图1.31所示。

人们将红、橙之类的颜色叫暖色；把青、青绿的颜色叫冷色。红紫到黄绿属暖色，青绿到青属冷色，以青色为最冷，紫色是由属于暖色的红和属于冷色的青色组合而成，所以紫和绿被称为温色，黑、白、灰、金、银等色称为中性色。

需要注意的是，色彩的冷暖是相对的，比如无彩色（如黑、白）与有彩色（黄、绿等）对比，后者比前者暖；而如果由无彩色本身看，黑色比白色暖；从有彩色来看，同一色彩中含红、橙、黄成分偏多时偏暖；含青的成分偏多时偏冷；所以说，色彩的冷暖并不是绝对的，如图1.32所示为色彩性格及设计应用。

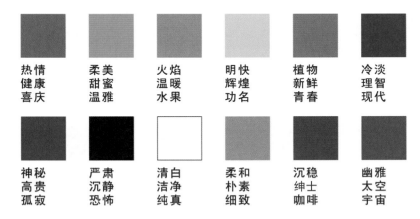

图1.31 色彩性格

25

纯黑背景的海报设计，采用了红绿两种对比色表达主体内容，表现出强烈的热情、对比气氛；浅蓝色的海报设计给人传递一种轻松、淡雅、冷静的感觉。

图1.32 色彩性格及设计应用

第 **2** 章　特效文字艺术设计

内容摘要

文字是设计的灵魂，在设计中往往起到画龙点睛的作用，文字不但可以用来提示、说明，还可以通过简单的变化制作出设计效果。本章就从文字为基础，详细讲解了艺术文字的设计及利用文字的变化制作出具有设计感觉的效果，通过本章的学习，掌握文字的艺术设计功能。

教学目标

- 掌握渐变描边字的制作方法
- 掌握组合连接字的制作方法
- 掌握白金艺术字的制作方法
- 掌握变形字的制作方法

2.1　夏日优惠渐变描边字

 **设计构思**

- 新建画布利用【渐变工具】为画布制作渐变背景效果。
- 利用【钢笔工具】在背景中绘制弧形图形效果并利用滤镜命令为背景制作特效。
- 添加文字并将文字变换及制作特效，最后添加素材图像完成最终效果制作。
- 本例主要讲解的是夏日优惠渐变描边字制作，在字体的设计过程中结合文字所表达的信息以及素材图像和logo图像的颜色采用协调蓝黄配色，而各种与夏日及海滩相关的元素素材添加更是衬托出了文字表达的主题内容。

难易程度：★★★☆☆
调用素材：配套光盘\附增及素材\调用素材\第2章\夏日优惠
最终文件：配套光盘\附增及素材\源文件\第2章\夏日优惠渐变描边字.psd
视频位置：配套光盘\movie\2.1 夏日优惠渐变描边字.avi

夏日优惠渐变描边字最终效果如图2.1所示。

图2.1 夏日优惠渐变描边字最终效果

 操作步骤

2.1.1 制作背景

PS 01 执行菜单栏中的【文件】|【新建】命令，在弹出的对话框中设置【宽度】为10厘米，【高度】为5.5厘米，【分辨率】为300像素/英寸，【颜色模式】为RGB颜色，新建一个空白画布，如图2.2所示。

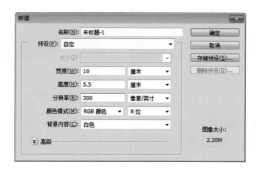

图2.2 新建画布

PS 02 选择工具箱中的【渐变工具】■，在选项栏中单击【点按可编辑渐变】按钮，在弹出的对话框中将渐变颜色更改为蓝色（R:0，G:130，B:220）到蓝色（R:119，G:210，B:255），设置完成之后单击【确定】按钮，再单击选项栏中的【线性渐变】■按钮，如图2.3所示。

图2.3 设置渐变

PS 03 在画布中按住Shift键从上至下拖动，为画布填充渐变，如图2.4所示。

图2.4 填充渐变

PS 04 选择工具箱中的【矩形工具】■，在选项栏中将【填充】更改为蓝色（R:0，G:70，B:158），【描边】为无，在画布靠顶部位置绘制一个矩形，此时将生成一个【矩形1】图层，如图2.5所示。

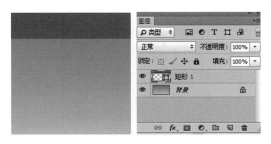

图2.5　绘制图形

PS 05 在【图层】面板中，选中【矩形1】图层，单击面板底部的【添加图层蒙版】 按钮，为其图层添加图层蒙版，如图2.6所示。

PS 06 选择工具箱中的【渐变工具】 ，在选项栏中单击【点按可编辑渐变】按钮，在弹出的对话框中选择【黑白渐变】，设置完成之后单击【确定】按钮，再单击选项栏中的【线性渐变】 按钮，如图2.7所示。

图2.6　添加图层蒙版　　　图2.7　设置渐变

PS 07 单击【矩形1】图层蒙版缩览图，在画布中其图形上按住Shift键从下至上拖动，将部分图形隐藏，如图2.8所示。

图2.8　隐藏图形

PS 08 选择工具箱中的【钢笔工具】 ，在画布左下角位置绘制一个封闭路径，如图2.9所示。

图2.9　绘制路径

PS 09 在画布中按Ctrl+Enter组合键将刚才所绘制的封闭路径转换成选区，然后在【图层】面板中，单击面板底部的【创建新图层】 按钮，新建一个【图层1】图层，如图2.10所示。

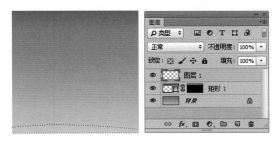

图2.10　转换选区并新建图层

PS 10 选中【图层1】图层，在画布中将选区填充为蓝色（R:0，G:70，B:158），填充完成之后按Ctrl+D组合键将选区取消，如图2.11所示。

图2.11　填充颜色

PS 11 选中【图层1】图层，执行菜单栏中的【滤镜】|【模糊】|【高斯模糊】命令，在弹出的对话框中将【半径】更改为7像素，设置完成之后单击【确定】按钮，如图2.12所示。

PS 12 在【图层】面板中，选中【图层1】图层，单击面板底部的【添加图层蒙版】 按钮，为其图层添加图层蒙版，如图2.13所示。

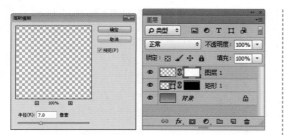

图2.12 设置高斯模糊　图2.13 添加图层蒙版

PS 13 单击【图层1】图层蒙版缩览图，在画布中其图形上按住Shift键从上至下拖动，将部分图形隐藏，如图2.14所示。

图2.14 隐藏图形

PS 14 选中【图层1】图层，在画布中按住Alt+Shift组合键向上拖动，将图形复制，此时将生成一个【图层1 拷贝】图层，如图2.15所示。

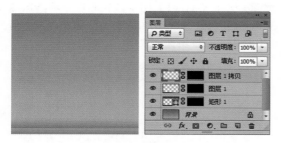

图2.15 复制图形

PS 15 选中【图层1 拷贝】图层，在画布中按Ctrl+Alt+F组合键打开【高斯模糊】命令对话框，在弹出的对话框中将【半径】·更改为45像素，完成之后单击【确定】按钮，如图2.16所示。

图2.16 设置高斯模糊

PS 16 选择工具箱中的【钢笔工具】，在画布右下角位置绘制一个不规则封闭路径，如图2.17所示。

图2.17 绘制路径

PS 17 在画布中按Ctrl+Enter组合键将刚才所绘制的封闭路径转换成选区，然后在【图层】面板中，单击面板底部的【创建新图层】按钮，新建一个【图层2】图层，如图2.18所示。

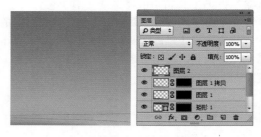

图2.18 转换选区并新建图层

PS 18 选中【图层2】图层，在画布中将选区填充为白色，填充完成之后按Ctrl+D组合键将选区取消，如图2.19所示。

图2.19 填充颜色

PS 19 选中【图层2】图层，执行菜单栏中的【滤镜】|【模糊】|【高斯模糊】命令，在弹出的对话框中将【半径】更改为25像素，设置完成之后单击【确定】按钮，如图2.20所示。

图2.20 设置高斯模糊

2.1.2 添加及变换文字

PS 01 选择工具箱中的【横排文字工具】T，在画布中适当位置分别添加文字，颜色为白色，如图2.21所示。

图2.21 添加文字

PS 02 选中【冰凉夏日】文字图层，在画布中按Ctrl+T组合键对其执行自由变换命令，在出现的变形框中单击鼠标右键，从弹出的快捷菜单中选择【斜切】命令，将光标移至变形框右侧控制点向上拖动，将文字变换，完成之后按Enter键确认，以同样的方法选中【开心热惠】图层，在画布中将其变换，再根据画布大小将文字适当缩放及移动，如图2.22所示。

图2.22 变换文字

PS 03 在【图层】面板中，选中【冰凉夏日】图层，单击面板底部的【添加图层样式】fx 按钮，在菜单中选择【描边】命令，在弹出的对话框中将【大小】更改为12像素，【颜色】更改为蓝色（R:40，G:142，B:214），完成之后单击【确定】按钮，如图2.23所示。

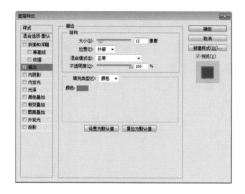

图2.23 设置描边

PS 04 在【冰凉夏日】图层上单击鼠标右键，从弹出的快捷菜单中选择【拷贝图层样式】命令，在【开心热惠】图层上单击鼠标右键，从弹出的快捷菜单中选择【粘贴图层样式】命令，如图2.24所示。

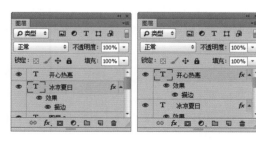

图2.24 拷贝并粘贴图层样式

PS 05 在【图层】面板中，选中【冰凉夏日】图层，在其图层样式名称上单击鼠标右键，从弹出的快捷菜单中选择【创建图层】命令，此时将生成一个【冰凉夏日】的外描边图层，以同样的方法选中【开心热惠】图层，为其图层样式创建单独的图层，此时将生成一个【开心热惠】的外描边图层，如图2.25所示。

图2.25 创建图层

PS 06 在【图层】面板中，同时选中【【冰凉夏日】的外描边】及【【开心热惠】的外描边】图层，执行菜单栏中的【图层】|【合并图层】命令，此时将生成一个【【开心热惠】的外描边】图层，将其向下移至【冰凉夏日】图层下方，如图2.26所示。

图2.26 合并图层并更改图层顺序

PS 07 在【图层】面板中，分别单击【开心热惠】、【冰凉夏日】图层名称前方的【指示图层可见性】◉图标，将图层暂时隐藏，如图2.27所示。

PS 08 选择工具箱中的【多边形套索工具】❤，在画布中【开心热惠】的外描边】图层中的图形上绘制选区以选中图形中空缺的部分，如图2.28所示。

图2.27 隐藏图层　　　图2.28 绘制选区

PS 09 在【图层】面板中，选中【【开心热惠】的外描边】图层，将图层填充为蓝色（R:40，G:142，B:214），按Ctrl+D组合键将选区取消，如图2.29所示。

图2.29 锁定透明像素并填充颜色

PS 10 在【图层】面板中，选中【开心热惠】的外描边】图层，单击面板底部的【添加图层样式】*fx*按钮，在菜单中选择【渐变叠加】命令，在弹出的对话框中将渐变颜色更改为蓝色（R:76，G:183，B:255）到蓝色（R:8，G:103，B:185）再到蓝色（R:76，G:183，B:255），完成之后单击【确定】按钮，如图2.30所示。

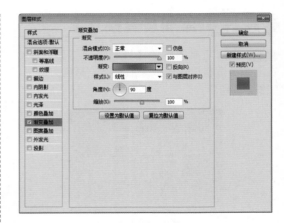

图2.30 设置渐变叠加

PS 11 在【图层】面板中，分别单击【开心热惠】、【冰凉夏日】图层名称前方的【指示图层可见性】◉图标，将图层显示。选中【开心热惠】图层，单击面板底部的【添加图层样式】*fx*按钮，在菜单中选择【斜面和浮雕】命令，在弹出的对话框中将【样式】更改为内斜面，【大小】更改为20像素，【软化】更改为5像素，【高光模式】中的【不透明度】更改为25%，【阴影模式】中的模式更改为正常，【颜色】更改为白色，【不透明度】更改为60%，如图2.31所示。

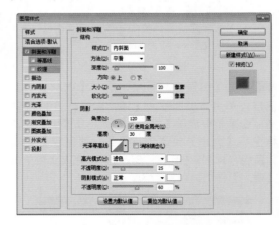

图2.31 设置斜面和浮雕

PS 12 勾选【颜色叠加】复选框，将【颜色】更改为黄色（R:255，G:237，B:38），如图2.32所示。

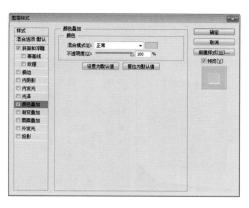

图2.32 设置颜色叠加

PS 13 勾选【投影】复选框，将【不透明度】更改为50%，【距离】更改为3像素，【大小】更改为3像素，完成之后单击【确定】按钮，如图2.33所示。

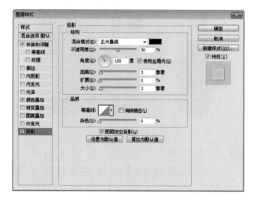

图2.33 设置投影

PS 14 在【开心热惠】图层上单击鼠标右键，从弹出的快捷菜单中选择【拷贝图层样式】命令，在【冰凉夏日】图层上单击鼠标右键，从弹出的快捷菜单中选择【粘贴图层样式】命令，如图2.34所示。

图2.34 拷贝并粘贴图层样式

PS 15 在【图层】面板中，双击【冰凉夏日】图层样式名称，在弹出的对话框中将选中【颜

色叠加】复选框，将其【颜色】更改为浅蓝色（R:234，G:254，B:255），完成之后单击【确定】按钮，如图2.35所示。

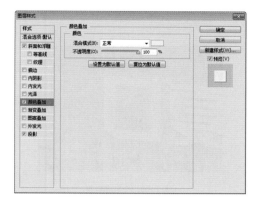

图2.35 设置颜色叠加

PS 16 在【图层】面板中，选中【冰凉夏日】图层，单击面板底部的【添加图层蒙版】按钮，为其图层添加图层蒙版，如图2.36所示。

PS 17 选择工具箱中的【多边形套索工具】，在画布中其图形上【日】字中间的位置绘制一个不规则选区以选中部分文字，如图2.37所示。

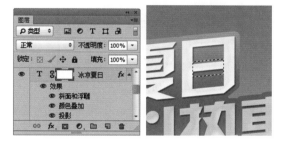

图2.36 添加图层蒙版　　　图2.37 绘制选区

PS 18 单击【冰凉夏日】图层蒙版缩览图，在画布中将其选区填充为黑色，将部分文字隐藏，完成之后按Ctrl+D组合键将选区取消，如图2.38所示。

图2.38 隐藏部分文字

2.1.3 绘制拟物化图形

PS 01 选择工具箱中的【钢笔工具】，在画布中刚才隐藏过的文字位置绘制一个眼镜形状的封闭路径，如图2.39所示。

图2.39 绘制路径

PS 02 在画布中按Ctrl+Enter组合键将刚才所绘制的封闭路径转换成选区，然后在【图层】面板中，单击面板底部的【创建新图层】按钮，新建一个【图层4】图层，如图2.40所示。

图2.40 转换选区并新建图层

PS 03 选中【图层4】图层，在画布中将选区填充为蓝色（R:6，G:110，B:200），填充完成之后按Ctrl+D组合键将选区取消，如图2.41所示。

PS 04 选择工具箱中的【钢笔工具】，在画布中刚才隐藏过的文字位置绘制一个眼镜形状的封闭路径，如图2.42所示。

图2.41 填充颜色　　　图2.42 绘制路径

PS 05 在画布中按Ctrl+Enter组合键将刚才所绘制的封闭路径转换成选区，然后在【图层】面板

中，单击面板底部的【创建新图层】按钮，新建一个【图层5】图层，如图2.43所示。

图2.43 转换选区并新建图层

PS 06 选中【图层5】图层，在画布中将选区填充为浅蓝色（R:93，G:205，B:253），填充完成之后按Ctrl+D组合键将选区取消，如图2.44所示。

图2.44 填充颜色

PS 07 在【图层】面板中，选中【图层5】图层，单击面板底部的【添加图层样式】fx按钮，在菜单中选择【描边】命令，在弹出的对话框中将【填充类型】更改为渐变，将渐变颜色更改为黄色（R:255，G:177，B:43）到黄色（R:255，G:233，B:155）。

PS 08 将【大小】更改为2像素，【位置】为居中，【角度】更改为0度，完成之后单击【确定】按钮，如图2.45所示。

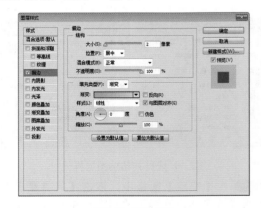

图2.45 设置描边

PS 09 选择工具箱中的【钢笔工具】 ✐ ，在画布中刚才所绘制的镜片图形上绘制一个封闭路径，如图2.46所示。

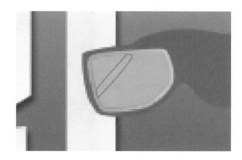

图2.46　绘制路径

PS 10 在画布中按Ctrl+Enter组合键将刚才所绘制的封闭路径转换成选区，然后在【图层】面板中，单击面板底部的【创建新图层】 🖻 按钮，新建一个【图层6】图层，如图2.47所示。

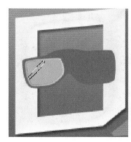

图2.47　转换选区并新建图层

PS 11 选中【图层6】图层，在画布中将选区填充为白色，填充完成之后按Ctrl+D组合键将选区取消，再将其图层【不透明度】更改为70%，如图2.48所示。

图2.48　填充颜色并更改图层不透明度

PS 12 在【图层】面板中，选中【图层6】图层，将其拖至面板底部的【创建新图层】 🖻 按钮上，复制一个【图层6拷贝】图层，如图2.49所示。

PS 13 选中【图层6拷贝】图层，在画布中按Ctrl+T组合键对其执行自由变换，当出现变形框以后按住Alt+Shift组合键将图形等比放大，完成之后按Enter键确认，再将其稍微移动，如图2.50所示。

图2.49　复制图层　　　　图2.50　变换图形

PS 14 同时选中【图层5】、【图层6】及【图层6 拷贝】图层，执行菜单栏中的【图层】|【新建】|【从图层建立组】，在弹出的对话框中将【名称】更改为【镜片】，完成之后单击【确定】按钮，此时将生成一个【镜片】组，如图2.51所示。

图2.51　从图层新建组

PS 15 在【图层】面板中，选中【镜片】组，将其拖至面板底部的【创建新图层】 🖻 按钮上，复制一个【镜片 拷贝】组，如图2.52所示。

PS 16 选中【镜片 拷贝】组，在画布中按Ctrl+T组合键对其执行自由变换命令，将光标移至出现的变形框上单击鼠标右键，从弹出的快捷菜单中选择【水平翻转】命令，再将图形逆时针适当旋转，完成之后按Enter键确认，如图2.53所示。

图2.52　复制组　　　　图2.53　变换图形

PS 17 选择工具箱中的【钢笔工具】 ，在所绘制的眼镜图形的鼻梁位置再次绘制一个不规则封闭路径，如图2.54所示。

图2.54 绘制路径

PS 18 在画布中按Ctrl+Enter组合键将刚才所绘制的封闭路径转换成选区，然后在【图层】面板中，单击面板底部的【创建新图层】 按钮，新建一个【图层7】图层，如图2.55所示。

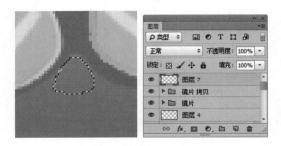

图2.55 转换选区并新建图层

PS 19 选中【图层7】图层，在画布中将选区填充为白色，填充完成之后按Ctrl+D组合键将选区取消，如图2.56所示。

图2.56 填充颜色

PS 20 在【图层】面板中，选中【图层7】图层，单击面板底部的【添加图层样式】 fx 按钮，在菜单中选择【描边】命令，在弹出的对话框中将【大小】更改为2像素，【颜色】更改为蓝色（R: 0，G:70，B:140），如图2.57所示。

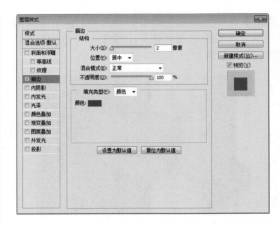

图2.57 设置描边

PS 21 勾选【渐变叠加】复选框，将渐变颜色更改为浅蓝色（R:77，G:140，B:255）到蓝色（R:0，G:70，B:224），【样式】更改为径向，完成之后单击【确定】按钮，如图2.58所示。

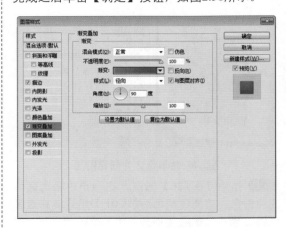

图2.58 设置渐变叠加

PS 22 选中【图层7】图层，将其图层【不透明度】更改为50%，如图2.59所示。

图2.59 更改图层不透明度

2.1.4 添加素材图像及文字

PS 01 执行菜单栏中的【文件】|【打开】命令，在弹出的对话框中选择配套光盘中的【调用素材\第2章\夏日优惠\水.psd和笑脸.psd】文件，将打开的素材拖入画布中并适当缩小，如图2.60所示。

图2.60 添加素材

PS 02 在【图层】面板中，同时选中【水2】和【水】图层，将其向下移至【背景】图层上方，如图2.61所示。

图2.61 更改图层顺序

PS 03 分别选中【水2】和【水】图层，在画布中将其复制数份并旋转及缩放后放在不同位置，如图2.62所示。

PS 04 选择工具箱中的【多边形工具】，在选项栏中将【填充】更改为黄色（R:255，G:246，B:79），【描边】为无，单击 按钮，在弹出的面板中勾选【星形】复选框，将【缩进边依据】更改为40%，【边】更改为10，如图2.63所示。

图2.62 复制及变换图形   图2.63 设置多边形

PS 05 在画布中所添加的文字靠左上方位置按住Shift键绘制一个多边形，此时将生成一个【多边形1】图层，如图2.64所示。

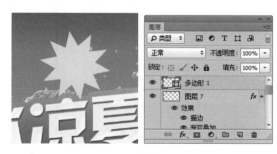

图2.64 绘制图形

PS 06 在【图层】面板中，选中【多边形1】图层，将其拖至面板底部的【创建新图层】 按钮上，复制一个【多边形1 拷贝】图层，如图2.65所示。

PS 07 选中【多边形1 拷贝】图层，在画布中按Ctrl+T组合键对其执行自由变换，当出现变形框以后按住Alt+Shift组合键将图形等比缩小，完成之后按Enter键确认，如图2.66所示。

图2.65 复制图层   图2.66 变换图形

PS 08 在【图层】面板中，选中【笑脸】图层，单击面板底部的【添加图层样式】 按钮，在菜单中选择【外发光】命令，在弹出的对话框中将颜色更改为黄色（R:255，G:246，B:79），【大小】更改为 75像素，完成之后单击【确定】按钮，如图2.67所示。

图2.67 设置外发光

PS 09 执行菜单栏中的【文件】|【打开】命令，在弹出的对话框中选择配套光盘中的【调用素材\第2章\夏日优惠\logo.psd、椰树.psd、滑板.psd、比基尼.psd】文件，将打开的素材分别拖入画布中适当位置并适当缩小，如图2.68所示。

图2.68 添加素材

提示 ?

当遇到同时有2个图层的素材需要添加画布中进行移动或者变换时可以单击【链接图层】图标将图层取消链接。

PS 10 选择工具箱中的【横排文字工具】T，在画布右上角所添加的logo图像上方添加文字，这样就完成了效果制作，最终效果如图2.69所示。

图2.69 添加文字

2.2 网店促销组合连接字

📷 设计构思

- 新建画布，利用【渐变工具】为画布制作渐变背景效果。
- 利用【矩形工具】绘制图形并配合图层蒙版为画布制作特效及边框效果。
- 利用【椭圆工具】绘制椭圆并变换后利用滤镜命令制作灯光效果,添加文字并将部分文字变形。
- 绘制图形并利用图层蒙版为所绘制的图形制作玻璃质感的效果并添加文字。
- 本例主要讲解的是网店促销组合连接字制作，本例的整体设计感极强，在文字变形的过程中充分考虑所要表达的主题信息，通过极简洁的图形及文字的添加使信息明了的同时并带给人一种品质感，而不规则图形的绘制以及拟物化的灯光图形添加更是增添了几分空间感。

难易程度：★★★☆☆
调用素材：配套光盘\附增及素材\调用素材\第2章\网店促销
最终文件：配套光盘\附增及素材\源文件\第2章\网店促销组合连接字.psd
视频位置：配套光盘\movie\2.2 网店促销组合连接字.avi

网店促销组合连接字最终效果如图2.70所示。

图2.70 网店促销组合连接字最终效果

 操作步骤

2.2.1 制作背景

PS 01 执行菜单栏中的【文件】|【新建】命令，在弹出的对话框中设置【宽度】为10厘米，【高度】为5厘米，【分辨率】为300像素/英寸，【颜色模式】为RGB颜色，新建一个空白画布，如图2.71所示。

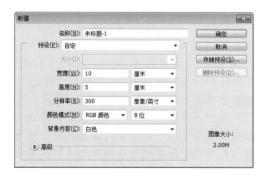

图2.71 新建画布

PS 02 选择工具箱中的【渐变工具】■，在选项栏中单击【点按可编辑渐变】按钮，在弹出的对话框中将渐变颜色更改为蓝色（R:36，G:76，B:170）到紫色（R:128，G:24，B:83），设置完成之后单击【确定】按钮，再单击选项栏中的【线性渐变】■按钮，如图2.72所示。

PS 03 在画布中按住Shift键从左至右拖动，为画布填充渐变，如图2.73所示。

图2.72 设置渐变

图2.73 填充渐变

PS 04 选择工具箱中的【矩形工具】■，在选项栏中将【填充】更改为黑色，【描边】为无，在画布中绘制一个和画布大小一样的矩形，此时将生成一个【矩形1】图层，如图2.74所示。

PS 05 在【图层】面板中，选中【矩形1】图层，将其拖至面板底部的【创建新图层】■按钮上，复制一个【矩形1 拷贝】图层，如图2.75所示。

图2.74 绘制图形　　图2.75 复制图层

PS 06 在【图层】面板中，选中【矩形1 拷贝】图层，单击面板底部的【添加图层蒙版】█ 按钮，为其图层添加图层蒙版，如图2.76所示。

PS 07 在【图层】面板中，按住Ctrl键单击【矩形1 拷贝】图层缩览图，将其载入选区，如图2.77所示。

图2.76 添加图层蒙版　　图2.77 载入选区

PS 08 在画布中选区中单击鼠标右键，从弹出的快捷菜单中选择【变换选区】命令，分别将光标移至变形框左侧及顶部按住Alt键向里侧稍微拖动，完成之后按Enter键确认，如图2.78所示。

PS 09 单击【矩形1 拷贝】图层蒙版缩览图，在画布中将选区填充为黑色，将部分图形隐藏，如图2.79所示。

图2.78 变换选区　　图2.79 填充颜色

提示

单击【矩形1】图层名称前面的【指示图层可见性】█图标可将当前图层显示或者隐藏。

PS 10 单击面板底部的【创建新图层】█ 按钮，新建一个【图层1】图层，如图2.80所示。

图2.80 新建图层

PS 11 在画布中执行菜单栏中的【编辑】|【描边】命令，在弹出的对话框中将【宽度】更改为2像素，【颜色】更改为浅灰色（R:220，G:220，B:220），【位置】更改为内部，完成之后单击【确定】按钮，如图2.81所示。

图2.81 设置描边

PS 12 在【图层】面板中，选中【矩形1】图层，单击面板底部的【添加图层蒙版】█ 按钮，为其图层添加图层蒙版，如图2.82所示。

PS 13 选择工具箱中的【渐变工具】█，在选项栏中单击【点按可编辑渐变】按钮，在弹出的对话框中选择【黑白渐变】，设置完成之后单击【确定】按钮，再单击选项栏中的【线性渐变】█按钮，如图2.83所示。

图2.82 添加图层蒙版　　图2.83 设置渐变

PS 14 单击【矩形1】图层蒙版缩览图，在画布中按住Shift键从右向左侧拖动，将部分图形隐藏，如图2.84所示。

图2.84 隐藏图形

PS 15 选中【矩形1】图层，将其图层【不透明度】更改为80%，如图2.85所示。

图2.85 更改图层不透明度

PS 16 在【图层】面板中，选中【矩形1】图层，将其拖至面板底部的【创建新图层】按钮上，复制一个【矩形1 拷贝2】图层，如图2.86所示。

PS 17 选中【矩形1 拷贝2】图层，在画布中按Ctrl+T组合键对其执行自由变换命令，将光标移至出现的变形框上单击鼠标右键，从弹出的快捷菜单中选择【水平翻转】命令，完成之后按Enter键确认，如图2.87所示。

图2.86 复制图形　　　图2.87 变换图形

PS 18 选择工具箱中的【矩形工具】，在选项栏中将【填充】更改为深灰色（R:17，G:17，B:17），【描边】为无，在画布靠底部位置绘制

一个矩形，此时将生成一个【矩形2】图层，如图2.88所示。

图2.88 绘制图形

PS 19 选中【矩形2】图层，在画布中按Ctrl+T组合键对其执行自由变换命令，在出现的变形框中单击鼠标右键，从弹出的快捷菜单中选择【透视】命令，将光标移至变形框左上角向里侧拖动，将图形变换，完成之后按Enter键确认，如图2.89所示。

图2.89 变换图形

PS 20 在【图层】面板中，选中【矩形2】图层，单击面板底部的【添加图层样式】fx按钮，在菜单中选择【内发光】命令，在弹出的对话框中将【不透明度】更改为50%，【颜色】更改为黑色，【大小】更改为50像素，完成之后单击【确定】按钮，如图2.90所示。

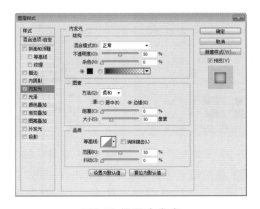

图2.90 设置内发光

41

PS 21 在【图层】面板中，选中【矩形2】图层，将其【填充】更改为0%，如图2.91所示。

图2.91 更改填充

PS 22 在【图层】面板中，选中【矩形2】图层，在其图层名称上单击鼠标右键，从弹出的快捷菜单中选择【栅格化图层样式】命令，如图2.92所示。

图2.92 栅格化图层样式

PS 23 在【图层】面板中，选中【矩形2】图层，单击面板底部的【添加图层蒙版】 ◙ 按钮，为其图层添加图层蒙版，如图2.93所示。

PS 24 选择工具箱中的【画笔工具】 ✐，在画布中单击鼠标右键，在弹出的面板中，选择一种圆角笔触，将【大小】更改为150像素，【硬度】更改为0%，如图2.94所示。

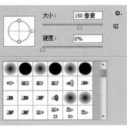

图2.93 添加图层蒙版　　图2.94 设置笔触

PS 25 将前景色设置为白色，单击【矩形2】图层蒙版缩览图，在画布中其图形上部分区域涂抹，将部分图形隐藏，如图2.95所示。

图2.95 隐藏图形

PS 01 选择工具箱中的【椭圆工具】 ⬭，在选项栏中将【填充】更改为白色，【描边】为无，在画布靠左上角位置绘制一个椭圆图形，此时将生成一个【椭圆1】图层，如图2.96所示。

图2.96 绘制图形

PS 02 在【图层】面板中，选中【椭圆1】图层，执行菜单栏中的【图层】|【栅格化】|【形状】命令，将当前图形栅格化，如图2.97所示。

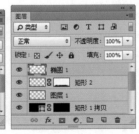

图2.97 栅格化图层

PS 03 选中【椭圆1】图层，执行菜单栏中的【滤镜】|【模糊】|【动感模糊】命令，在弹出的对话框中将【角度】更改为0度，【距离】更改为130像素，完成之后单击【确定】按钮，如图2.98所示。

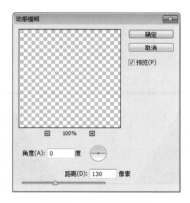

图2.98　设置动感模糊

PS 04　选中【椭圆1】图层，执行菜单栏中的【滤镜】|【模糊】|【高斯模糊】命令，在弹出的对话框中将【半径】更改为6像素，完成之后单击【确定】按钮，如图2.99所示。

图2.99　设置高斯模糊

PS 05　选中【椭圆1】图层，在画布中按Ctrl+T组合键对其执行自由变换命令，将光标移至出现的变形框上单击鼠标右键，从弹出的快捷菜单中选择【变形】命令，将光标移至变形框左上角向上拖动，再移至变形框左下角向下拖动将图形变换，如图2.100所示。

图2.100　变换图形

PS 06　在画布中将图形逆时针适当旋转，并移至画布顶部位置，在【图层】面板中，将其移至

【矩形1 拷贝】图层下方，完成之后按Enter键确认，如图2.101所示。

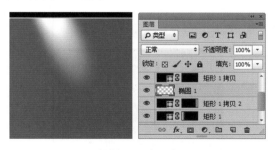

图2.101　旋转图形并更改图层顺序

PS 07　在【图层】面板中，选中【椭圆1】图层，单击面板上方的【锁定透明像素】 按钮，将当前图层中的透明像素锁定，如图2.102所示。

PS 08　选择工具箱中的【画笔工具】 ，在画布中单击鼠标右键，在弹出的面板中，选择一种圆角笔触，将【大小】更改为150像素，【硬度】更改为0%，如图2.103所示。

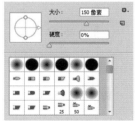

图2.102　锁定透明像素　　　图2.103　设置笔触
　　　　　并填充颜色

PS 09　选中【椭圆1】图层，将前景色更改为蓝色（R:205，G:242，B:251）在画布中其图形上边缘位置涂抹，为图形边缘添加颜色，如图2.104所示。

PS 10　在【图层】面板中，选中【椭圆1】图层，将其拖至面板底部的【创建新图层】 按钮上，复制一个【椭圆1拷贝】图层，如图2.105所示。

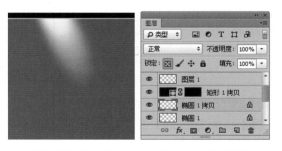

图2.104　添加颜色　　　图2.105　复制图层

43

PS 11 选中【椭圆1 拷贝】图层，在画布中按Ctrl+T组合键对其执行自由变换，当出现变形框以后按住Alt+Shift组合键将图形等比缩小，完成之后按Enter键确认，如图2.106所示。

图2.106 变换图形

PS 12 同时选中【椭圆1】及【椭圆1 拷贝】图层，在画布中按住Alt+Shift组合键向右侧拖动，将图形复制，此时将生成2个【椭圆1 拷贝2】图层，如图2.107所示。

PS 13 在画布中按Ctrl+T组合键对图形执行自由变换命令，将光标移至出现的变形框上单击鼠标右键，从弹出的快捷菜单中选择【水平翻转】命令，完成之后按Enter键确认，如图2.108所示。

 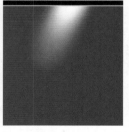

图2.107 变换图形　　图2.108 水平翻转效果

PS 14 选择工具箱中的【矩形工具】，在选项栏中将【填充】更改为白色，【描边】为无，在画布中沿着描边图形边缘绘制一个矩形，此时将生成一个【矩形3】图层，如图2.109所示。

图2.109 绘制图形

PS 15 选中【矩形3】图层，在画布中按Ctrl+T组合键对其执行自由变换命令，在出现的变形框

中单击鼠标右键，从弹出的快捷菜单中选择【透视】命令，将光标移至变形框左下角向里侧拖动将图形变换，完成之后按Enter键确认，如图2.110所示。

图2.110 变换图形

PS 16 选中【矩形3】图层，将其图层【不透明度】更改为5%，如图2.111所示。

图2.111 更改图层不透明度

PS 17 在【图层】面板中，选中【矩形3】图层，将其拖至面板底部的【创建新图层】按钮上，复制一个【矩形3拷贝】图层，如图2.112所示。

PS 18 选中【矩形3 拷贝】图层，在画布中按Ctrl+T组合键对其执行自由变换命令，在出现的变形框中单击鼠标右键，从弹出的快捷菜单中选择【垂直翻转】命令，完成之后按Enter键确认，如图2.113所示。

 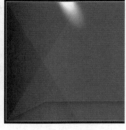

图2.112 复制图层　　图2.113 垂直翻转效果

44

PS 19 在【图层】面板中，选中【矩形3 拷贝】图层，将其拖至面板底部的【创建新图层】按钮上，复制一个【矩形3拷贝2】图层，如图2.114所示。

PS 20 选中【矩形3 拷贝2】图层，在画布中按Ctrl+T组合键对其执行自由变换命令，在出现的变形框中单击鼠标右键，从弹出的快捷菜单中选择【透视】命令，将光标移至变形框左下角向里侧拖动将图形变换，完成之后按Enter键确认，如图2.115所示。

图2.114 复制图层　　图2.115 变换图形

PS 21 以同样的方法将和【矩形3】图层相关的图层复制并执行透视变换命令，如图2.116所示。

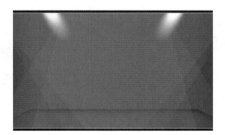

图2.116 复制并变换图形

2.2.3 添加及变换文字

PS 01 选择工具箱中的【横排文字工具】 T ，在画布中适当位置分别添加文字，颜色为白色，如图2.117所示。

图2.117 添加文字

PS 02 在【图层】面板中，选中【11】图层，在其图层名称上单击鼠标右键，从弹出的快捷菜单中选择【转换为形状】命令，以同样的方法选中【双…】图层，将其转换为形状图层，如图2.118所示。

图2.118 转换为形状

PS 03 选择工具箱中的【直接选择工具】 ，在画布中分别选中文字的不同锚点，将其变换，如图2.119所示。

图2.119 变换文字

PS 04 在【图层】面板中，同时选中【11】及【双…】图层，执行菜单栏中的【图层】|【合并形状】命令，将图层合并，此时将生成一个【11】图层，如图2.120所示。

图2.120 合并图层

PS 05 在【图层】面板中，选中【11】图层，单击面板底部的【添加图层样式】 fx 按钮，在菜单中选择【渐变叠加】命令，在弹出的对话框中将渐变颜色更改为黄色（R:252，G:240，B:140）到黄色（R:254，G:203，B:36），如图2.121所示。

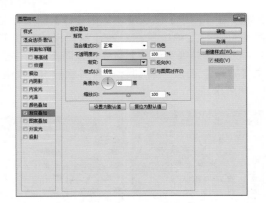

图2.121 设置渐变叠加

PS 06 勾选【投影】复选框，将【角度】更改为50度，【距离】更改为4像素，【大小】更改为3像素，完成之后单击【确定】按钮，如图2.122所示。

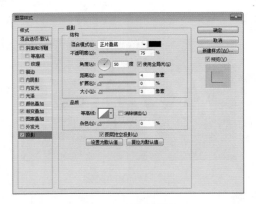

图2.122 设置投影

PS 07 选择工具箱中的【横排文字工具】 T ，在刚才所添加的文字下方位置再次添加文字，如图2.123所示。

图2.123 添加文字

PS 08 选中【2018…】文字图层，在画布中按Ctrl+T组合键对其执行自由变换命令，在出现的变形框中单击鼠标右键，从弹出的快捷菜单中选择【斜切】命令，将光标移至变形框顶部控制点

向右侧拖动，将文字变换，完成之后按Enter键确认，以同样的方法选中【HAPPY…】图层，在画布中将其文字变换，再分别将文字及图形稍微移动使布局更加协调，如图2.124所示。

图2.124 变换文字

PS 09 在【11】图层上单击鼠标右键，从弹出的快捷菜单中选择【拷贝图层样式】命令，在【2018…】图层上单击鼠标右键，从弹出的快捷菜单中选择【粘贴图层样式】命令，如图2.125所示。

图2.125 拷贝并粘贴图层样式

PS 10 双击【2018…】图层样式名称，在弹出的对话框中选中【渐变叠加】复选框，将【角度】更改为-90度，再取消勾选【投影】复选框，完成之后单击【确定】按钮，如图2.126所示。

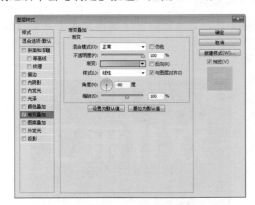

图2.126 设置图层样式

PS **11** 在【2018…】图层上单击鼠标右键，从弹出的快捷菜单中选择【拷贝图层样式】命令，在【HAPPY…】图层上单击鼠标右键，从弹出的快捷菜单中选择【粘贴图层样式】命令，如图2.127所示。

图2.127 拷贝并粘贴图层样式

PS **12** 选择工具箱中的【自定形状工具】，在画布中单击鼠标右键，在弹出的面板中选择【红心形卡】形状，如图2.128所示。

图2.128 设置形状

PS **13** 在选项栏中将【填充】更改为白色，【描边】为无，在画布中刚才经过变换的文字空隙位置按住Shift键绘制一个心形，此时将生成一个【形状2】图层，如图2.129所示。

图2.129 绘制图形

PS **14** 在【图层】面板中，选中【形状2】图层，在其图层名称上单击鼠标右键，从弹出的快捷菜单中选择【粘贴图层样式】命令，再单击其图层样式名称【投影】前面的【指示图层可见性】图标，将图层显示，如图2.130所示。

图2.130 粘贴图层样式

2.2.4 绘制图形及添加文字

PS **01** 选择工具箱中的【圆角矩形工具】，在选项栏中将【填充】更改为白色，【描边】为无，【半径】为5像素，在画布靠下方位置绘制一个圆角矩形，此时将生成一个【圆角矩形1】图层，如图2.131所示。

图2.131 绘制图形

PS **02** 选中【圆角矩形1】图层，将其图层【不透明度】更改为30%，如图2.132所示。

图2.132 更改图层不透明度

PS **03** 在【图层】面板中，选中【圆角矩形1】图层，单击面板底部的【添加图层样式】*fx*按钮，在菜单中选择【描边】命令，在弹出的对话框中将【大小】更改为1像素，【填充类型】为渐变，将渐变颜色更改为蓝色（R:70，G:87，B:168）到白色，【角度】更改为35度，设置完成之后单击【确定】按钮，如图2.133所示。

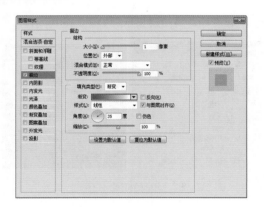

图2.133 设置渐变

PS 04 在【图层】面板中，选中【圆角矩形1】图层，将其【填充】更改为80%，如图2.134所示。

PS 05 在【图层】面板中，选中【圆角矩形1】图层，将其拖至面板底部的【创建新图层】按钮上，复制一个【圆角矩形1 拷贝】图层，如图2.135所示。

PS 06 选中【圆角矩形1 拷贝】图层，在其图层名称上单击鼠标右键，从弹出的快捷菜单中选择【栅格化图层样式】命令，如图2.136所示。

图2.134 更改填充

图2.135 复制图层　图2.136 栅格化图层样式

PS 07 选择工具箱中的【钢笔工具】，在圆角矩形位置绘制一个不规则封闭路径，如图2.137所示。

图2.137 绘制路径

PS 08 在画布中按Ctrl+Enter组合键将刚才所绘制的路径转换成选区，选中【圆角矩形1 拷贝】图层，按Delete键将多余图形删除，完成之后按Ctrl+D组合键将选区取消，如图2.138所示。

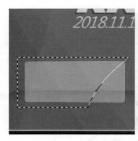

图2.138 删除部分图形

PS 09 在【图层】面板中，选中【圆角矩形1 拷贝】图层，将其拖至面板底部的【创建新图层】按钮上，复制一个【圆角矩形1 拷贝2】图层，如图2.139所示。

PS 10 在【图层】面板中，分别选中【圆角矩形1 拷贝】图层及【圆角矩形1 拷贝2】图层，单击面板底部的【添加图层蒙版】按钮，为其图层添加图层蒙版，如图2.140所示。

图2.139 复制图层　　图2.140 添加图层蒙版

PS 11 选择工具箱中的【渐变工具】，在选项栏中单击【点按可编辑渐变】按钮，在弹出的对话框中选择【黑白渐变】，设置完成之后单击【确定】按钮，再单击选项栏中的【线性渐变】按钮，如图2.141所示。

PS 12 在【图层】面板中，单击【圆角矩形1 拷贝】图层蒙版缩览图，在画布中其图形上从上至下拖动，将部分图形隐藏，如图2.142所示。

图2.141 设置渐变　　图2.142 隐藏图形

提示

在对【圆角矩形1 拷贝】图层利用渐变工具隐藏图形时可单击【圆角矩形1 拷贝2】图层名称前方的【指示图层可见性】👁图标将其图层隐藏。

PS 13 选择工具箱中的【渐变工具】，在选项栏中单击【点按可编辑渐变】按钮，在弹出的对话框中设置渐变颜色从白色到黑色，设置完成之后单击【确定】按钮，再单击选项栏中的【径向渐变】按钮，如图2.143所示。

PS 14 在【图层】面板中，单击【圆角矩形1 拷贝2】图层蒙版缩览图，在画布中其图形上从右下角位置向左上角方向拖动，将部分图形隐藏，如图2.144所示。

图2.143 设置渐变　　图2.144 隐藏图形

PS 15 选择工具箱中的【直线工具】，在选项栏中将【填充】更改为白色，【描边】为无，【粗细】为1像素，在画布中刚才所绘制的圆角矩形图形顶部边缘位置按住Shift键绘制一条水平线段，此时将生成一个【形状1】图层，如图2.145所示。

图2.145 绘制图形

PS 16 在【图层】面板中，选中【形状1】图层，单击面板底部的【添加图层蒙版】🔲按钮，为其图层添加图层蒙版，如图2.146所示。

PS 17 选择工具箱中的【渐变工具】，在选项栏中单击【点按可编辑渐变】按钮，在弹出的对话框中将渐变颜色更改为黑色到白色再到黑色，将白色色标位置更改为70，设置完成之后单击【确定】按钮，再单击选项栏中的【线性渐变】按钮，如图2.147所示。

图2.146 添加图层蒙版　　图2.147 设置渐变

PS 18 单击【形状1】图层蒙版缩览图，在画布中其图形上拖动，将部分图形隐藏，如图2.148所示。

图2.148 隐藏部分图形

PS 19 在【图层】面板中，选中【形状1】图层，将其拖至面板底部的【创建新图层】🔲按钮上，复制一个【形状1 拷贝】图层，如图2.149所示。

PS 20 选中【形状1 拷贝】图层，在画布中按Ctrl+T组合键对其执行自由变换，将光标移至出现的变形框上单击鼠标右键，从弹出的快捷菜单中选择【旋转90度（顺时针）】命令，再将其高度缩小并移至圆角矩形右侧边缘上，完成之后按Enter键确认，如图2.150所示。

图2.149 复制图层　　图2.150 变换图形

PS 21 单击【形状1 拷贝】图层蒙版缩览图，在画布中其图形上按住Shift键从上至下拖动，将部分图形隐藏，如图2.151所示。

PS 22 选择工具箱中的【横排文字工具】**T**，在圆角矩形图形上添加文字，如图2.152所示。

图2.151 隐藏图形　　图2.152 添加文字

PS 23 在【图层】面板中，同时选中【圆角矩形1】、【圆角矩形1 拷贝】、【圆角矩形1 拷贝2】、【形状1】、【形状1 拷贝】、【下单即赠】、【在活动期间…】图层，执行菜单栏中的【图层】|【新建】|【从图层建立组】，在弹出的对话框中将【名称】更改为【图形和文字】，完成之后单击【确定】按钮，此时将生成一个【图形和文字】组，如图2.153所示。

图2.153 从图层新建组

PS 24 选中【图形和文字】组，在画布中按住Alt+Shift组合键向右侧拖动，将图形和文字复制2份，此时将生成【图形和文字 拷贝】组及【图形和文字 拷贝2】组，如图2.154所示。

图2.154 复制图形和文字

PS 25 同时选中【图形和文字 拷贝2】、【图形和文字 拷贝】、【图形和文字】组，单击选项栏中的【水平居中分布】按钮将图形和文字对齐，如图2.155所示。

图2.155 对齐图形和文字

PS 26 选择工具箱中的【横排文字工具】**T**，在画布中更改部分文字信息，如图2.156所示。

图2.156 更改文字

PS 27 选择工具箱中的【椭圆工具】○，在选项栏中将【填充】更改为黑色，【描边】为无，在画布左侧的圆角矩形底部位置绘制一个扁长的椭圆，此时将生成一个【椭圆2】图层，如图2.157所示。

图2.157 绘制图形

PS 28 在【图层】面板中，选中【椭圆2】图层，执行菜单栏中的【图层】|【栅格化】|【形状】命令，将当前图形栅格化，如图2.158所示。

图2.158 栅格化图层

PS 29 选中【椭圆2】图层，执行菜单栏中的【滤镜】|【模糊】|【高斯模糊】命令，在弹出的对话框中将【半径】更改为3像素，设置完成之后单击【确定】按钮，如图2.159所示。

PS 30 选中【椭圆2】图层，将其图层【不透明度】更改为50%，如图2.160所示。

图2.159 设置高斯模糊

图2.160 更改图层不透明度

PS 31 选中【椭圆2】图层，在画布中按住Alt+Shift组合键向右侧拖动，将其复制2份，如图2.161所示。

图2.161 复制图形

PS 32 执行菜单栏中的【文件】|【打开】命令，在弹出的对话框中选择配套光盘中的【调用素材\第2章\网店促销\logo.psd】文件，将打开的素材拖入画布左上角位置，这样就完成了效果制作，最终效果如图2.162所示。

图2.162 添加素材及最终效果

2.3 宣传广告白金艺术字

📷 设计构思

- 新建画布，添加素材并利用图层混合模式为素材图像制作背景特效。
- 添加文字并将文字变形及添加图层样式制作质感特效。
- 利用【多边形套索】工具在文字周围绘制不规则图形以衬托特效文字，最后再次添加素材及相关文字完成最终效果制作。
- 本例主要讲解宣传广告白金艺术字制作，在制作的过程中着重强调了质感，立体化的图形及文字组合方式给人一种极强的视觉冲击力，而添加合适的素材图像更是为广告的整体增添了不少设计感，在色彩方面采用了明亮的橙色作为黑色系文字的点缀使原本平淡的视觉给人眼前一亮的直观感受。

难易程度：★★★☆☆	
调用素材：配套光盘\附增及素材\调用素材\第2章\宣传广告	
最终文件：配套光盘\附增及素材\源文件\第2章\宣传广告白金艺术字.psd	
视频位置：配套光盘\movie\2.3 宣传广告白金艺术字.avi	

宣传广告白金艺术字最终效果如图2.163所示。

图2.163 宣传广告白金艺术字最终效果

![操作步骤]

2.3.1 添加素材制作背景

PS 01 执行菜单栏中的【文件】|【新建】命令，在弹出的对话框中设置【宽度】为10厘米，【高度】为7厘米，【分辨率】为300像素/英寸，【颜色模式】为RGB颜色，新建一个空白画布，如图2.164所示。

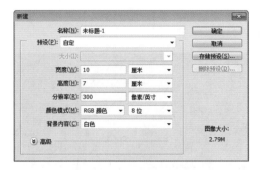

图2.164　新建画布

PS 02 执行菜单栏中的【文件】|【打开】命令，在弹出的对话框中选择配套光盘中的【调用素材\第2章\宣传广告\马路.jpg】文件，将打开的素材拖入画布中并适当缩小，此时其图层名称将自动更改为【图层1】，如图2.165所示。

图2.165　添加素材

PS 03 在【图层】面板中，选中【图层1】图层，将其拖至面板底部的【创建新图层】 🔲 按钮上，复制一个【图层1 拷贝】图层，如图2.166所示。

PS 04 在【图层】面板中，选中【图层1 拷贝】图层，在画布中将图层填充为黑色，如图2.167所示。

图2.166 复制图层　图2.167 锁定透明像素并填充颜色

PS 05 在【图层】面板中，选中【图层1 拷贝】图层，单击面板底部的【添加图层蒙版】 🔳 按钮，为其图层添加图层蒙版，如图2.168所示。

图2.168　添加图层蒙版

PS 06 选择工具箱中的【渐变工具】 ▣，在选项栏中单击【点按可编辑渐变】按钮，在弹出的对话框中将渐变颜色更改为黑色到白色，设置完成之后单击【确定】按钮，再单击选项栏中的【径向渐变】 ◉ 按钮。

PS 07 单击【图层1 拷贝】图层蒙版缩览图，在画布中其图形上从中间向右下角方向拖动，将部分图形隐藏，如图2.169所示。

图2.169　隐藏图形

PS 08 选中【图层1 拷贝】图层，将其图层【不透明度】更改为80%，如图1.170所示。

53

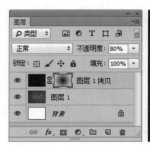

图1.170 更改图层不透明度

PS 09 执行菜单栏中的【文件】|【打开】命令，在弹出的对话框中选择配套光盘中的【调用素材\第2章\宣传广告\裂痕.jpg】文件，将打开的素材拖入画布中并适当缩小，此时其图层名称将自动更改为【图层2】，如图2.171所示。

图2.171 添加素材

PS 10 在【图层】面板中，选中【图层2】图层，将其图层混合模式设置为【变暗】，如图2.172所示。

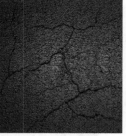

图2.172 设置图层混合模式

PS 11 在【图层】面板中，选中【图层2】图层，单击面板底部的【添加图层蒙版】 按钮，为其图层添加图层蒙版，如图2.173所示。

PS 12 选择工具箱中的【画笔工具】，在画布中单击鼠标右键，在弹出的面板中，选择一种圆角笔触，将【大小】更改为100像素，【硬度】更改为0%，如图2.174所示。

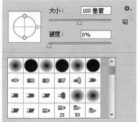

图2.173 添加图层蒙版　　图2.174 设置笔触

PS 13 单击【图层2】图层蒙版缩览图，在画布中其图像上部分裂痕区域涂抹，将部分图像隐藏，如图2.175所示。

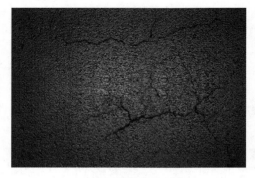

图2.175 隐藏部分图像

2.3.2 添加及变换文字

PS 01 选择工具箱中的【横排文字工具】T，在画布中适当位置分别添加文字【BRN】和【KER】，如图2.176所示。

图2.176 添加文字

PS 02 选中【BRN】和【RER】图层，在画布中按Ctrl+T组合键对其执行自由变换命令，将光标移至出现的变形框左侧控制点按住Alt键向里侧拖动，再将光标移至顶部控制点按住Alt键向上方拖动，将文字变形，如图2.177所示。

图2.177 变换文字

PS 03 在【图层】面板中，选中【BRN】图层，在其图层名称上单击鼠标右键，从弹出的快捷菜单中选择【转换为形状】命令，以同样的方法选中【KER】图层，将其转换为形状图层，如图2.178所示。

图2.178 转换为形状

PS 04 选中【BRN】图层，在画布中按Ctrl+T组合键对其执行自由变换命令，在出现的变形框中单击鼠标右键，从弹出的快捷菜单中选择【透视】命令，将光标移至变形框右下角向下拖动将图形变换，再单击鼠标右键，从弹出的快捷菜单中选择【扭曲】命令，将光标移至变形框左下角向左侧拖动，完成之后按Enter键确认，以同样的方法选中【KER】图层，在画布中将其变换，如图2.179所示。

图2.179 变换文字

PS 05 选择工具箱中的【直接选择工具】，在画布中分别选中文字不同锚点，将其变换，如图2.180所示。

图2.180 变换文字

PS 06 在【图层】面板中，同时选中【BRN】及【KER】图层，执行菜单栏中的【图层】|【合并形状】命令，此时将生成一个【BRN】图层，如图2.181所示。

图2.181 合并图层

PS 07 在【图层】面板中，选中【BRN】图层，单击面板底部的【添加图层样式】fx按钮，在菜单中选择【斜面和浮雕】命令，在弹出的对话框中将【样式】更改为内斜面，【大小】更改为35像素，【角度】更改为117度，单击【光泽等高线】后面的按钮，在弹出的面板中选择【锥行-反转】，将【阴影模式】中的【不透明度】更改为40%，完成之后单击【确定】按钮，如图2.182所示。

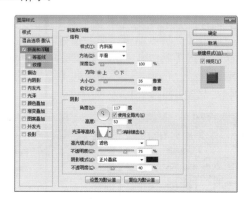

图2.182 设置斜面和浮雕

PS 08 在【图层】面板中，选中【BRN】图层，将其拖至面板底部的【创建新图层】按钮上，

55

复制一个【BRN 拷贝】图层，如图2.183所示。

PS 09 在【图层】面板中，选中【BRN 拷贝】图层，在其图层名称上单击鼠标右键，从弹出的快捷菜单中选择【栅格化图层样式】命令，如图2.184所示。

图2.183 复制图层　　图2.184 栅格化图层样式

PS 10 在【图层】面板中，选中【BRN 拷贝】图层，单击面板上方的【锁定透明像素】 ![锁定透明像素图标] 按钮，将当前图层中的透明像素锁定，在画布中将图层填充为黑色，填充完成之后再次单击此按钮将其解除锁定，如图2.185所示。

图2.185 锁定透明像素并填充颜色

PS 11 在【图层】面板中，选中【BRN 拷贝】图层，单击面板底部的【添加图层蒙版】 ![添加图层蒙版图标] 按钮，为其图层添加图层蒙版，如图2.186所示。

PS 12 选择工具箱中的【渐变工具】 ![渐变工具图标]，在选项栏中单击【点按可编辑渐变】按钮，在弹出的对话框中选择【黑白渐变】，设置完成之后单击【确定】按钮，再单击选项栏中的【线性渐变】 ![线性渐变图标] 按钮，如图2.187所示。

图2.186 添加图层蒙版　　图2.187 编辑渐变

PS 13 单击【BRN 拷贝】图层蒙版缩览图，在画布其图形上从上至下拖动，将部分图形隐藏，如图2.188所示。

图2.188 隐藏图形

PS 14 执行菜单栏中的【文件】|【打开】命令，在弹出的对话框中选择配套光盘中的【调用素材\第2章\宣传广告\水滴.psd】文件，将打开的素材拖入画布中的文字上并适当缩小，如图2.189所示。

PS 15 再分别选中不同的水滴图像将其复制数份并适当旋转后放在不同位置，如图2.190所示。

图2.189 添加素材　　图2.190 复制图像

PS 16 在【图层】面板中，选中【水滴】组，单击面板底部的【添加图层样式】 ![添加图层样式图标] 按钮，在菜单中选择【内阴影】命令，在弹出的对话框中将【不透明度】更改为50%，【角度】更改为65度，【距离】更改为3像素，【大小】更改为1像素，完成之后单击【确定】按钮，如图2.191所示。

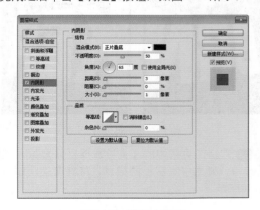

图2.191 设置内阴影

PS 17 选择工具箱中的【横排文字工具】T，在画布中文字图形上方位置再次分别添加文字【FURCKIL】和【SERVICE】，颜色为白色，如图2.192所示。

图2.192 添加文字

PS 18 在【图层】面板中，选中【FURCKIL】图层，在其图层名称上单击鼠标右键，从弹出的快捷菜单中选择【转换为形状】命令，以同样的方法选中【SERVICE】图层，将其转换为形状图层，如图2.193所示。

图2.193 转换为形状

PS 19 选中【FURCKIL】图层，在画布中按Ctrl+T组合键对其执行自由变换命令，在出现的变形框中单击鼠标右键，从弹出的快捷菜单中选择【斜切】命令，将光标移至变形框左侧向下拖动，再将光标移至变形框左侧向左下角方向拖动将图形变换，再单击鼠标右键，从弹出的快捷菜单中选择【扭曲】命令，将光标移至变形框左上角向下拖动，完成之后按Enter键确认，以同样的方法选中【SERVICE】图层，在画布中将其变换，如图2.194所示。

图2.194 变换文字

PS 20 在【图层】面板中，同时选中【FURCKIL】及【SERVICE】图层，执行菜单栏中的【图层】|【合并形状】命令，此时将生成一个【FURCKIL】图层，如图2.195所示。

图2.195 合并图层

PS 21 在【图层】面板中，选中【FURCKIL】图层，单击面板底部的【添加图层样式】fx按钮，在菜单中选择【斜面和浮雕】命令，在弹出的对话框中将【样式】更改为内斜面，【大小】更改为13像素，将【阴影模式】中的【不透明度】更改为50%，如图2.196所示。

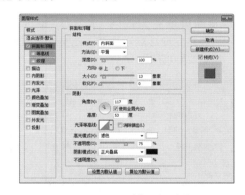

图2.196 设置斜面和浮雕

PS 22 勾选【颜色叠加】复选框，将【颜色】更改为黄色（R:247，G:212，B:6），完成之后单击【确定】按钮，如图2.197所示。

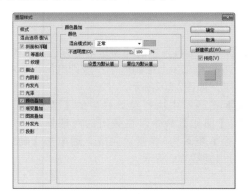

图2.197 设置颜色叠加

57

PS 23 在【图层】面板中，选中【FURCKIL】图层，将其拖至面板底部的【创建新图层】□按钮上，复制一个【FURCKIL 拷贝】图层，如图2.198所示。

PS 24 在【图层】面板中，选中【FURCKIL 拷贝】图层，在其图层名称上单击鼠标右键，从弹出的快捷菜单中选择【栅格化图层样式】命令，如图2.199所示。

图2.198 复制图层　　图2.199 栅格化图层样式

PS 25 在【图层】面板中，选中【FURCKIL 拷贝】图层，单击面板上方的【锁定透明像素】□按钮，将当前图层中的透明像素锁定，在画布中将图层填充为橙色（R:243，G:110，B:19），填充完成之后再次单击此按钮将其解除锁定，如图2.200所示。

图2.200 锁定透明像素并填充颜色

PS 26 在【图层】面板中，选中【FURCKIL 拷贝】图层，单击面板底部的【添加图层蒙版】□按钮，为其图层添加图层蒙版，如图2.201所示。

PS 27 选择工具箱中的【多边形套索工具】♥，在画布中其文字上绘制一个不规则选区以选中部分文字，如图2.202所示。

PS 28 在画布中执行菜单栏中的【选择】|【修改】|【羽化】命令，在弹出的对话框中将【羽化半径】更改为3像素，完成之后单击【确定】按钮，如图2.203所示。

图2.201 添加图层蒙版　　图2.202 绘制选区

图2.203 设置羽化

> **技巧** ！
> 按Shift+F6组合键可快速打开【羽化选区】对话框。

PS 29 单击【FURCKIL 拷贝】图层蒙版缩览图，在画布中将选区填充为黑色，将部分图形隐藏，完成之后按Ctrl+D组合键将选区取消，如图2.204所示。

图2.204 隐藏图形

2.3.3 绘制图形

PS 01 选择工具箱中的【多边形套索工具】♥，在画布中文字左上角位置绘制一个三角形的选区，如图2.205所示。

PS 02 在【图层】面板中，单击面板底部的【创建新图层】□按钮，新建一个图层，重命名为【图层4】图层，如图2.206所示。

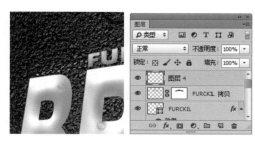

图2.205 绘制选区　　　　图2.206 新建图层

PS 03 选中【图层4】图层，在画布中将选区填充为黄色（R:247，G:212，B:6），填充完成之后按Ctrl+D组合键将选区取消，如图2.207所示。

PS 04 在【图层】面板中，选中【图层4】图层，将其拖至面板底部的【创建新图层】按钮上，复制一个【图层4 拷贝】图层，如图2.208所示。

图2.207 填充颜色　　　　图2.208 复制图层

PS 05 在【图层】面板中，选中【图层4 拷贝】图层，单击面板上方的【锁定透明像素】按钮，将当前图层中的透明像素锁定，在画布中将图层填充为橙色（R:243，G:110，B:19），填充完成之后再次单击此按钮将其解除锁定，如图2.209所示。

图2.209 锁定透明像素并填充颜色

PS 06 在【图层】面板中，选中【图层4 拷贝】图层，单击面板底部的【添加图层蒙版】按钮，为其图层添加图层蒙版，如图2.210所示。

PS 07 选择工具箱中的【多边形套索工具】，

在画布中其文字上绘制一个不规则选区以选中部分图形，如图2.211所示。

图2.210 添加图层蒙版　　　图2.211 绘制选区

PS 08 单击【图层4 拷贝】图层蒙版缩览图，在画布中将选区填充为黑色，将部分图形隐藏，完成之后按Ctrl+D组合键将选区取消，如图2.212所示。

图2.212 隐藏图形

PS 09 在【图层】面板中，同时选中【图层4】及【图层4 拷贝2】图层，在画布中按住Alt键拖至文字的右侧位置，此时将生成2【图层4 拷贝2】图层，如图2.213所示。

图2.213 复制图形

PS 10 同时选中刚才复制所生成的2个【图层4 拷贝2】图层，在画布中按Ctrl+T组合键对其执行自由变换命令，将光标移至出现的变形框上单击鼠标右键，从弹出的快捷菜单中选择【水平翻转】命令，再顺时针适当旋转，完成之后按Enter键确认，如图2.214所示。

PS 11 选择工具箱中的【多边形套索工具】，在画布中文字底部位置绘制一个不规则选区，如图2.215所示。

图2.214 变换图形　　　　图2.215 绘制选区

PS 12 单击面板底部的【创建新图层】按钮，新建一个【图层5】图层，如图2.216所示。

PS 13 选中【图层】图层，在画布中将选区填充为黄色（R:247，G:212，B:6），填充完成之后按Ctrl+D组合键将选区取消，如图2.217所示。

图2.216 新建图层　　　　图2.217 填充颜色

PS 14 在【图层】面板中，选中【图层5】图层，将其拖至面板底部的【创建新图层】按钮上，复制一个【图层5 拷贝】图层，如图2.218所示。

PS 15 在【图层】面板中，选中【图层5 拷贝】图层，单击面板上方的【锁定透明像素】按钮，将当前图层中的透明像素锁定，在画布中将图层填充为橙色（R:243，G:110，B:19），填充完成之后再次单击此按钮将其解除锁定，如图2.219所示。

图2.218 复制图层　图2.219 锁定透明像素并填充颜色

PS 16 在【图层】面板中，选中【图层5 拷贝】图层，单击面板底部的【添加图层蒙版】按钮，为其图层添加图层蒙版，如图2.220所示。

PS 17 选择工具箱中的【渐变工具】，在选项栏中单击【点按可编辑渐变】按钮，在弹出的对话框中将渐变颜色更改为黑色至白色再到黑色，设置完成之后单击【确定】按钮，再单击选项栏中的【线性渐变】按钮，如图2.221所示。

图2.220 添加图层蒙版　　　图2.221 设置渐变

PS 18 单击【图层5 拷贝】图层蒙版缩览图，在画布中其图形上按住Shift键从左至右拖至，将部分图形隐藏，如图2.222所示。

图2.222 隐藏图形

PS 19 选择工具箱中的【多边形套索工具】，在画布刚才所绘制的不规则图形上绘制一个不规则选区以选中部分图形，如图2.223所示。

PS 20 单击【图层5 拷贝】图层蒙版缩览图，在画布中将选区填充为黑色，将部分图形隐藏，完成之后按Ctrl+D组合键将选区取消，如图2.224所示。

图2.223 绘制选区　　　　图2.224 隐藏图形

PS 21 选择工具箱中的【多边形套索工具】◿，在画布中所添加的文字周围绘制一个不规则选区，如图2.225所示。

PS 22 单击面板底部的【创建新图层】◻按钮，新建一个【图层6】图层，如图2.226所示。

图2.225 绘制选区　　　图2.226 新建图层

PS 23 选中【图层6】图层，在画布中将选区填充为黑色，填充完成之后按Ctrl+D组合键将选区取消，再将其移至【图层 1 拷贝】图层下方，如图2.227所示。

图2.227 填充颜色

PS 24 在【图层】面板中，选中【图层6】图层，单击面板底部的【添加图层样式】fx按钮，在菜单中选择【描边】命令，在弹出的对话框中【大小】更改为3像素，【颜色】更改为白色，完成之后单击【确定】按钮，如图2.228所示。

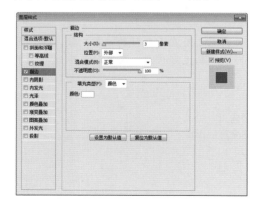

图2.228 设置描边

PS 25 勾选【外发光】复选框，将【混合模式】更改为正常，【颜色】更改为黑色，【大小】更改为35像素，完成之后单击【确定】按钮，如图2.229所示。

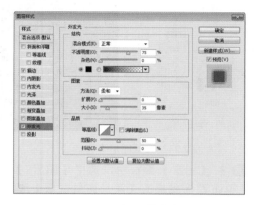

图2.229 设置外发光

2.3.4 添加文字及素材图像

PS 01 选择工具箱中的【横排文字工具】T，在画布中适当位置添加文字，将所添加的文字适当旋转并移至【图层2】图层下方，如图2.230所示。

图2.230 添加文字

PS 02 执行菜单栏中的【文件】|【打开】命令，在弹出的对话框中选择配套光盘中的【调用素材\第2章\宣传广告\生锈.jpg】文件，将打开的素材拖入画布中并适当放大，此时将生成一个【图层7】图层，如图2.231所示。

图2.231 添加素材

61

PS 03 在【图层】面板中，选中【图层7】图层，将其图层混合模式设置为【深色】，如图2.232所示。

图2.232 设置图层混合模式

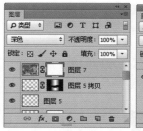

图2.233 添加图层蒙版　　图2.234 载入选区

PS 06 单击【图层7】图层蒙版缩览图，在画布中将选中填充为黑色，将部分图形隐藏，完成之后按Ctrl+D组合键将选区取消，这样就完成了效果制作，最终效果如图2.235所示。

PS 04 在【图层】面板中，选中【图层7】图层，单击面板底部的【添加图层蒙版】 ▣ 按钮，为其图层添加图层蒙版，如图2.233所示。

PS 05 在【图层】面板中，按住Ctrl键单击【图层6】图层蒙版缩览图，将其载入选区，如图2.234所示。

图2.235 隐藏部分图形及最终效果

2.4 / 促销广告变形字

📷 设计构思

- 新建画布，填充颜色并绘制图形制作背景。
- 添加文字并将文字转换为形状后变形。
- 利用【自定义形状】工具绘制图形并与变换后的文字对齐制作出部分特效文字效果。
- 绘制图形并将图形变换为文字，最后添加素材图像并在图像周围绘制图形及添加文字完成最终效果制作。
- 本例主要讲解促销广告变形字制作，本广告的最大亮点之处在于独特的文字变换，通过图形与变换的文字相结合的表现手法突出强调了广告所表达的主题信息，而在配色方法则采用了柔和的黄色作为点缀色更是点亮了主题信息。

难易程度：★★★☆☆
调用素材：配套光盘\附增及素材\调用素材\第2章\促销广告
最终文件：配套光盘\附增及素材\源文件\第2章\促销广告变形字.psd
视频位置：配套光盘\movie\2.4 促销广告变形字.avi

促销广告变形字最终效果如图2.236所示。

图2.236 促销广告变形字最终效果

 操作步骤

2.4.1 制作背景

PS 01 执行菜单栏中的【文件】|【新建】命令，在弹出的对话框中设置【宽度】为10厘米，【高度】为6厘米，【分辨率】为300像素/英寸，【颜色模式】为RGB颜色，新建一个空白画布，如图2.237所示。

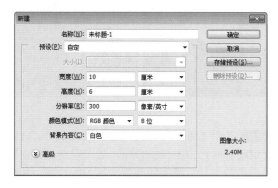

图2.237 新建画布

PS 02 将画布填充为紫色（R:225，G:66，B:96），如图2.238所示。

图2.238 填充颜色

PS 03 选择工具箱中的【矩形工具】，在选项栏中将【填充】更改为紫色（R:213，G:47，B:85），【描边】为无，在画布中绘制一个和画布大小相同的矩形，此时将生成一个【矩形1】图层，如图2.239所示。

图2.239 绘制图形

PS 04 选择工具箱中的【直接选择工具】，在画布中选中刚才所绘制的矩形左上角锚点按Delete键将其删除，如图2.240所示。

63

图2.240 删除锚点

2.4.2 添加文字及绘制图形

PS 01 选择工具箱中的【横排文字工具】 T ，在画布中适当位置分别添加文字【史上】和【最低价】，【史上】为黄色（R:255，G:210，B:0），最低价为白色，如图2.241所示。

图2.241 添加文字

PS 02 在【图层】面板中，选中【最低价】图层，在其图层名称上单击鼠标右键，从弹出的快捷菜单中选择【转换为形状】命令，将其转换为形状图层，以同样的方法选中【史上】图层，将其转换为形状图层，如图2.242所示。

图2.242 转换为形状

PS 03 选择工具箱中的【直接选择工具】 ，在画布中分别选中文字不同位置锚点将其转换，如图2.243所示。

图2.243 变换文字

PS 04 选择工具箱中的【自定形状工具】 ，在画布中单击鼠标右键，从弹出的快捷菜单中选择【箭头9】，如图2.244所示。

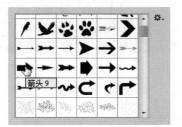

图2.244 选择形状

PS 05 在选项栏中将【填充】更改为白色，【描边】为无，在画布中【低】字下方位置按住Shift键绘制一个箭头图形，此时将生成一个【形状1】图层，如图2.245所示。

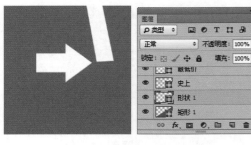

图2.245 绘制图形

PS 06 选中【形状1】图层，在画布中按Ctrl+T组合键对其执行自由变换命令，当出现变形框以后将图形顺时针适当旋转并与文字图形对齐，如图2.246所示。

PS 07 选择工具箱中的【直接选择工具】 ，在画布中选中刚才所绘制的箭头图形上的部分锚点将其变换，如图2.247所示。

图2.246 旋转图形　　　图2.247 变换图形

PS 08 同时选中【最低价】、【史上】及【形状1】图层，执行菜单栏中的【图层】|【新建】|【从图层建立组】，在弹出的对话框中将【名称】更改为【文字】，完成之后单击【确定】按钮，此时将生成一个【文字】组，如图2.248所示。

图2.250 绘制选区　　　图2.251 新建图层

PS 12 选中【图层1】图层，在画布中将选区填充为黑色，填充完成之后按Ctrl+D组合键将选区取消，如图2.252所示。

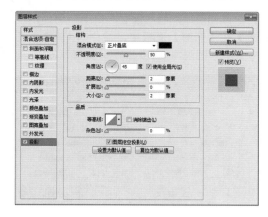

图2.248 从图层新建组

PS 09 在【图层】面板中，选中【文字】图层，单击面板底部的【添加图层样式】 *fx* 按钮，在菜单中选择【投影】命令，在弹出的对话框中将【不透明度】更改为50%，【角度】更改为45度，【距离】更改为2像素，【大小】更改为2像素，完成之后单击【确定】按钮，如图2.249所示。

图2.252 填充颜色

PS 13 选中【图层1】图层，将其图层【不透明度】更改为25%，再将其向下移至【文字】组下方，如图2.253所示。

图2.253 更改图层不透明度及顺序

PS 14 选择工具箱中的【矩形工具】 ，在选项栏中将【填充】更改为白色，【描边】为无，在画布中文字下方位置绘制一个矩形，此时将生成一个【矩形2】图层，如图2.254所示。

图2.249 设置投影

PS 10 选择工具箱中的【多边形套索工具】 在刚才所添加的文字和图形接触的位置绘制一个不规则选区，如图2.250所示。

PS 11 单击面板底部的【创建新图层】 按钮，新建一个【图层1】图层，如图2.251所示。

图2.254 绘制图形

PS15 选中【矩形2】图层，在画布中按Ctrl+T组合键对其执行自由变换，当出现变形框以后将图形适当旋转，完成之后按Enter键确认，选择工具箱中的【直接选择工具】，分别选中刚才所绘制的矩形中的不同锚点向不同方向移动将图形变换，如图2.255所示。

图2.255 旋转及变换图形

PS16 在【图层】面板中，选中【矩形2】图层，将其拖至面板底部的【创建新图层】按钮上，复制一个【矩形2 拷贝】图层，如图2.256所示。

PS17 将【矩形2】的【填充】更改为黑色，如图2.257所示。

图2.256 复制图层　　图2.257 更改图形颜色

PS18 选择工具箱中的【直接选择工具】，分别选中【矩形2】图层中的矩形左上角及左下角锚点向左侧移动将图形变换，如图2.258所示。

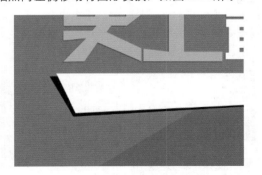

图2.258 移动锚点变换图形

PS19 选中【矩形2】图层，将其图层【不透明度】更改为25%，如图2.259所示。

图2.259 更改图层不透明度

PS20 选择工具箱中的【横排文字工具】T，在画布中的矩形上位置添加文字，将文字适当旋转，如图2.260所示。

图2.260 添加并旋转文字

PS21 在【图层】面板中，选中【矩形2 拷贝】图层，单击面板底部的【添加图层蒙版】按钮，为其图层添加图层蒙版，如图2.261所示。

PS22 在【图层】面板中，按住Ctrl键单击【乐享…】文字图层将其载入选区，如图2.262所示。

图2.261 添加图层蒙版　　图2.262 载入选区

PS23 单击【矩形2 拷贝】图层蒙版缩览图，在画布中将选区填充黑色，将部分图形隐藏，完成之后按Ctrl+D组合键将选区取消，单击【乐享…】图层名称前方的【指示图层可见性】图标将图层隐藏，如图2.263所示。

图2.263 隐藏图形

图2.267 填充颜色并更改图层顺序

2.4.3 添加素材图像

PS 01 执行菜单栏中的【文件】|【打开】命令，在弹出的对话框中选择配套光盘中的【调用素材\第2章\促销广告\平板电脑.psd、单反.psd、电视盒.psd】文件，将打开的素材拖入画布中并适当缩小，如图2.264所示。

图2.264 添加素材

PS 02 选择工具箱中的【多边形套索工具】，在画布中刚才所添加的【平板电脑】素材右侧位置绘制一个不规则选区，如图2.265所示。

PS 03 单击面板底部的【创建新图层】按钮，新建一个【图层2】图层，如图2.266所示。

图2.265 绘制选区　　　图2.266 新建图层

PS 04 选中【图层2】图层，在画布中将选区填充为黑色，填充完成之后按Ctrl+D组合键将选区取消，再将其移至【平板电脑】图层下方，如图2.267所示。

PS 05 在【图层】面板中，选中【图层2】图层，单击面板底部的【添加图层蒙版】按钮，为其图层添加图层蒙版，如图2.268所示。

PS 06 选择工具箱中的【渐变工具】，在选项栏中单击【点按可编辑渐变】按钮，在弹出的对话框中选择【黑白渐变】，设置完成之后单击【确定】按钮，再单击选项栏中的【线性渐变】按钮，如图2.269所示。

图2.268 添加图层蒙版　　　图2.269 设置渐变

PS 07 单击【图层2】图层蒙版缩览图，在画布中其图形上拖动，将部分图形隐藏，如图2.270所示。

图2.270 隐藏图形

PS 08 在【图层】面板中，选中【单反】图层，将其拖至面板底部的【创建新图层】按钮上，复制一个【单反 拷贝】图层，如图2.271所示。

PS 09 在【图层】面板中，选中【单反】图层，单击面板上方的【锁定透明像素】按钮，将

67

当前图层中的透明像素锁定，在画布中将图层填充为黑色，填充完成之后再次单击此按钮将其解除锁定，如图2.272所示。

图2.271 复制图层　图2.272 锁定透明像素并填充颜色

PS 10 选中【单反】图层，执行菜单栏中的【滤镜】|【模糊】|【高斯模糊】命令，在弹出的对话框中将【半径】更改为5像素，设置完成之后单击【确定】按钮，如图2.273所示。

PS 11 在【图层】面板中，选中【单反】图层，单击面板底部的【添加图层蒙版】 ▣ 按钮，为其图层添加图层蒙版，如图2.274所示。

图2.273 设置高斯模糊　图2.274 添加图层蒙版

PS 12 选择工具箱中的【渐变工具】 ▣ ，单击【单反】图层蒙版缩览图，在画布中其图形上拖动，将部分图像隐藏，如图2.275所示。

PS 13 以刚才同样的方法选中【电视盒】图层，将其复制并填充颜色，添加高斯模糊效果后利用【渐变工具】 ▣ 为其制作阴影效果，如图2.276所示。

图2.275 隐藏图形　　图2.276 制作阴影

2.4.4 绘制图形并添加文字

PS 01 选择工具箱中的【椭圆工具】 ⬭ ，在选项栏中将【填充】更改为黄色（R:255，B:210，B:0），【描边】为无，在刚才所添加的素材图像位置按住Shift键绘制一个正圆图形，此时将生成一个【椭圆1】图层，如图2.277所示。

图2.277 绘制图形

PS 02 选择工具箱中的【添加锚点工具】 ✍ ，在刚才所绘制的椭圆左下角位置单击添加3个锚点，如图2.278所示。

PS 03 选择工具箱中的【转换点工具】 卜 单击刚才所添加的3个锚点的中间锚点，将其转换成节点，如图2.279所示。

图2.278 添加锚点　　图2.279 转换为节点

PS 04 选择工具箱中的【直接选择工具】 ▷ ，在选中刚才经过转换的节点，向右下角方向拖动，再分别选中两侧的锚点内侧控制杆，按住Alt键向右下角方向拖动，将图形变换，如图2.280所示。

图2.280 转换锚点

PS 05 选择工具箱中的【横排文字工具】 T ，在刚才所绘制的图形上添加文字，如图2.281所示。

图2.281 添加文字

PS 06 同时选中【疯抢价】、【￥999】、【椭圆 1】图层，在画布中按住Alt键向右侧拖动，将其复制2份并放在所添加的素材图像右上角位置，如图2.282所示。

图2.282 复制图形及文字

PS 07 选择工具箱中的【横排文字工具】 T ，在画布中将右侧两个椭圆上的文字信息更改，如图2.283所示。

图2.283 更改文字信息

PS 08 执行菜单栏中的【文件】|【打开】命令，在弹出的对话框中选择配套光盘中的【调用素材\第2章\促销广告\logo.psd、logo.2psd】文件，将打开的素材拖入画布中左上角及右上角位置并适当缩小。

PS 09 选择工具箱中的【横排文字工具】 T ，在画布中左上角的素材图像后方位置添加文字，这样就完成了效果制作，最终效果如图2.284所示。

图2.284 添加文字及最终效果

第 **3** 章 个性名片设计

内容摘要

名片设计是指设计名片的行为，它在设计上要讲究其艺术性，在大多情况下不会引起人的专注和追求，而是便于记忆，具有更强的识别性，让人在最短的时间内获得所需要的情报。因此名片设计必须做到文字简明扼要，字体层次分明，强调设计意识，艺术风格要新颖。本章主要讲解名片设计的基本知识和设计技巧。

教学目标

- 了解名片设计的基本功能
- 掌握名片设计的设计技巧

3.1 投资公司名片

设计构思

- 新建画布并填充深蓝色渐变为名片制作背景。
- 利用图形工具绘制椭圆图形，并为其添加图层蒙版将多余图形部分隐藏。
- 为名片添加调用素材，并添加相应文字完成名片背面效果制作。
- 新建画布并在其上方绘制不同图形并添加相关文字信息完成名片最终效果制作。
- 本例讲解投资公司名片制作，最大特点是简约、大气，半圆形及雄鹰的图案加入体现了公司蓬勃向上的企业文化。

难易程度：★★★★☆
调用素材：配套光盘\附增及素材\调用素材\第3章\投资公司名片
最终文件：配套光盘\附增及素材\源文件\第3章\投资公司名片正面.psd、投资公司名片背面.psd
视频位置：配套光盘\movie\3.1 投资公司名片.avi

投资公司名片正面、背面效果如图3.1所示。

图3.1 投资公司名片正面、背面效果

 操作步骤

3.1.1 名片的背面效果

PS 01 执行菜单栏中的【文件】|【新建】命令，在弹出的对话框中设置【宽度】为90毫米，【高度】为55毫米，【分辨率】为300像素/英寸，【颜色模式】为RGB颜色，新建一个空白画布，如图3.2所示。

图3.2 新建画布

PS 02 选择工具箱中的【渐变工具】，在选项栏中单击【点按可编辑渐变】按钮，在弹出的对话框中设置渐变颜色从浅灰色（R:64，G:78，B:87）到深灰色（R:44，G:53，B:60），设置完成之后单击【确定】按钮。

PS 03 在选项栏中单击【径向渐变】按钮，在画布中从右下角向左上角方向拖动，为画布填充渐变，如图3.3所示。

图3.3 填充渐变

PS 04 选择工具箱中的【椭圆工具】，在选项栏中将【填充】更改为橙色（R:234，G:121，B:55），【描边】为无，在画布中按住Shift键绘制一个正圆，此时将生成一个【椭圆1】图层，如图3.4所示。

图3.4 绘制圆

PS 05 同时选中【椭圆1】和【背景】图层，分别单击选项栏中的【垂直居中对齐】按钮和【水平居中对齐】按钮，将图形与背景对齐，如图3.5所示。

PS 06 在【图层】面板中，选中【椭圆1】图层，单击面板底部的【添加图层蒙版】按钮，为其图层添加图层蒙版，如图3.6所示。

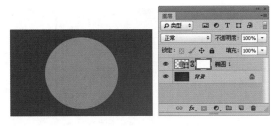

图3.5 将图形与背景对齐　　图3.6 添加图层蒙版

PS 07 分别执行菜单栏中的【视图】|【对齐】命令，及【视图】|【标尺】命令，将光标移至出现的标尺上按住鼠标左键向下方拖动，此时将生成一条参考线，当拖至椭圆水平一半的位置时参

考线将自动吸附在此位置上，如图3.7所示。

图3.7 建立参考线

技巧

按Ctrl+R组合键可快速调出标尺。按Ctrl+;组合键可快速执行对齐命令。

PS 08 选择工具箱中的【矩形选框工具】□，在画布中参考线下方绘制一个大于椭圆下半部分的矩形选区并且使选区的上方与参考线对齐，如图3.8所示。

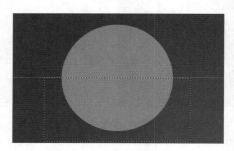

图3.8 绘制选区

PS 09 在【图层】面板中同，单击【椭圆1】图层蒙版缩览图，填充为黑色，将画布中多余部分隐藏，完成之后按Ctrl+D组合键将选区取消，再将光标移至参考线上拖至标尺位置将其删除，如图3.9所示。

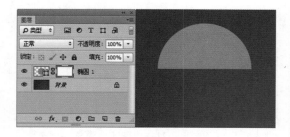

图3.9 隐藏多余图形部分

PS 10 执行菜单栏中的【文件】|【打开】命令，在弹出的对话框中选择配套光盘中的【调用素材\第3章\投资公司名片\雄鹰.psd】文件，将打开的

素材拖入画布中并适当缩小后放在椭圆位置，如图3.10所示。

图3.10 添加素材

PS 11 在【图层】面板中，按住Ctrl键单击【雄鹰】图层缩鉴览图，将其载入选区，再单击【椭圆1】图层蒙版缩览图，为其填充黑色，将图像中选区部分隐藏，完成之后按Ctrl+D组合键将选区取消，再单击【雄鹰】图层前方的 ◉ 图标，将图层隐藏，如图3.11所示。

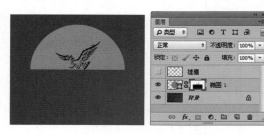

图3.11 隐藏图形

PS 12 选择工具箱中的【横排文字工具】T，在椭圆下方位置添加文字，如图3.12所示。

图3.12 添加文字

3.1.2 名片的正面效果

PS 01 执行菜单栏中的【文件】|【新建】命令，在弹出的对话框中设置【宽度】为90毫米，【高度】为55毫米，【分辨率】为300像素/英寸，【颜色模式】为RGB颜色，新建一个空白画布，如图3.13所示。

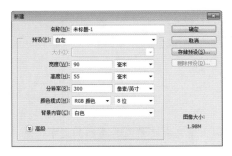

图3.13 新建画布

PS 02 将背景填充为橙色（R:234，G:121，B:55），如图3.14所示。

图3.14 填充颜色

PS 03 选择工具箱中的【矩形工具】■，在选项栏中将【填充】更改为深灰色（R:44，G:53，B:60），【描边】为无，在画布左侧位置绘制一个矩形，此时将生成一个【矩形1】图层，如图3.15所示。

图3.15 绘制矩形

PS 04 选择工具箱中的【椭圆工具】◯，在选项栏中将【填充】更改为深灰色（R:44，G:53，B:60），【描边】为无，在刚才所绘制的矩形位置绘制一个椭圆，此时将生成一个【椭圆1】图层，如图3.16所示。

PS 05 选中【椭圆1】图层，在画布中按Ctrl+T组合键对其执行自由变换命令，出现变形框以后将其适当缩小，完成之后按Ctrl+D组合键将选区取消，如图3.17所示。

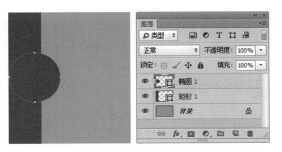

图3.16 绘制图形

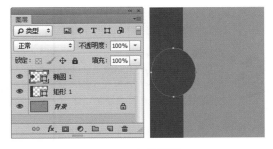

图3.17 变换图形

PS 06 同时选中【矩形1】及【椭圆1】图层，单击选项栏中的【垂直居中对齐】按钮，如图3.18所示。

图3.18 将图形对齐

PS 07 选择工具箱中的【横排文字工具】T，在画布中添加文字，这样就完成了效果制作，最终效果如图3.19所示。

图3.19 添加文字及最终效果

73

3.2 地产公司名片

设计构思

● 新建画布并填充深色浅变制作名片所需背景。

● 利用图形工具绘制图形并变换，在经过变形后的图形上填充渐变效果后再添加文字信息。

● 为名片添加素材以及添加详细信息完成正面效果制作。

● 以同样的方法制作名片的背面背景效果并添加logo及文字信息完成名片整体效果制作。

● 本例讲解的是地产公司名片效果制作，名片采用了深黄色调体现了地产行业的雄厚背景，而不规则图形的搭配则强调了建筑行业的特性。

> 难易程度：★★★★☆
> 调用素材：配套光盘\附增及素材\调用素材\第3章\地产公司名片
> 最终文件：配套光盘\附增及素材\源文件\第3章\地产公司名片正面.psd、地产公司名片背面.psd
> 视频位置：配套光盘\movie\3.2 地产公司名片.avi

地产公司名片正面、背面效果如图3.20所示。

图3.20 地产公司名片正面、背面效果

操作步骤

3.2.1 名片的正面效果

 01 执行菜单栏中的【文件】|【新建】命令，在弹出的对话框中设置【宽度】为90毫米，【高度】为55毫米，【分辨率】为300像素/英寸，【颜色模式】为RGB颜色，新建一个空白画布，如图3.21所示。

PS 02 选择工具箱中的【渐变工具】 ▣，在选项栏中单击【点按可编辑渐变】按钮，在弹出的对话框中设置渐变颜色从浅黄色（R:57，G:50，B:42）到深黄色（R:25，G:20，B:14），设置完成之后单击【确定】按钮，如图3.22所示。

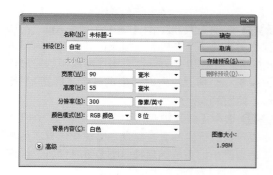

图3.21 新建画布

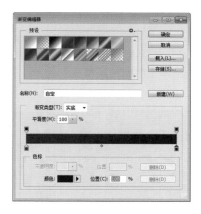

图3.22 设置渐变

PS 03 在选项栏中单击【径向渐变】 按钮，在画布中从中心位置向右上角方向拖动，为画布填充渐变，如图3.23所示。

图3.23 填充渐变

PS 04 选择工具箱中的【矩形工具】 ，在选项栏中将【填充】更改为黑色，【描边】为无，在画布中靠左侧位置绘制一个矩形，此时将生成一个【矩形1】图层，如图3.24所示。

图3.24 绘制图形

PS 05 选中【矩形1】图层，在画布中按Ctrl+T组合键对其执行自由变换命令，将光标移至出现的变形框上单击鼠标右键，在弹出的快捷菜单中选择【斜切】命令，将光标移至变形框右侧向下拖动，将图形变换，完成之后按Enter键确认，如图3.25所示。

图3.25 变换图形

PS 06 在【图层】面板中，选中【矩形1】图层，单击面板底部的【添加图层样式】 按钮，在菜单中选择【渐变叠加】命令，在弹出的对话框中设置渐变颜色从深黄色（R:130，G:117，B:95）到浅黄色（R:178，G:169，B:154），如图3.26所示。

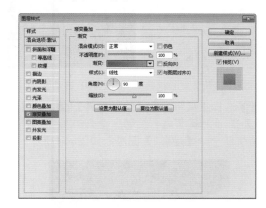

图3.26 设置渐变叠加

PS 07 在【图层】面板中，选中【矩形1】图层，将其拖至面板底部的【创建新图层】 按钮上，复制一个【矩形1 拷贝】图层，如图3.27所示。

PS 08 选中【矩形1 拷贝】图层在其图层名称上单击鼠标右键，从弹出的快捷菜单中选择【清除图层样式】命令，并将其移至【矩形1】图层下方，如图3.28所示。

图3.27 复制图形　　图3.28 移动图层

技巧

在当前带有图层样式的图层样式名称上单击并按住鼠标左键向下拖至【删除图层】 🗑 按钮上可以快速将图层样式清除。

PS 09 选中【矩形1 拷贝】图层，将【填充】更改为浅黄色（R:198，G:177，B:130），如图3.29所示。

PS 10 选中【矩形1 拷贝】图层，在画布中将图形向上移动一定距离，如图3.30所示。

 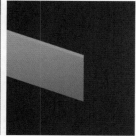

图3.29 更改图形颜色　　图3.30 移动图形

PS 11 选择工具箱中的【矩形工具】 ▦ ，以【矩形1】图形为基准点，绘制一个长方形图形，此时将生成一个【矩形2】图层，如图3.31所示。

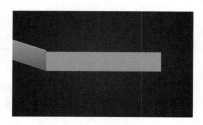

图3.31 绘制图形

PS 12 选中【矩形2】图层，在画布中按Ctrl+T组合键对其执行自由变换命令，将光标移至出现的变形框上单击鼠标右键，在弹出的快捷菜单中选择【斜切】命令，将光标移至变形框右侧向上拖动，将图形变换，完成之后按Enter键确认，如图3.32所示。

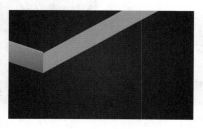

图3.32 变换图形

PS 13 在【矩形1】图层上单击鼠标右键，从弹出的快捷菜单中选择【拷贝图层样式】命令，在【矩形2】图层上单击鼠标右键，从弹出的快捷菜单中选择【粘贴图层样式】命令，如图3.33所示。

图3.33 拷贝并粘贴图层样式

PS 14 在【图层】面板中，双击【渐变叠加】图层样式名称，在打开的对话框中将【角度】更改为135度，设置完成之后单击【确定】按钮，如图3.34所示。

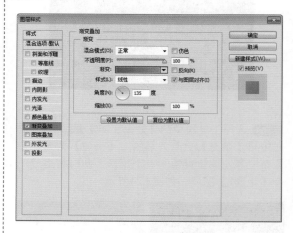

图3.34 设置渐变叠加

PS 15 在【图层】面板中，选中【矩形2】图层，将其拖至面板底部的【创建新图层】 🗔 按钮上，复制一个【矩形2 拷贝】图层，如图3.35所示。

PS 16 选中【矩形2 拷贝】图层在其图层名称上单击鼠标右键，在弹出的快捷菜单中选择【清除图层样式】命令，并将其移至【矩形2】图层下方，如图3.36所示。

PS 17 选中【矩形2 拷贝】图层，在选项栏中将【填充】更改为浅黄色（R:198，G:177，B:130），在画布中将图形向上移动一定距离，如图3.37所示。

图3.35 复制图层　　图3.36 清除图层样式

图3.37 更改图形颜色并移动图形

PS 18 执行菜单栏中的【文件】|【打开】命令，在弹出的对话框中选择配套光盘中的【调用素材\第3章\地产公司名片\地产logo.psd】文件，将打开的素材拖入画布中右上角位置，如图3.38所示。

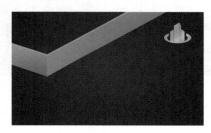

图3.38 添加素材

PS 19 选择工具箱中的【横排文字工具】，在刚才所添加的logo位置下方添加文字，如图3.39所示。

PS 20 选中【星城时代】文字图层，执行菜单栏中的【图层】|【栅格化】|【文字】图层，将当前文字图层栅格化，如图所示。如图3.40所示。

图3.39 添加文字　　图3.40 栅格化文字

PS 21 选中【星城时代】图层，在画布中按Ctrl+T组合键对其执行自由变换命令，将光标移至出现的变形框上单击鼠标右键，在弹出的快捷菜单中选择【透视】命令，拖动变形框下方的任意一个角将文字变形制作出透视效果，完成之后按Enter键确认，如图3.41所示。

图3.41 将文字变形

PS 22 选择工具箱中的【横排文字工具】，在画布中适当位置添加文字，如图3.42所示。

图3.42 添加文字

PS 23 分别选中所添加的两个英文文字图层，在画布中按Ctrl+T组合键对其执行自由变换，将光标移至出现的变形框任意一角将其旋转，完成之后按Enter键确认，并将其移至矩形2图形上，如图3.43所示。

图3.43 变换文字

PS 24 选择工具箱中的【横排文字工具】，在画布中适当位置再次添加文字，这样就完成了

77

名片正面的效果制作，最终效果如图3.44所示。

图3.44 添加文字及最终效果

3.2.2 名片的背面效果

PS 01 执行菜单栏中的【文件】|【新建】命令，在弹出的对话框中设置【宽度】为90毫米，【高度】为55毫米，【分辨率】为300像素/英寸，【颜色模式】为RGB颜色，新建一个空白画布，如图3.45所示。

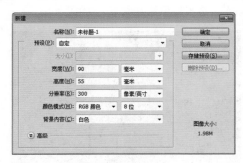

图3.45 新建画布

PS 02 选择工具箱中的【渐变工具】，在选项栏中单击【点按可编辑渐变】按钮，在弹出的对话框中设置渐变颜色从浅黄色（R:57，G:50，B:42）到深黄色（R:25，G:20，B:14），设置完成之后单击【确定】按钮，如图3.46所示。

图3.46 设置渐变

PS 03 在选项栏中单击【径向渐变】按钮，在画布中从中心位置向右上角方向拖动，为画布填充渐变，如图3.47所示。

图3.47 填充渐变

PS 04 执行菜单栏中的【文件】|【打开】命令，在弹出的对话框中选择配套光盘中的【调用素材\第3章\地产公司名片\地产logo.psd】文件，将打开的素材拖入到画布中间位置，如图3.48所示。

图3.48 添加素材

PS 05 选择工具箱中的【横排文字工具】T，在刚才所添加的logo位置下方添加文字，如图3.49所示。

PS 06 选中【星城时代】文字图层，执行菜单栏中的【图层】|【栅格化】|【文字】图层，将当前文字图层栅格化，如图3.50所示。

图3.49 添加文字　　图3.50 栅格化文字

PS 07 选中【星城时代】图层，在画布中按Ctrl+T组合键对其执行自由变换命令，将光标移至出现的变形框上单击鼠标右键，在弹出的快捷菜单中选择【透视】命令，拖动变形框下方的任意一个角将文字变形制作出透视效果，完成之后按Enter键确认，如图3.51所示。

PS 08 选择工具箱中的【横排文字工具】 **T**，在刚才所添加的logo位置下方添加文字，如图3.52所示。

PS 09 在【图层】面板中，同时选中除【背景】图层之外的所有图层，单击选项栏中的【水平居中对齐】按钮，将图形及文字与背景对齐，这样就完成了效果制作，最终效果如图3.53所示。

图3.53 最终效果

图3.51 将文字变形　　图3.52 添加文字

3.3 音乐茶馆名片

设计构思

● 新建画布，在画布中添加相关文字及图形完成正面效果制作。

● 再次新建画布，填充线绿色，在画布中绘制正圆图形并添加素材完成名片背面效果制作。

● 本例讲解的是音乐茶馆名片制作，名片的整体风格十分清爽，没有复杂图形构成，强烈体现了音乐茶馆的轻松、舒服的氛围。

难易程度：★★★★☆
调用素材：配套光盘\附增及素材\调用素材\第3章\音乐茶馆名片
最终文件：配套光盘\附增及素材\源文件\第3章\音乐茶馆名片正面.psd、音乐茶馆名片背面.psd
视频位置：配套光盘\movie\3.3 音乐茶馆名片.avi

音乐茶馆名片正面、背面效果如图3.54所示。

图3.54 音乐茶馆名片正面、背面效果

操作步骤

3.3.1 名片的正面效果

PS 01 执行菜单栏中的【文件】|【新建】命令，在弹出的对话框中设置【宽度】为55毫米，【高度】为90毫米，【分辨率】为300像素/英寸，【颜色模式】为RGB颜色，新建一个空白画布，如图3.55所示。

图3.55 新建画布

PS 02 选择工具箱中的【横排文字工具】**T**，在画布中上方适当位置添加文字，如图3.56所示。

M U S I C
—— RESTAURANT ——

图3.56 添加文字

PS 03 选择工具箱中的【直线工具】，在选项栏中将【填充】更改为绿色（R:143，G:195，B:31），【描边】为无，【粗细】为2像素，在刚才所添加的文字下方绘制一条直线，此时将生成一个【形状1】图层，如图3.57所示。

M U S I C
—— RESTAURANT ——

图3.57 绘制图形

PS 04 选中【形状1】图层，在画布中按住Alt+Shift组合键向右侧方向拖动，此时将生成一个【形状1 拷贝】图层，如图3.58所示。

M U S I C
—— RESTAURANT ——

图3.58 复制图形

PS 05 选择工具箱中的【横排文字工具】**T**，在刚才所绘制的图形下方位置添加文字，如图3.59所示。

PS 06 在画布中下方文字位置按住Ctrl键拖动，将这些文字选中，在【图层】面板中，按住Ctrl键单击【背景】图层，单击选项栏中的【水平居中对齐】按钮，将文字与背景对齐，这样就完成了名片正面效果制作，最终效果如图3.60所示。

M U S I C   M U S I C
—— RESTAURANT ——   —— RESTAURANT ——

THEME   THEME
MUISC DELICIOUS   MUISC DELICIOUS

Bligh Street No. ten   Bligh Street No. ten
central park   central park

Tel:90897-08690 90897-08690   Tel:90897-08690 90897-08690
Fax:90475-08780 90256-08608   Fax:90475-08780 90256-08608
Paris Bligh Street No. 10   Paris Bligh Street No. 10
Http:www.ccg music.com   Http:www.ccg music.com

图3.59 添加文字   图3.60 对齐文字及最终效

3.3.2 名片的背面效果

PS 01 执行菜单栏中的【文件】|【新建】命令，在弹出的对话框中设置【宽度】为55毫米，【高度】为90毫米，【分辨率】为300像素/英寸，【颜色模式】为RGB颜色，新建一个空白画布，如图3.61所示。

图3.61 新建画布

PS 02 将画布填充为绿色（R:143，G:196，B:31），如图3.62所示。

PS 03 选择工具箱中的【椭圆工具】 ⬭ ，在选项栏中将【填充】更改为白色，【描边】为无，在画布中按住Shift键绘制一个正圆，此时将生成一个【椭圆1】图层，如图3.63所示。

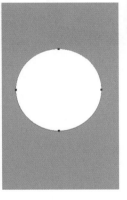

图3.62 填充颜色　　　　图3.63 绘制图形

PS 04 同时选中【椭圆1】及【背景】图层，单击选项栏中的【水平居中对齐】 ⿴ 按钮，将其与背景对齐，如图3.64所示。

图3.64 将图形与背景对齐

PS 05 执行菜单栏中的【文件】|【打开】命令，在弹出的对话框中选择配套光盘中的【调用素材\第3章\音乐茶馆名片\logo.jpg】文件，将打开的素材拖入画布中间位置，这样就完成了名片背面效果制作，最终效果如图3.65所示。

图3.65 最终效果

第4章 杂志封面装帧设计

内容摘要

杂志封面设计通过艺术形象设计的形式来反映产品的内容，通常是指对护封、封面和封底的设计。在琳琅满目的市场中，产品的装帧起到了一个无声的推销员作用，它的好坏在一定程度上将会直接影响人们的购买欲。图形、色彩和文字是封面设计的三要素，设计者根据书的不同性质、用途和读者对象，把这三者有机地结合起来，从而表现出产品的丰富内涵，并以传递信息为目的，以美感的形式呈现给读者。本章重点讲解杂志封面展开面与立体效果的制作。

教学目标

- 了解杂志封面装帧设计的作用
- 学习杂志封面装帧设计的设计要素
- 掌握杂志封面装帧设计展开面制作
- 掌握杂志封面装帧设计立体效果表现

4.1 旅行家杂志封面设计

设计构思

- 打开调用素材将其裁切后利用相关的调色工具调整图像整体色调。
- 在图像中添加不同的文字及图形完成杂志封面的正面效果制作。
- 再次打开调用素材将其裁切至合适大小以同样的方法调整图像整体色调作为杂志背面图案。
- 绘制图形并利用图层蒙版隐藏部分图形，之后在图形上添加相关文字及调用素材完成效果制作。
- 本例讲解旅行家杂志封面效果设计，封面和封底采用了美丽风景图像并通过相应的调色之后在上面添加相关文字及图形强调了旅行家杂志特色。

难易程度：★★★☆☆
调用素材：配套光盘\附增及素材\调用素材\第4章\旅行家杂志封面
最终文件：配套光盘\附增及素材\源文件\第4章\旅行家杂志封面正面.psd、旅行家杂志封面背面.psd、旅行家杂志立体展示.psd
视频位置：配套光盘\movie\4.1 旅行家杂志封面设计.avi

旅行家杂志封面正面、背面和立体展示效果如图4.1所示。

图4.1 旅行家杂志封面正面、背面和立体展示效果

操作步骤

4.1.1 杂志封面正面效果

PS 01 执行菜单栏中的【文件】|【打开】命令，在弹出的对话框中选择配套光盘中的【调用素材\第4章\旅行家杂志封面\湖泊夜景.jpg】文件，打开调用素材，如图4.2所示。

图4.2 打开调用素材

PS 02 选择工具箱中的【裁剪工具】，在选项栏中单击 比例 按钮，在弹出的下拉列表中选择【宽×高×分辩率】，在后面的文本框中输入15厘米和20厘米，设置完成之后按Enter键确认，如图4.3所示。

图4.3 设置裁切框

PS 03 在画布中的裁切框中按住Shift键左右稍微移动，更改裁切框位置，如图4.4所示。

PS 04 当移动裁切框并确认位置完成之后按Enter键确认裁切，如图4.5所示。

图4.4 移动裁切框 　　　图4.5 裁切图像

提示 ?

在移动裁切框的时候可以按住Shift键以45度为基准移动裁切框，在操作之前必须按下鼠标左键才可以按住Shift键进行裁切框的移动操作。在确认裁切框位置之后除了按Enter键确认裁切之外还可以在裁切框内双击鼠标左键确认裁切。

PS 05 单击【图层】面板底部的【创建新的填充或调整图层】 按钮，从弹出的菜单中选择【可选颜色】命令，在弹出的【属性】面板中选择【颜色】为【黄色】，将【黄色】更改为60%，【黑色】更改为30%，如图4.6所示。

PS 06 选择【颜色】为【青色】，将其数值更改为【青色】20%，如图4.7所示。

图4.6 设置黄色 　　　图4.7 设置青色

PS 07 选择【颜色】为【蓝色】，将【青色】更改为-30%，【黑色】更改为28%，如图4.8所示。

PS 08 选择【颜色】为【白色】，将其数值更改为【青色】-40%，【洋红】-37%，【黑色】-28%，如图4.9所示。

图4.8 设置蓝色　　图4.9 设置白色

PS 09 单击【图层】面板底部的【创建新的填充或调整图层】 ⊘ 按钮，从弹出的菜单中选择【色阶】命令，在弹出的【属性】面板中将其数值更改为（14，1.09，239），此时的图像效果如图4.10所示。

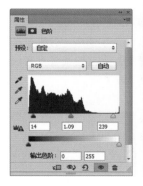 

图4.10 设置色阶及图像效果

PS 10 在【图层】面板中，选中【色阶】调整图层，按Ctrl+Alt+Shift+E组合键执行盖印可见图层命令，此时将生成一个【图层1】图层，如图4.11所示。

图4.11 盖印可见图层

PS 11 单击【图层】面板底部的【创建新的填充或调整图层】 ⊘ 按钮，从弹出的菜单中选择【曲线】命令，在弹出的【属性】面板的曲线预览区域中向上拖动曲线调整图像整体亮度，此时的图像效果如图4.12所示。

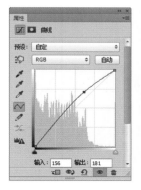 

图4.12 调整曲线及图像效果

提示 ?

按Ctrl+Alt+Shift+E组合键可以执行盖印可见图层命令，盖印图层命令的定义是指将所有经过调整及添加的各种图层进行一个【概括】的总结，执行完此命令之后可以得到一个最终效果的图层，此命令仅适用于可见图层对隐藏的图层不起作用。

PS 12 选择工具箱中的【横排文字工具】 T，在画布中适当位置添加文字，如图4.13所示。

图4.13 添加文字

PS 13 在【图层】面板中，选中【旅行家】文字图层，单击面板底部的【添加图层样式】 fx 按钮，在菜单中选择【投影】命令，在弹出的对话框中将【角度】更改为90，取消勾选【使用全局光】复选框，将【距离】更改为3像素，【大小】更改为3像素，设置完成之后单击【确定】按钮，如图4.14所示。

85

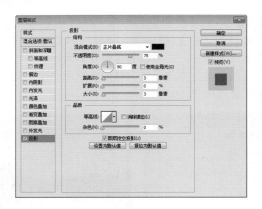

图4.14 设置投影

PS 14 选择工具箱中的【横排文字工具】 T ，在刚才所添加的文字下方再次添加文字，如图4.15所示。

图4.15 添加文字

PS 15 在【旅行家】图层上单击鼠标右键，从弹出的快捷菜单中选择【拷贝图层样式】命令，在【Tourist】图层上单击鼠标右键，从弹出的快捷菜单中选择【粘贴图层样式】命令，如图4.16所示。

图4.16 拷贝并粘贴图层样式

PS 16 选择工具箱中的【矩形工具】 ，在选项栏中将【填充】更改为橙色（R:255，G:180，B:0），【描边】为无，在画布中绘制一个矩形，此时将生成一个【矩形1】图层，如图4.17所示。

PS 17 选择工具箱中的【横排文字工具】 T ，在刚才所绘制的矩形上添加文字，如图4.18所示。

图4.17 绘制图形

图4.18 添加文字

PS 18 同时选中【矩形1】及文字图层，分别单击选项栏中的【水平居中对齐】 按钮及【垂直居中对齐】 按钮，如图4.19所示。

图4.19 将文字与图形对齐

PS 19 同时选中【矩形1】及图层，在画布中按Ctrl+T组合键对其执行自由变换命令，当出现变形框以后将其旋转一定角度并放在右上角位置，完成之后按Enter键确认，如图4.20所示。

图4.20 变换图形

PS 20 在【图层】面板中，选中【矩形1】图层，在其图层缩览图上单击鼠标右键，在弹出的菜单中选择【粘贴图层样式】命令，如图4.21所示。

B:0），【描边】为无，在画布中部分文字下方绘制一个矩形，此时将生成一个【矩形2】图层，如图4.24所示。

图4.21 粘贴图层样式

图4.24 绘制图形

PS 21 选中【矩形1】图层，双击其图层样式名称，在弹出的对话框中将【角度】更改为55度，设置完成之后单击【确定】按钮，如图4.22所示。

PS 24 选中【矩形2】图层，在画布中按住Alt键拖动，将其复制至其他文字的下方，此时将生成一个【矩形2 拷贝】图层，如图4.25所示。

PS 25 选中【矩形2 拷贝】图层，按Ctrl+T组合键执行自由变换命令，将其适当缩小，完成之后按Enter键确认，如图4.26所示。

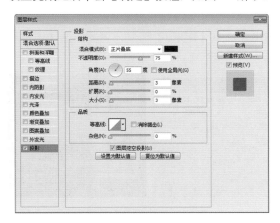

图4.22 设置图层样式

图4.25 复制图形　　图4.26 变换图形

PS 22 选择工具箱中的【横排文字工具】T，在画布中添加文字，如图4.23所示。

PS 26 以刚才同样的方法选中【矩形2 拷贝】图层，在画布中按住Alt键拖动，将其复制至其他文字的下方，此时将生成一个【矩形2 拷贝2】图层，如图4.27所示。

PS 27 选中【矩形2 拷贝2】图层，在画布中按Ctrl+T组合键其执行自由变换命令，将其适当放大或缩小，完成之后按Enter键确认，如图4.28所示。

图4.23 添加文字

PS 23 选择工具箱中的【矩形工具】，在选项栏中将【填充】更改为橙色（R:255，G:180，

图4.27 复制图形　　图4.28 变换图形

PS 28 在【图层】面板中，选中【矩形2 拷贝】图层，选择工具箱中的【添加锚点工具】，在画布中的【矩形2拷贝2】图形右侧单击为其添加锚点，如图4.29所示。

图4.29 添加锚点

PS 29 选择工具箱中的【转换点工具】，单击刚才所添加的锚点，将其转换成角点，如图4.30所示。

PS 30 选择工具箱中的【直接选择工具】选中刚才的节点按住Shift键向左侧拖动一定距离变换图形，如图4.31所示。

图4.30 转换锚点　　　图4.31 变换图形

PS 31 选择工具箱中的【横排文字工具】，在画布中调整已添加的文字大小及色彩，如图4.32所示。

PS 32 执行菜单栏中的【视图】|【标尺】命令，将光标移至右侧出现的标尺上按住鼠标左键向左侧拖动，再分别选中文字及图形以参考线为基准点将其对齐，如图4.33所示。

图4.32 调整文字　　图4.33 对齐文字及图形

技巧

按Ctrl+R组合键可快速调出或隐藏标尺，按Ctrl+;组合键可清除参考线。

PS 33 选择工具箱中的【矩形工具】，在选项栏中将【填充】更改为黑色，【描边】为无，在画布中绘制一个矩形，此时将生成一个【矩形3】图层，如图4.34所示。

图4.34 绘制矩形

PS 34 选中【矩形3】图层，将其图层【不透明度】更改为8%，如图4.35所示。

图4.35 更改图层不透明度

PS 35 选择工具箱中的【横排文字工具】，在画布底部位置添加文字，这样就完成了杂志封面正面效果制作，最终效果如图4.36所示。

图4.36 最终效果

4.1.2 杂志封面背面效果

PS 01 执行菜单栏中的【文件】|【打开】命令，在弹出的对话框中选择配套光盘中的【调用素材\第4章\旅行家杂志封面\草原美景.jpg】文件，打开调用素材，如图4.37所示。

图4.37 打开调用素材

PS 02 选择工具箱中的【裁剪工具】，在选项栏中单击 比例 按钮，在弹出的下拉列表中选择【宽×高×分辩率】，在后面的文本框中输入15厘米和20厘米，设置完成之后按Enter键确认，如图4.38所示。

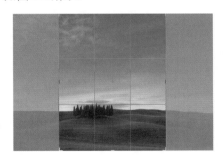

图4.38 设置裁切框

PS 03 在画布中的裁切框中按住Shift键左右稍微移动，更改裁切框位置，如图4.39所示。

PS 04 当移动裁切框并确认位置完成之后按Enter键确认裁切，如图4.40所示。

图4.39 移动裁切框　　图4.40 裁切图像

PS 05 单击【图层】面板底部的【创建新的填充或调整图层】按钮，从弹出的菜单中选择【可选颜色】命令，在弹出的【属性】面板中选择【颜色】为【青色】，将【青色】更改为25%，【黑色】更改为40%，如图4.41所示。

PS 06 选择【颜色】为【蓝色】，将其数值更改为【青色】21%，【黄色】-22%，【黑色】35%，如图4.42所示。

图4.41 调整青色　　图4.42 调整蓝色

PS 07 选择【颜色】为【白色】，将【黑色】更改为-17%，如图4.43所示。

PS 08 选择【颜色】为【中性色】，将其数值更改为【黑色】14%，如图4.44所示。

图4.43 调整白色　　图4.44 调整中性色

PS 09 单击【图层】面板底部的【创建新的填充或调整图层】按钮，从弹出的菜单中选择【色相/饱和度】命令，在弹出的【属性】面板中选择【绿色】，将其【饱和度】更改为20，如图4.45所示。

PS 10 选择【蓝色】，将其【饱和度】更改为10，如图4.46所示。

图4.45 设置绿色　　　图4.46 设置蓝色

PS 11 单击【图层】面板底部的【创建新的填充或调整图层】 ⊘ 按钮，从弹出的菜单中选择【自然饱和度】命令，在弹出的【属性】面板中将【自然饱和度】更改为31，【饱和度】更改为6，此时的图像效果如图4.47所示。

图4.47 调整自然饱和度及图像效果

PS 12 在【图层】面板中，选中【自然饱和度】调整图层，按Ctrl+Alt+Shift+E组合键执行盖印可见图层命令，此时将生成一个【图层1】图层，如图4.48所示。

图4.48 盖印可见图层

PS 13 单击【图层】面板底部的【创建新的填充或调整图层】 ⊘ 按钮，从弹出的菜单中选择【曲线】命令，在弹出的【属性】面板的曲线预览区域中向上拖动曲线调整图像整体亮度，如图4.49所示。

PS 14 单击 RGB 按钮，在弹出的下拉列表中选择【蓝】通道，在曲线预览区域中向下拖动曲线调整图像中蓝色通道的亮度，如图4.50所示。

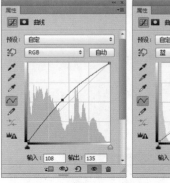 

图4.49 调整RGB通道　　　图4.50 调整蓝通道

PS 15 选择工具箱中的【横排文字工具】 T ，在画布中适当位置添加文字，如图4.51所示。

图4.51 添加文字

PS 16 在【图层】面板中，选中【旅行家】文字图层，单击面板底部的【添加图层样式】 fx 按钮，在菜单中选择【投影】命令，在弹出的对话框中将【角度】更改为90，取消勾选【使用全局光】复选框，将【距离】更改为3像素，【大小】更改为3像素，设置完成之后单击【确定】按钮，如图4.52所示。

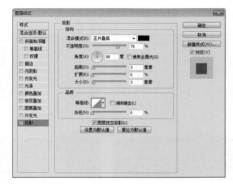

图4.52 设置投影

PS 17 在【旅行家】图层上单击鼠标右键，从弹出的快捷菜单中选择【拷贝图层样式】命令，在【Tourist on road】图层上单击鼠标右键，从弹出的快捷菜单中选择【粘贴图层样式】命令，此时的图像效果如图4.53所示。

图4.53 拷贝并粘贴图层样式

PS 18 选择工具箱中的【矩形工具】，在选项栏中将【填充】更改为深蓝色（R:60，G:80，B:123），【描边】为无，在画布中刚才所添加的文字上方绘制一个矩形，此时将生成一个【矩形1】图层，如图4.54所示。

图4.54 绘制图形

PS 19 在【图层】面板中，选中【矩形1】图层，将其图层【不透明度】更改为20%，如图4.55所示。

图4.55 更改图层不透明度

PS 20 在【图层】面板中，选中【矩形1】图层，单击面板底部的【添加图层蒙版】按钮，为其图层添加图层蒙版，如图4.56所示。

PS 21 选择工具箱中的【渐变工具】，在选项栏中单击【点按可编辑渐变】按钮，在弹出的对话框中选择【黑白渐变】，设置完成之后单击【确定】按钮，再单击【线性渐变】按钮，如图4.57所示。

图4.56 添加图层蒙版　　　图4.57 设置渐变

PS 22 单击【矩形1】图层蒙版缩览图，在画布中按住Shift键从左向右拖动将多余的图形部分隐藏，如图4.58所示。

图4.58 隐藏多余图形

PS 23 选择工具箱中的【横排文字工具】，在画布中适当位置添加文字，如图4.59所示。

图4.59 添加文字

PS 24 同时选中【一个…】文字图层及【矩形1】图层，单击选项栏中的【垂直居中对齐】按钮，将文字与图形对齐，如图4.60所示。

图4.60 将图形与文字对齐

PS 25 执行菜单栏中的【文件】|【打开】命令，在弹出的对话框中选择配套光盘中的【调用素材\第4章\旅行家杂志封面\条形码.psd】文件，将打开的素材拖入画布中左下角位置并适当缩小，如图4.61所示。

图4.61 添加素材

PS 26 执行菜单栏中的【视图】|【标尺】命令，将光标移至右侧出现的标尺上按住鼠标左键向左侧拖动，再分别选中文字及条形码以参考线为基准点将其对齐，如图4.62所示。

PS 27 选择工具箱中的【横排文字工具】 T ，在画布中适当位置添加文字，这样就完成了杂志背面效果制作，最终效果如图4.63所示。

图4.62 对齐图形　　图4.63 添加文字及最终效果

4.1.3 旅行家杂志立体展示

PS 01 执行菜单栏中的【文件】|【新建】命令，

在弹出的对话框中设置【宽度】为20厘米，【高度】为15厘米，【分辨率】为150像素/英寸，【颜色模式】为RGB颜色，新建一个空白画布，如图4.64所示。

图4.64 新建画布

PS 02 选择工具箱中的【渐变工具】 ，在选项栏中单击【点按可编辑渐变】按钮，在弹出的对话框中将渐变颜色更改为白色到灰色（R:189，G:189，B:189），设置完成之后单击【确定】按钮，再单击选项栏中的【径向渐变】 按钮，如图4.65所示。

图4.65 编辑渐变

PS 03 在【图层】面板中，创建一个新的图层（图层1），选中【图层1】图层，如图4.66所示。在画布中从靠近左上角的位置向边缘拖动，为画布填充渐变效果，如图4.67所示。

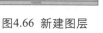

图4.66 新建图层　　　　图4.67 填充渐变

PS 04 在【杂志封面正面效果】文档的【图层】面板中，选中最上方的一个图层，按Ctrl+Alt+Shift+E组合键盖印可见图层，此时将生成一个【图层3】图层，如图4.68所示。

PS 05 将【图层3】中的图像拖至当前画布中，此时其图层名称将自动更改为【图层2】，将图像等比缩小，如图4.69所示。

图4.68 盖印图层　　图4.69 添加图像

PS 06 选中【图层2】图层，在画布中按Ctrl+T组合键对其执行自由变换命令，将光标移至出现的变形框中单击鼠标右键，从弹出的快捷菜单中选择【扭曲】命令，将图形扭曲变形，完成之后按Enter键确认，如图4.70所示。

PS 07 在【图层】面板中，选中【图层2】图层，将其拖至面板底部的【创建新图层】🗅按钮上，复制一个【图层2 拷贝】图层，如图4.71所示。

图4.70 变换图形　　图4.71 复制图层

PS 08 在【图层】面板中，选中【图层2】图层，单击面板上方的【锁定透明像素】❎按钮，将当前图层中的透明像素锁定，在画布中将图层填充为黑色，在画布中将其向下稍微移动，如图4.72所示。

图4.72 锁定透明像素并填充颜色

PS 09 在【图层】面板中，选中【图层2】图层，单击面板底部的【添加图层样式】𝒇𝒙按钮，在菜单中选择【描边】命令，在弹出的对话框中将【大小】更改为1像素，【位置】为内部，将【颜色】更改为灰色（R:179，G:179，B:179），设置完成之后单击【确定】按钮，如图4.73所示。

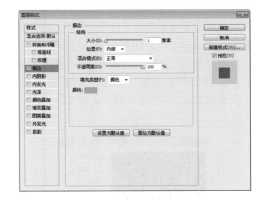

图4.73 设置描边

PS 10 在【图层】面板中，选中【图层2】图层，将其拖至面板底部的【创建新图层】🗅按钮上，复制一个【图层2 拷贝2】图层，如图4.74所示。

图4.74 复制图层

PS 11 在【图层】面板中，选中【图层2 拷贝2】图层，单击面板上方的【锁定透明像素】❎按钮，将当前图层中的透明像素锁定，在画布中将图层填充为白色，填充完成之后再次单击此按钮将解除锁定，如图4.75所示。

PS 12 选中【图层2 拷贝2】图层，在画布中按Ctrl+T组合键对其执行自由变换，当出现变形框以后将其放大，完成之后按Enter键确认，如图4.76所示。

图4.75 锁定透明像素并填充颜色　图4.76 变换图形

PS 13 选中【图层2】图层，将其适当放大。执行菜单栏中的【滤镜】|【模糊】|【高斯模糊】命令，在弹出的对话框中将【半径】更改为5像素，设置完成之后单击【确定】按钮，如图4.77所示。

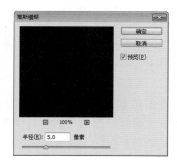

图4.77 设置高斯模糊

PS 14 选中【图层2】图层，将其图层【不透明度】更改为60%，如图4.78所示。

图4.78 更改图层不透明度

PS 15 在【杂志封面背面效果】文档的【图层】面板中，选中最上方的一个图层，按Ctrl+Alt+Shift+E组合键盖印可见图层，此时将生成一个【图层2】图层，如图4.79所示。

PS 16 将【图层2】中的图像拖至当前画布中，此时其图层名称将自动更改为【图层4】，如图4.80所示。

图4.79 盖印图层　　　　图4.80 添加图像

PS 17 选中【图层4】图层，在画布中按Ctrl+T组合键对其执行自由变换命令，将光标移至出现的变形框中单击鼠标右键，从弹出的快捷菜单中选择【扭曲】命令，将图形扭曲变形，完成之后按Enter键确认，如图4.81所示。

PS 18 在【图层】面板中，选中【图层4】图层，将其拖至面板底部的【创建新图层】按钮上，复制一个【图层4 拷贝】图层，将其填充为黑色，如图4.82所示。

图4.81 变换图形　　　　图4.82 复制图层

PS 19 选中【图层4 拷贝】图层，在画布中按Ctrl+T组合键对其执行自由变换命令，将光标移至出现的变形框中单击鼠标右键，从弹出的快捷菜单中选择【扭曲】命令，将图形扭曲变形并与杂志背边缘对齐使阴影效果自然，完成之后按Enter键确认，最后将其适当模糊，并粘贴【图层

2】的描边样式，如图4.83所示。

图4.83 变换图形

PS 20 择工具箱中的【多边形套索工具】 ，在画布中两本杂志交叉的地方绘制一个不规则选区，如图4.84所示。

PS 21 单击面板底部的【创建新图层】 按钮，新建一个【图层5】图层，如图4.85所示。

图4.84 绘制选区　　图4.85 新建图层

PS 22 选中【图层5】图层，在画布中将选区填充为黑色，填充完成之后按Ctrl+D组合键将选区取消，如图4.86所示。

PS 23 在【图层】面板中，选中【图层5】图层，将其移至【图层2 拷贝】图层下方，如图4.87所示。

图4.86 填充颜色　　图4.87 更改图层顺序

PS 24 选中【图层5】图层，执行菜单栏中的【滤镜】|【模糊】|【高斯模糊】命令，在弹出的对话框中将【半径】更改为5像素，设置完成之后单击【确定】按钮，如图4.88所示。

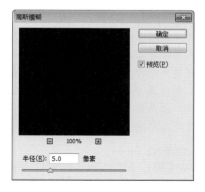

图4.88 设置高斯模糊

PS 25 选中【图层5】图层，将其图层【不透明度】更改为50%，如图4.89所示。

图4.89 更改图层不透明度

PS 26 将部分文字复制一份放在画布的左上角，这样就完成了展示效果制作，最终效果如图4.90所示。

图4.90 添加文字及最终效果

4.2 / 科技时尚杂志封面设计

设计构思

- 打开调用素材裁切至合适大小，再利用相关的调色工具调整图像整体色调。
- 在图像中添加相应文字及绘制图形完成杂志封面效果制作。
- 新建画布添加文字及调用素材完成杂志封底效果制作。
- 本例主要讲解的是科技时尚杂志封面效果制作，采用了时尚感十足的背景图像并调整其色调，添加鲜明对比的文字图像增强科技感，在制作封底的时候加入了一个小广告也体现了科技类杂志的主题特征。

难易程度：★★★☆☆
调用素材：配套光盘\附增及素材\调用素材\第4章\科技时尚杂志封面
最终文件：配套光盘\附增及素材\源文件\第4章\科技时代封面正面.psd、科技时代封面背面.psd、科技时代封面立体展示.psd
视频位置：配套光盘\movie\4.2 科技时尚杂志封面设计.avi

科技时尚杂志封面正面、背面和立体展示效果如图4.91所示。

图4.91 科技时尚杂志封面正面、背面和立体展示效果

 操作步骤

4.2.1 杂志封面正面效果

PS 01 执行菜单栏中的【文件】|【打开】命令，在弹出的对话框中选择配套光盘中的【调用素材\第15章\科技时尚杂志封面\科技时代.jpg】文件，打开调用素材，如图4.92所示。

图4.92 打开调用素材

PS 02 选择工具箱中的【裁剪工具】 ，在选项栏中单击 比例 按钮，在弹出的下拉列表中选择【宽×高×分辩率】，在后面的文本框中输入15厘米和20厘米，设置完成之后按Enter键确认，如图4.93所示。

图4.93 设置裁切框

PS 03 在画布中的图像中按住Shift键向右稍微移动，更改裁切框位置，如图4.94所示。

PS 04 当移动裁切框并确认位置完成之后按Enter键确认裁切，如图4.95所示。

图4.94 移动裁切框　　　　图4.95 裁切图像

97

PS 05 单击【图层】面板底部的【创建新的填充或调整图层】◑按钮，从弹出的菜单中选择【渐变映射】命令，在弹出的【属性】面板中单击【点按可编辑渐变】，如图4.96所示。

PS 06 在弹出的【渐变编辑器】对话框中选择【紫、橙渐变】，如图4.97所示，设置完成之后单击【确定】按钮，此时【图层】面板中将生成一个【渐变映射1】调整图层。

图4.96 渐变映射【属性】面板　图4.97 设置渐变

PS 07 在【图层】面板中，选中【渐变映射1】调整图层，将其图层混合模式设置为【柔光】，【不透明度】更改为90%，如图4.98所示。

图4.98 设置图层混合模式

PS 08 单击【图层】面板底部的【创建新的填充或调整图层】◑按钮，从弹出的菜单中选择【照片滤镜】命令，在弹出的【属性】面板中将【滤镜】设置为【冷却滤镜（82）】，此时的图像效果如图4.99所示。

图4.99 调整照片滤镜

PS 09 单击【图层】面板底部的【创建新的填充或调整图层】◑按钮，从弹出的菜单中选择【纯色】命令，在弹出的对话框中将颜色更改为橙色（R:255，G:108，B:0），设置完成之后单击【确定】按钮，此时将生成一个【颜色填充1】调整图层，如图4.100所示。

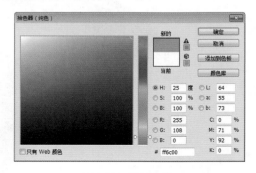

图4.100 更改颜色

PS 10 选中【颜色填充1】调整图层，将其图层混合模式更改为【柔光】，【不透明度】更改为20%，如图所1.101示。

图4.101 更改图层混合模式

PS 11 选中【颜色填充1】调整图层，在其图层名称上单击鼠标右键，在弹出的快捷菜单中选择【转换为智能对象】命令，将当前调整图层转换为智能对象，如图4.102所示。

图4.102 将图层转换为智能对象

PS 12 选中【颜色填充1】调整图层，执行菜单栏中的【滤镜】|【杂色】|【添加杂色】命令，

在弹出的对话框中将【数量】更改为5%，选中【高斯分布】单击选按钮及【单色】复选框，设置完成之后单击【确定】按钮，此时的图像效果如图4.103所示。

图4.103　添加滤镜效果及图像效果

PS 13 在【图层】面板中，选中【颜色填充1】调整图层，按Ctrl+Alt+Shift+E组合键执行盖印可见图层命令，此时将生成一个【图层1】图层，如图4.104所示。

图4.104　盖印可见图层

PS 14 选中【图层1】图层，单击【图层】面板底部的【创建新的填充或调整图层】 ⊘ 按钮，从弹出的菜单中选择【色阶】命令，在弹出的【属性】面板中，将其数值更改为（15，1.24，221），设置完成之后关闭当前【属性】面板，此时的图像效果如图4.105所示。

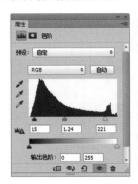

图4.105　调整图像色阶

PS 15 选择工具箱中的【矩形工具】 ▭ ，在选项栏中将【填充】更改为黑色，【描边】为无，在画布中靠上方位置绘制一个矩形，此时将生成一个【矩形1】图层，如图4.106所示。

图4.106　绘制图形

PS 16 选中【矩形1】图层，将其图层【不透明度】更改为30%，如图4.107所示。

图4.107　更改图层不透明度

PS 17 在【图层】面板中，选中【矩形1】图层，单击面板底部的【添加图层蒙版】 ▣ 按钮，为其图层添加图层蒙版，如图4.108所示。

PS 18 选择工具箱中的【钢笔工具】 ✎ ，在画布中沿模特头部帽子边缘绘制一个封闭路径，如图4.109所示。

图4.108　添加图层蒙版　　　图4.109　绘制路径

PS 19 在画布中按Ctrl+Enter组合键将刚才所绘制的路径转换为选区，如图4.110所示。

99

图4.110 转换选区

PS 20 单击【矩形1】图层蒙版缩览图，在画布中将选区填充为黑色，将多余图像隐藏，填充完成之后按Ctrl+D组合键将选区取消，如图4.111所示。

图4.111 隐藏多余图像

PS 21 选择工具箱中的【矩形工具】，在选项栏中将【填充】更改为蓝色（R:12，G:204，B:204），【描边】为无，在画布中靠左上角位置绘制一个细长矩形，此时将生成一个【矩形2】图层，如图4.112所示。

图4.112 绘制图形

PS 22 选择工具箱中的【横排文字工具】，在画布中矩形2图形左侧位置添加文字，如图4.113所示。

图4.113 添加文字

PS 23 在【图层】面板中，选中【科技时尚】文字图层，单击面板底部的【添加图层样式】 fx 按钮，在菜单中选择【投影】命令，在弹出的对话框中将【角度】更改为90度，取消勾选【使用全局光】复选框，将【距离】更改为3像素，【大小】更改为3像素，设置完成之后单击【确定】按钮，如图4.114所示。

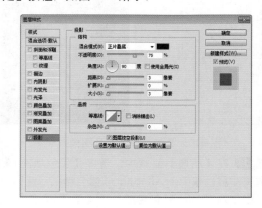

图4.114 设置投影

PS 24 选择工具箱中的【横排文字工具】，在科技时尚文字下方再次添加文字，如图4.115所示。

图4.115 添加文字

PS 25 在【科技时尚】图层上单击鼠标右键，从弹出的快捷菜单中选择【拷贝图层样式】命令，如图4.116所示。

PS 26 在【Science …】图层上单击鼠标右键，从弹出的快捷菜单中选择【粘贴图层样式】命令，如图4.117所示。

图4.116 拷贝图层样式　　图4.117 粘贴图层样式

PS 27 选择工具箱中的【横排文字工具】**T**，在画布中适当位置添加文字，如图4.118所示。

PS 28 选择工具箱中的【移动工具】➤在画布中按住Ctrl键拖动以选中部分文字，单击选项栏中的【左对齐】按钮，将文字对齐，如图4.119所示。

图4.122 复制图形

图4.118 添加文字　　　图4.119 对齐文字

图4.123 变换图形

PS 29 在画布中选中部分文字，更改其字体及颜色，如图4.120所示。

PS 33 选中【矩形3 拷贝】图层，在画布中按住Alt键向下拖动，将其复制，此时将生成一个【矩形3 拷贝2】图层，如图4.124所示。

PS 30 选择工具箱中的【矩形工具】，在选项栏中将【填充】更改为蓝色（R:12，G:204，B:204），【描边】为无，在部分文字所在的位置绘制一个矩形，此时将生成一个【矩形3】图层，在【图层】面板中，选中此图层并移至对应的文字下方，如图4.121所示。

图4.124 复制图形

PS 34 选择工具箱中的【横排文字工具】**T**，在图形上添加文字，如图4.125所示。

PS 35 同时选中刚才所添加的文字图层及【矩形3 拷贝2】图层，在画布中按Ctrl+T组合键对其执行自由变换命令，当出现变形框以后将其旋转一定角度并移动到画布的右下角位置，按Enter键确认，如图4.126所示。

图4.120 更改文字样式　　图4.121 绘制矩形

PS 31 选中【矩形3】图层，在画布中按住Alt键拖动至其他文字所在的位置，将其复制，此时生成一个【矩形3 拷贝】图层，如图4.122所示。

PS 32 选中【矩形3 拷贝】图层，在画布中按Ctrl+T组合键对其执行自由变换命令，当出现变形框以后将其拉伸，完成之后按Enter键确认，如图4.123所示。

图4.125 添加文字　　　图4.126 变换图形及文字

101

PS 36 在【图层】面板中，选中【矩形3 拷贝2】图层，在其图层缩览图上单击鼠标右键，在弹出的菜单中选择【粘贴图层样式】命令，如图4.127所示。

图4.127 粘贴图层样式

PS 37 选中【矩形1】图层，双击其图层样式名称，在弹出的对话框中将【角度】更改为-60度，设置完成之后单击【确定】按钮，如图4.128所示。

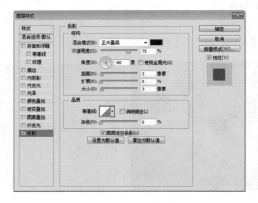

图4.128 设置图层样式

PS 38 选择工具箱中的【圆角矩形工具】，在选项栏中将【填充】更改为青色（R:12，G:204，B:204），【描边】为无，半径为10像素，在画布中左下角位置绘制一个圆角矩形，此时将生成一个【圆角矩形1】图层，如图4.129所示。

图4.129 绘制图形

PS 39 选中【圆角矩形1】图层，将其图层【不透明度】更改为20%，此时图形效果如图4.130所示。

图4.130 更改图层不透明度及图形效果

PS 40 选择工具箱中的【横排文字工具】T，在圆角矩形图形上添加文字，如图4.131所示。

PS 41 同时选中【下期预告】和【无电池…】图层，单击选项栏中的【垂直居中对齐】按钮，将文字对齐，如图4.132所示。

图4.131 添加文字　　图4.132 对齐文字

PS 42 选择工具箱中的【横排文字工具】T，在圆角矩形图形上添加文字，这样就完成了杂志封面正面效果制作，最终效果如图4.133所示。

图4.133 添加文字及最终效果

4.2.2　杂志封面背面效果

PS 01 执行菜单栏中的【文件】|【新建】命令，在弹出的对话框中设置【宽度】为15厘米米，【高度】为20厘米，【分辨率】为150像素/英寸，【颜色模式】为RGB颜色，新建一个空白画布，如图4.134所示。

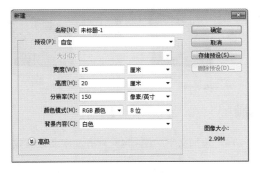

图4.134　新建画布

PS 02 选择工具箱中的【矩形工具】，在选项栏中将【填充】更改为蓝色（R:12，G:204，B:204），【描边】为无，在画布左上角位置绘制一个细长矩形，如图4.135所示。此时将生成一个【矩形1】图层，如图4.136所示。

图4.135　绘制图形　　　图4.136　图层效果

PS 03 选择工具箱中的【横排文字工具】T，在刚才所绘制的矩形右侧位置添加文字，如图4.137所示。

图4.137　添加文字

PS 04 同时选中两个文字图层，执行菜单栏中的【图层】|【新建】|【从图层建立组】，在弹出的对话框中直接单击【确定】按钮，此时将生成一个【组1】图层，如图4.138所示。

图4.138　从图层建立组

PS 05 同时选中【组1】和【矩形1】图层，单击选项栏中的【垂直居中对齐】，将文字与图形对齐，如图4.139所示。

图4.139　将图形与文字对齐

PS 06 选择工具箱中的【横排文字工具】T，在画布中左侧位置再次添加文字，如图4.140所示。

PS 07 同时选中所添加的文字及【组1】，单击选项栏中的【垂直居中对齐】按钮，将文字与文字对齐，如图4.141所示。

图4.140　添加文字　　　图4.141　对齐文字

PS 08 执行菜单栏中的【文件】|【打开】命令，在弹出的对话框中选择配套光盘中的【调用素材\第4章\科技时尚杂志封面\一体机.psd】文件，将打开的素材拖入画布中靠左下位置并适当缩小，如图4.142所示。

PS 09 选择工具箱中的【横排文字工具】T，在刚才所添加的素材左侧位置添加文字，如图4.143所示。

图4.142 添加素材　　　图4.143 添加文字

PS 10 选择工具箱中的【椭圆工具】 ，在选项栏中将【填充】更改为无，【描边】为青色（R:12，G:204，B:204），【大小】为0.3点，在刚才所添加的文字右上角位置按住Shift键绘制一个正圆环，此时将生成一个【椭圆1】图层，如图4.144所示。

PS 11 选中【椭圆1】图层，在画布中按住Alt键向右上角位置稍微拖动，将其复制，如图4.145所示。

图4.144 绘制图形　　　图4.145 复制图形

PS 12 执行菜单栏中的【文件】|【打开】命令，在弹出的对话框中选择配套光盘中的【调用素材\第4章\科技时尚杂志封面\条形码.psd】文件，将打开的素材拖入画布右下角位置并适当缩小，如图4.146所示。

图4.146 添加素材

PS 13 选择工具箱中的【横排文字工具】 **T**，在画布左下角位置添加文字，如图4.147所示。

PS 14 同时选中刚才所添加的文字图层及【条形码】图层，单击选项栏中的【底对齐】 按钮，将文字与图形对齐，这样就完成了杂志背面效果制作，最终效果如图4.148所示。

图4.147 添加文字　　　图4.148 对齐文字及最终效果

4.2.3 旅行家杂志立体展示

PS 01 执行菜单栏中的【文件】|【新建】命令，在弹出的对话框中设置【宽度】为20厘米，【高度】为15厘米，【分辨率】为150像素/英寸，【颜色模式】为RGB颜色，新建一个空白画布，如图4.149所示。

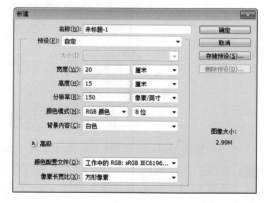

图4.149 新建画布

PS 02 选择工具箱中的【渐变工具】 ，在选项栏中单击【点按可编辑渐变】按钮，在弹出的对话框中将渐变颜色更改为浅灰色（R:245，G:245，B:245）到灰色（R:189，G:189，B:189），设置完成之后单击【确定】按钮，再单击选项栏中的【径向渐变】 按钮，如图4.150所示。

PS 03 在画布中从靠近左侧的位置向边缘拖动，为画布填充渐变效果，如图4.151所示。

图4.150 设置渐变　　图4.151 填充渐变

PS 04 在【科技时代封面正面】文档的【图层】面板中，选中最上方的一个图层，按Ctrl+Alt+Shift+E组合键盖印可见图层，此时将生成一个【图层2】图层，如图4.152所示。

PS 05 将【图层2】中的图像拖至当前画布中，此时其图层名称将自动更改为【图层1】，将图像等比缩小，如图4.153所示。

图4.152 盖印图层　　图4.153 添加图像

PS 06 选中【图层1】图层，在画布中按Ctrl+T组合键对其执行自由变换命令，将光标移至出现的变形框中单击鼠标右键，从弹出的快捷菜单中选择【扭曲】命令，将图形扭曲变形，完成之后按Enter键确认，如图4.154所示。

PS 07 在【图层】面板中，选中【图层1】图层，将其拖至面板底部的【创建新图层】按钮上，复制一个【图层1 拷贝】图层，如图4.155所示。

图4.154 变换图形　　图4.155 复制图层

PS 08 在【图层】面板中，选中【图层1】图层，单击面板上方的【锁定透明像素】按钮，将当前图层中的透明像素锁定，在画布中将图层填充为黑色，填充完成之后再次单击此按钮将解除锁定，在画布中将其向下稍微移动，如图4.156所示。

图4.156 锁定透明像素并填充颜色

PS 09 选中【图层1】图层，执行菜单栏中的【滤镜】|【模糊】|【高斯模糊】命令，在弹出的对话框中将【半径】更改为3像素，设置完成之后单击【确定】按钮，如图4.157所示。

图4.157 设置高斯模糊及移动图形

PS 10 选择工具箱中的【钢笔工具】，在画布中沿着底部绘制一个封闭路径，如图4.158所示。

PS 11 单击面板底部的【创建新图层】按钮，新建一个【图层2】，如图4.159所示。

图4.158 绘制路径　　图4.159 新建图层

PS 12 在画布中按Ctrl+Enter组合键将刚才所绘制的封闭路径转换成选区，然后在【图层】面板中，选中【图层2】图层，在画布中将选区填充为灰色（R:234，G:234，B:234），填充完成之后按Ctrl+D组合键将选区取消，如图4.160所示。

图4.160 填充颜色

PS 13 选择工具箱中的【钢笔工具】 ✐，在画布中沿着刚才所绘制的图形上半部分绘制一个封闭路径，如图4.161所示。

PS 14 单击面板底部的【创建新图层】 🖼 按钮，新建一个【图层3】图层，如图4.162所示。

图4.161 绘制路径　　　图4.162 新建图层

PS 15 在画布中按Ctrl+Enter组合键将刚才所绘制的封闭路径转换成选区，然后在【图层】面板中，选中【图层3】图层，在画布中将选区填充为灰色（R:207，G:207，B:207），填充完成之后按Ctrl+D组合键将选区取消，如图4.163所示。

图4.163 填充颜色

PS 16 选择工具箱中的【钢笔工具】 ✐，沿着图层2中的图形绘制一个封闭路径，绘制完成之后按Ctrl+Enter组合键将刚才所绘制的封闭路径转换成选区，如图4.164所示。

图4.164 绘制路径并转换选区

PS 17 选中【图层2】图层，在画布中将选区填充为灰色（R:172，G:172，B:172），填充完成之后按Ctrl+D组合键将选区取消，如图4.165所示。

图4.165 填充颜色

PS 18 选择工具箱中的【多边形套索工具】 ✑，在画布中适当位置绘制一个不规则选区，选中【图层2】图层，在画布中将选区填充为灰色（R:234，G:234，B:234），填充完成之后按Ctrl+D组合键将选区取消，如图4.166所示。

图4.166 绘制选区并填充颜色

PS 19 同时选中除【背景】图层之外的所有图层，执行菜单栏中的【图层】|【新建】|【从图层

建立组】，在弹出的对话框中将【名称】更改为
【杂志封面】，完成之后单击【确定】按钮，此
时将生成一个【杂志封面】组，如图4.167所示。

图4.167 从图层建立组

PS 20 在【图层】面板中，选中【杂志封面】
组，将其拖至面板底部的【创建新图层】 ![按钮] 按
钮上，复制一个【杂志封面 拷贝】组，如图
4.168所示。

PS 21 选中【杂志封面】组，在画布中按Ctrl+T
组合键对其执行自由变换，当出现变形框以后
将其适当旋转，完成之后按Enter键确认，如图
4.169所示。

图4.168 复制组　　　　图4.169 变换组

PS 22 在【图层】面板中，选中【杂志封面 拷
贝】组，将其拖至面板底部的【创建新图层】
![按钮] 按钮上，复制一个【杂志封面 拷贝2】组，选
中【杂志封面 拷贝2】组将其移至【杂志封面】
组下方，如图4.170所示。

图4.170 复制及更改组顺序

PS 23 选中【杂志封面 拷贝2】组，在画布中按
Ctrl+T组合键对其执行自由变换，当出现变形框
以后将其适当旋转，完成之后按Enter键确认，如
图4.171所示。

图4.171 变换组

PS 24 在【图层】面板中，选中【杂志封面 拷
贝】组中的【图层1】图层，单击面板底部的
【添加图层蒙版】 ![按钮] 按钮，为其图层添加图层
蒙版，如图4.172所示。

PS 25 选择工具箱中的【多边形套索工具】 ![图标] ，
在画布中【杂志封面 拷贝】组中的图层1中的部
分图形位置绘制一个不规则选区以选中多余的图
形，如图4.173所示。

图4.172 添加图层蒙版　　　图4.173 绘制选区

PS 26 单击【图层1】图层蒙版缩览图，在画布中
将选区填充为黑色将部分图形隐藏，填充完成之
后按Ctrl+D组合键将选区取消，如图4.174所示。

图4.174 隐藏图形

PS 27 选择工具箱中的【画笔工具】 ![图标] ，在画
布中单击鼠标右键，在弹出的面板中，选择一种
圆角笔触，将【大小】更改为3像素，【硬度】
更改为0%，在选项栏中将【不透明度】更改为

50%，如图4.175所示。

PS 28 单击面板底部的【创建新图层】按钮，新建一个【图层4】图层，如图4.176所示。

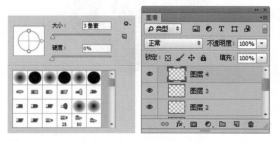

图4.175 设置笔触　　图4.176 新建图层

PS 29 单击刚才所隐藏的图形一端书籍的角，在与下方的书籍相交叉的地方再次单击，为书籍添加厚度效果，如图4.177所示。

图4.177 添加效果

PS 30 选择工具箱中的【多边形套索工具】，在画布中书籍右上角位置绘制一个不规则选区，如图4.178所示。

PS 31 单击面板底部的【创建新图层】按钮，新建一个【图层5】图层，如图4.179所示。

图4.178 绘制选区　　图4.179 新建图层

PS 32 选中【图层5】图层，在画布中将选区填充为黑色，填充完成之后按Ctrl+D组合键将选区取消，如图4.180所示。

PS 33 在【图层】面板中，选中【图层5】图层，将其移至【背景】图层上方，如图4.181所示。

图4.180 填充颜色　　图4.181 更改图层顺序

PS 34 选中【图层5】图层，执行菜单栏中的【滤镜】|【模糊】|【高斯模糊】命令，在弹出的对话框中将【半径】更改为5像素，设置完成之后单击【确定】按钮，如图4.182所示。

PS 35 选中【图层5】图层，将其图层【不透明度】更改为40%，如图4.183所示。

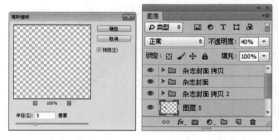

图4.182 设置高斯模糊图　图4.183 更改图层不透明度

PS 36 选择工具箱中的【多边形套索工具】，在画布中书籍底部位置绘制一个不规则选区，如图4.184所示。

PS 37 单击面板底部的【创建新图层】按钮，新建一个【图层6】图层，填充为黑色，如图4.185所示。

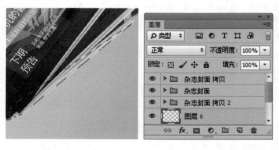

图4.184 绘制选区　　图4.185 新建图层

PS 38 选中【图层6】图层，执行菜单栏中的【滤镜】|【模糊】|【高斯模糊】命令，在弹出

的对话框中将【半径】更改为5像素，设置完成之后单击【确定】按钮，如图4.186所示。

PS 39 选中【图层6】图层，将其图层【不透明度】更改为40%，如图4.187所示。

图4.186 设置高斯模糊图　图4.187 更改图层不透明度

PS 40 选择工具箱中的【矩形工具】 ▣ ，在选项栏中将【填充】更改为深蓝色（R:3，G:40，B:41），【描边】为无，在画布左上角位置绘制一个矩形，此时将生成一个【矩形1】图层，如图4.188所示。

PS 41 在【图层】面板中，选中【矩形1】图层，单击面板底部的【添加图层蒙版】 ▣ 按钮，为其图层添加图层蒙版，如图4.189所示。

图4.188 绘制图形　　　图4.189 添加图层蒙版

PS 42 选择工具箱中的【渐变工具】 ▣ ，在选项栏中单击【点按可编辑渐变】按钮，在弹出的对话框中选择【黑白渐变】，设置完成之后单击【确定】按钮，再单击选项栏中的【线性渐变】 ▣ 按钮，如图4.190所示。

PS 43 单击【图层1 拷贝】图层蒙版缩览图，在画布中其图形上从左至右拖动，将多余图形隐藏，如图4.191所示。

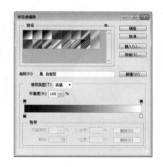

图4.190 设置渐变

图4.191 隐藏图形

PS 44 选中【矩形1】图层，将其图层【不透明度】更改为40%，如图4.192所示。

图4.192 更改图层不透明度

PS 45 选择工具箱中的【横排文字工具】 **T** ，在刚才所添加的矩形上添加文字，这样就完成了效果制作，最终效果如图4.193所示。

图4.193 添加文字及最终效果

第5章 POP艺术招贴设计

内容摘要

POP也就是店头陈设。其主要商业用途是刺激引导消费和活跃卖场气氛。常使用在短期的促销中，它的形式有户外招牌、展板、橱窗海报、店内台牌、价目表、吊旗，甚至是立体卡通模型等。其表现形式夸张幽默，色彩强烈，能有效地吸引顾客的视点唤起购买欲，它作为一种低价高效的广告方式已被广泛应用，如何使设计出的促销宣传单更加受人欢迎，这是非常重要的。本章主要讲解各种类型的POP设计的基本知识和设计技巧，帮助读者更好地掌握POP设计的方法。

教学目标

- 掌握地产吊旗招贴的设计方法
- 掌握美食招贴的设计方法
- 掌握音乐招贴的设计方法
- 掌握MTV招贴的设计方法

5.1 地产吊旗招贴设计

设计构思

- 新建画布后利用【渐变工具】为画布填充一个灰色到白色的渐变背景。
- 在画布中绘制图形，添加相关调用素材并为其设置相关图层混合模式。
- 添加调用素材并将素材图像与图形对齐。
- 在所添加的素材下方位置绘制图形并在图形上添加文字。
- 利用图层蒙版为所添加文字的图形制作镂空效果。
- 利用【矩形工具】在上方位置绘制图形并添加图层样式制作立体效果。将所绘制的广告编组并复制，将所复制的组中图形的颜色更改并完成最终效果制作。
- 本例讲解地产吊旗招贴设计制作，整体的广告以宣传开盘为主，所以在制作的过程中无需大量的图文，简洁明了的信息是本例广告制作的重点，在颜色上尽量采用与其地产logo相符合的色系使整体色彩更加协调。

难易程度：★★★★☆
调用素材：配套光盘\附增及素材\调用素材\第5章\地产吊旗招贴
最终文件：配套光盘\附增及素材\源文件\第5章\地产吊旗招贴设计.psd
视频位置：配套光盘\movie\5.1 地产吊旗招贴设计.avi

地产吊旗招贴设计最终效果如图5.1所示。

金泰地产

图5.1 地产吊旗招贴设计最终效果

 操作步骤

5.1.1 绘制图形

PS 01 执行菜单栏中的【文件】|【新建】命令，在弹出的对话框中设置【宽度】为10厘米，【高度】为7厘米，【分辨率】为300像素/英寸，【颜色模式】为RGB颜色，新建一个空白画布，如图5.2所示。

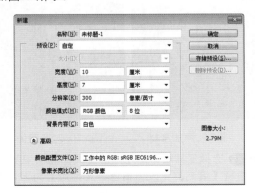

图5.2 新建画布

PS 02 选择工具箱中的【渐变工具】，在选项栏中单击【点按可编辑渐变】按钮，在弹出的对话框中将渐变颜色更改为灰色（R:233，G:233，B:233）到白色，设置完成之后单击【确定】按钮，再单击选项栏中的【线性渐变】按钮，如图5.3所示。

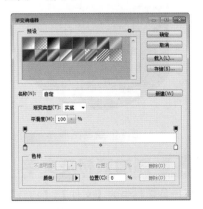

图5.3 设置渐变

PS 03 在画布中从上至下拖动，为其填充渐变，如图5.4所示。

图5.4 填充渐变

PS 04 选择工具箱中的【矩形工具】 ，在选项栏中将【填充】更改为深青色（R:2，G:83，B:77），【描边】为无，在画布中绘制一个矩形，此时将生成一个【矩形1】图层，如图5.5所示。

图5.5 绘制图形

PS 05 选择工具箱中的【钢笔工具】 ，单击选项栏中的 路径 按钮，从弹出的选项中选择【形状】，单击【路径操作】 按钮，从弹出的选项中选择【合并形状】，在刚才所绘制的矩形图形下方绘制一个弧形路径，如图5.6所示。

图5.6 绘制图形

5.1.2 添加素材及文字

PS 01 执行菜单栏中的【文件】|【打开】命令，在弹出的对话框中选择配套光盘中的【调用素材\第5章\地产吊旗招贴\花纹.jpg】文件，将打开的素材拖入画布中刚才所绘制的矩形上方并适当缩

小与图形对齐，此时其图层名称将自动更改为【图层1】，如图5.7所示。

图5.7 添加素材

PS 02 在【图层】面板中，选中【图层1】图层，将其图层混合模式设置为【正片叠底】，【不透明度】更改为50%，如图5.8所示。

图5.8 设置图层混合模式

PS 03 执行菜单栏中的【文件】|【打开】命令，在弹出的对话框中选择配套光盘中的【调用素材\第5章\地产吊旗招贴\logo.psd】文件，将打开的素材拖入画布中并适当缩小，如图5.9所示。

PS 04 同时选中【logo】及【矩形1】图层，单击选项栏中的【水平居中对齐】 按钮，将图像与图形对齐，如图5.10所示。

图5.9 添加素材　　图5.10 对齐图像

PS 05 选择工具箱中的【矩形工具】 ，在选项栏中将【填充】更改为白色，【描边】为无，在刚才所添加的素材下方位置绘制一个矩形，此时

将生成一个【矩形2】图层，如图5.11所示。

图5.11 绘制图形

PS 06 在【图层】面板中，选中【矩形2】图层，单击面板底部的【添加图层样式】 *fx* 按钮，在菜单中选择【渐变叠加】命令，在弹出的对话框中将渐变颜色更改为黄色（R:235，G:197，B:144）到深黄色（R:190，G:143，B:75），【角度】更改为-180度，设置完成之后单击【确定】按钮，如图5.12所示。

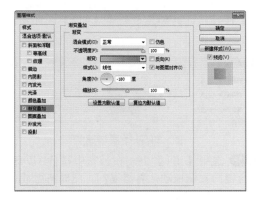

图5.12 设置渐变叠加

PS 07 在【图层】面板中，选中【矩形2】图层，将其拖至面板底部的【创建新图层】 按钮上，复制一个【矩形2 拷贝】图层，按住Ctrl键单击【矩形2 拷贝】图层缩览图，将其载入选区，如图5.13所示。

图5.13 复制图层及载入选区

PS 08 选择工具箱中的【矩形选框工具】 ，在画布中的选区中单击鼠标右键，从弹出的快捷菜单中选择【变换选区】命令，当出现变形框以后按住Alt键将其上下等比缩小，完成之后按Enter键确认，再按Ctrl+Shift+I组合键将选区反选，如图5.14所示。

PS 09 在【图层】面板中，选中【矩形2】图层，单击面板底部的【添加图层蒙版】 按钮，将其图层中部分图形隐藏，如图5.15所示。

图5.14 变换选区　　　图5.15 隐藏图形

PS 10 选中【矩形2 拷贝】图层，在画布中按Ctrl+T组合键对其执行自由变换，当出现变形框以后按住Alt键将其上下等比缩小，完成之后按Enter键确认，如图5.16所示。

图5.16 变换图形

PS 11 选择工具箱中的【横排文字工具】 T ，在画布中适当位置添加文字，如图5.17所示。

PS 12 在【图层】面板中，选中【矩形2 拷贝】图层，单击面板底部的【添加图层蒙版】 按钮，为其图层添加图层蒙版，如图5.18所示。

图5.17 添加文字　　　图5.18 添加图层蒙版

PS 13 按住Ctrl键单击【大气府邸】文字图层，将其载入选区，再单击【矩形2 拷贝】图层蒙版缩览图，在画布中将选区填充为黑色，将部分图形隐藏，完成之后按Ctrl+D组合键将选区取消，再选中【大气府邸】文字图层将其删除，如图5.19所示。

图5.19 隐藏图形

PS 14 选择工具箱中的【矩形工具】■，在选项栏中将【填充】更改为黑色，【描边】为无，在画布中绘制一个矩形，此时将生成一个【矩形3】图层，如图5.20所示。

图5.20 绘制图形

PS 15 在【图层】面板中，选中【矩形3】图层，单击面板底部的【添加图层样式】 fx 按钮，在菜单中选择【斜面和浮雕】命令，在弹出的对话框中将【大小】更改为5像素，如图5.21所示。

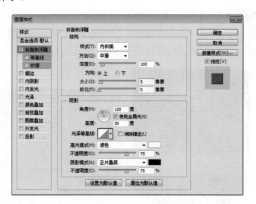

图5.21 设置斜面和浮雕

PS 16 勾选【描边】复选框，将其【大小】更改为2像素，设置完成之后单击【确定】按钮，如图5.22所示。

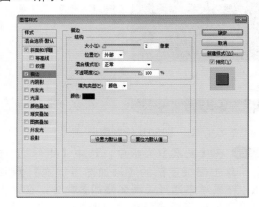

图5.22 设置描边

PS 17 同时选中除【背景】图层之外的所有图层，执行菜单栏中的【图层】|【新建】|【从图层建立组】，在弹出的对话框中直接单击【确定】按钮，此时将生成一个【组1】，如图5.23所示。

图5.23 从图层新建组

PS 18 选中【组1】组，在画布中按住Alt+Shift组合键向右侧拖动，将组复制，此时将生成一个【组1 拷贝】组，如图5.24所示。

图5.24 复制组

PS 19 在【图层】面板中，展开【组1 拷贝】组，选中【矩形1】图层，将【填充】更改为橙色（R:252，G:166，B:67），如图5.25所示。

图5.25 更改图形颜色

PS 20 在【图层】面板中，双击【矩形2】图层样式名称，在弹出的对话框中取消勾选【渐变叠加】复选框，勾选【颜色叠加】复选框，在对话框中将【颜色】更改为深青色（R:2，G:83，B:77），完成之后单击【确定】按钮，如图5.26所示。

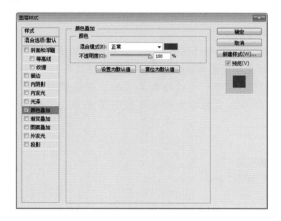

图5.26 设置颜色叠加

PS 21 在【矩形2】图层上单击鼠标右键，从弹出的快捷菜单中选择【拷贝图层样式】命令，在【矩形2 拷贝】图层上单击鼠标右键，从弹出的快捷菜单中选择【粘贴图层样式】命令，如图5.27所示。

图5.27 拷贝并粘贴图层样式

PS 22 在【图层】面板中，单击【矩形2 拷贝】图层蒙版缩览图，填充为白色，将其图形上的文字隐藏，如图5.28所示。

图5.28 隐藏文字

PS 23 选择工具箱中的【横排文字工具】**T**，在画布中矩形2 拷贝图形上添加文字，如图5.29所示。

图5.29 添加文字

PS 24 按住Ctrl键单击【隆重开盘】文字图层，将其载入选区，再单击【矩形2 拷贝】图层缩览图，在画布中将选区填充为黑色，将部分图形隐藏，完成之后按Ctrl+D组合键将选区取消，再选中文字图层将其删除，如图5.30所示。

图5.30 隐藏图形

115

PS 25 选择工具箱中的【横排文字工具】**T**，在画布中右下角位置添加文字，这样就完成了效果制作，最终效果如图5.31所示。

图5.31 添加文字及最终效果

5.2 美食招贴设计

设计构思

- 新建画布后为画布填充颜色，利用【多边形套索工具】在画布靠上方位置绘制不规则选区。
- 利用羽化命令为画布制作颜色减淡的效果。
- 利用【多边形套索工具】在画布顶部位置绘制不规则选区并利用图层蒙版为画布制作特效。在刚才所绘制的图形下方位置添加相关文字及调用素材。
- 将所添加的调用素材图像复制并利用滤镜及图层蒙版为其制作阴影效果，在所添加的素材图像周围绘制图形并添加相关文字信息。在画布靠底部位置绘制图形及添加文字完成最终效果制作。
- 本例主要讲解美食招贴设计制作，广告的主体视觉突出，通过添加真实的广告图像效果及绘制相关标签强调了美食的新鲜、美味、低价等特点，在色彩方面整体采用了高贵、优雅的紫红色系，使整个广告档次得到进一步提升。

难易程度：★★★★☆
调用素材：配套光盘\附增及素材\调用素材\第5章\美食招贴
最终文件：配套光盘\附增及素材\源文件\第5章\美食招贴设计.psd
视频位置：配套光盘\movie\5.2 美食招贴设计.avi

美食招贴设计最终效果如图5.32所示。

图5.32 美食招贴设计最终效果

操作步骤

5.2.1 制作背景

PS 01 执行菜单栏中的【文件】|【新建】命令，在弹出的对话框中设置【宽度】为10厘米，【高度】为14厘米，【分辨率】为300像素/英寸，【颜色模式】为RGB颜色，新建一个空白画布，如图5.33所示。

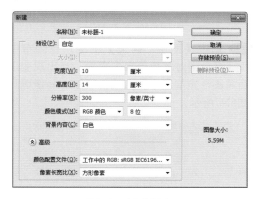

图5.33 新建画布

PS 02 单击面板底部的【创建新图层】 🔲 按钮，新建一个【图层1】图层，如图5.34所示。

PS 03 选中【图层1】图层，在画布中将其填充为灰色（R:230，G:230，B:230），如图5.35所示。

图5.34 新建图层　　　图5.35 填充颜色

PS 04 在【图层】面板中，选中【图层1】图层，单击面板底部的【添加图层蒙版】 🔲 按钮，为其图层添加图层蒙版，如图5.36所示。

PS 05 选择工具箱中的【多边形套索工具】 ，在画布中靠上方位置绘制一个倾斜的矩形选区，如图5.37所示。

图5.36 添加图层蒙版　　　图5.37 绘制选区

PS 06 在画布中执行菜单栏中的【选择】|【修改】|【羽化】命令，在弹出的对话框中将【羽化半径】更改为150像素，完成之后单击【确定】按钮，如图5.38所示。

图5.38 设置羽化

PS 07 单击【图层1】图层蒙版，两次为选区填充黑色，将部分图形隐藏，完成之后按Ctrl+D组合键将选区取消，如图5.39所示。

图5.39 隐藏图形

PS 08 选择工具箱中的【多边形套索工具】 ，在画布中靠上方位置绘制一个不规则的矩形选区，如图5.40所示。

PS 09 单击面板底部的【创建新图层】 🔲 按钮，新建一个【图层2】图层，如图5.41所示。

图5.40 绘制选区　　　图5.41 新建图层

117

PS 10 选中【图层2】图层，在画布中将选区填充为白色，填充完成之后按Ctrl+D组合键将选区取消，如图5.42所示。

图5.42 填充颜色

PS 11 在【图层2】添加图层蒙版，如图5.43所示。

PS 12 选择工具箱中的【渐变工具】，在选项栏中单击【点按可编辑渐变】按钮，在弹出的对话框中选择【黑白渐变】，设置完成之后单击【确定】按钮，再单击选项栏中的【线性渐变】按钮，如图5.44所示。

图5.43 新建图层　　　图5.44 设置渐变

PS 13 单击【图层2】图层蒙版缩览图，在画布中其图形上拖动，将多余图形隐藏，如图5.45所示。

图5.45 隐藏图形

PS 14 选中【图层2】图层，在画布中按住Alt+Shift组合键向右侧拖动，将图形复制，此

时将生成一个【图层2 拷贝】图层，如图5.46所示。

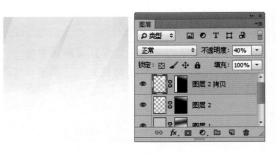

图5.46 复制图形

PS 15 选中【图层2 拷贝】图层，在画布中按Ctrl+T组合键对其执行自由变换，当出现变形框以后将图形宽度缩小，完成之后按Enter键确认，如图5.47所示。

图5.47 变换图形

PS 16 选中【图层2 拷贝】图层，在画布中按住Alt+Shift组合键向左侧拖动，将图形复制，此时将生成一个【图层2 拷贝2】图层，如图5.48所示。

图5.48 复制图形

PS 17 选中【图层2 拷贝2】图层，在画布中按Ctrl+T组合键对其执行自由变换命令，将光标移至出现的变形框上单击鼠标右键，从弹出的快捷菜单中选择【水平翻转】命令，完成之后按Enter键确认，如图5.49所示。

图5.49 变换图形

PS 18 选择工具箱中的【矩形工具】■，在选项栏中将【填充】更改为白色，【描边】为无，在刚才所绘制的图形下方位置绘制一个宽度稍大于画布的矩形，此时将生成一个【矩形1】图层，如图5.50所示。

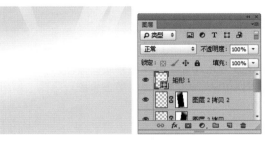

图5.50 绘制图形

PS 19 选中【矩形1】图层，在画布中按Ctrl+T组合键对其执行自由变换，当出现变形框以后将矩形逆时针适当旋转，完成之后按Enter键确认，如图5.51所示。

图5.51 变换图形

5.2.2 添加文字及素材

PS 01 选择工具箱中的【横排文字工具】T，在画布中适当位置添加文字，如图5.52所示。

图5.52 添加文字

PS 02 在【图层】面板中，选中【Spanish…】图层，单击面板底部的【添加图层样式】 *fx* 按钮，在菜单中选择【渐变叠加】命令，在弹出的对话框中将渐变颜色更改为浅红色（R:227，G:20，B:78）到深红色（R:153，G:4，B:46），【角度】更改为100度，设置完成之后单击【确定】按钮，如图5.53所示。

图5.53 设置渐变叠加

PS 03 在【Spanish…】图层上单击鼠标右键，从弹出的快捷菜单中选择【拷贝图层样式】命令，在【wow…】图层上单击鼠标右键，从弹出的快捷菜单中选择【粘贴图层样式】命令，如图5.54所示。

图5.54 拷贝并粘贴图层样式

PS 04 执行菜单栏中的【文件】|【打开】命令，在弹出的对话框中选择配套光盘中的【调用素材

\第5章\美食招贴\炖鸡.psd、白菜.psd】文件，将打开的素材拖入画布中并适当缩小，如图5.55所示。

图5.55 添加素材

提示

在添加2个及以上的素材图像时需要注意素材在图层中的图层顺序。

PS 05 在【图层】面板中，选中【炖鸡】图层，将其拖至面板底部的【创建新图层】🗇 按钮上，复制一个【炖鸡 拷贝】图层，如图5.56所示。

PS 06 在【图层】面板中，选中【炖鸡】图层，单击面板上方的【锁定透明像素】按钮，将其图层填充为黑色，填充完成之后再次单击此按钮将其解除锁定，如图5.57所示。

图5.56 复制图层　　图5.57 锁定透明像素并填充颜色

PS 07 选中【炖鸡】图层，执行菜单栏中的【滤镜】|【模糊】|【高斯模糊】命令，在弹出的对话框中将【半径】更改为10像素，设置完成之后单击【确定】按钮，如图5.58所示。

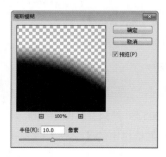

图5.58 设置高斯模糊

PS 08 在【图层】面板中，选中【炖鸡】图层，单击面板底部的【添加图层蒙版】🖸 按钮，为其图层添加图层蒙版，如图5.59所示。

PS 09 选择工具箱中的【渐变工具】■，在选项栏中单击【点按可编辑渐变】按钮，在弹出的对话框中选择【黑白渐变】，设置完成之后单击【确定】按钮，再单击选项栏中的【线性渐变】■按钮，如图5.60所示。

图5.59 添加图层蒙版　图5.60 设置渐变

PS 10 单击【炖鸡】图层蒙版缩览图，在画布中其图形上从上至下拖动，将多余图形隐藏，如图5.61所示。

图5.61 隐藏图形

PS 11 选择工具箱中的【椭圆工具】◯，在选项栏中将【填充】更改为深红色（R:153，G:4，B:46），【描边】为无，在刚才所添加的素材右侧位置按住Shift键绘制一个正圆，此时将生成一个【椭圆1】图层，如图5.62所示。

图5.62 绘制图形

PS 12 在【图层】面板中，选中【椭圆1】图层，单击面板底部的【添加图层样式】 fx 按钮，在菜单中选择【渐变叠加】命令，在弹出的对话框中将渐变颜色更改为浅红色（R:227，G:20，B:78）到深红色（R:153，G:4，B:46），【角度】更改为90度，设置完成之后单击【确定】按钮，如图5.63所示。

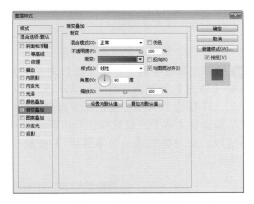

图5.63 设置渐变叠加

PS 13 选择工具箱中的【横排文字工具】 T ，在画布中适当位置添加路径文字，如图5.64所示。

PS 14 执行菜单栏中的【窗口】|【字符】命令，在弹出的【字符】面板中将【基线偏移】更改为2点，设置完成之后按Enetr键确认，如图5.65所示。

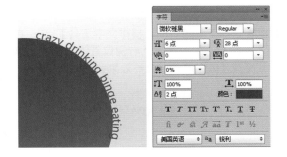

图5.64 添加文字　图5.65 设置基线偏移

PS 15 选择工具箱中的【横排文字工具】 T ，在画布中适当位置添加文字，如图5.66所示。

图5.66 添加文字

PS 16 选择工具箱中的【多边形工具】 ，在选项栏中将【填充】更改为无，【描边】为橙色（R:255，G:166，B:11），【大小】为2点，单击选项栏中的 按钮，在弹出的面板中勾选【星形】复选框，将【缩进边依据】更改为30%，将【边】更改为20在画布中按住Shift键绘制一个图形，此时将生成一个【多边形1】图层，如图5.67所示。

图5.67 设置选项并绘制图形

PS 17 在【图层】面板中，选中【多边形1】图层，将其向下移至【椭圆1】图层下方，如图5.68所示。

图5.68 更改图层顺序

PS 18 选择工具箱中的【横排文字工具】 T ，在刚才所绘制的多边形图形内部添加文字，如图5.69所示。

图5.69 添加文字

PS 19 执行菜单栏中的【文件】|【打开】命令，在弹出的对话框中选择配套光盘中的【调用素材\第5章\美食招贴\红丝带.psd】文件，将打开的素材拖入画布中靠底部位置并适当缩小。

PS 20 选中【红丝带】图层，按Ctrl+T组合键对其执行自由变换命令，在出现的变形框中单击鼠标右键，从弹出的快捷菜单中选择【垂直翻转】命令，完成之后按Enter键确认，并将其适当移动，如图5.70所示。

图5.70 添加素材

PS 21 选择工具箱中的【横排文字工具】 T，在刚才所添加的红丝带图像上添加文字，如图5.71所示。

PS 22 选中【king;s…】文字图层，在画布中按Ctrl+T组合键对其执行自由变换命令，将光标移至出现的变形框上单击鼠标右键，从弹出的快捷菜单中选择【变形】命令，当出现变形的变形框时，在选项栏中单击【变形】后面的按钮，从弹出的下拉选项中选择【下弧】，然后在【弯曲】文本框中输入14，完成之后将文字再适当缩小后按Enter键确认，如图5.72所示。

图5.71 添加文字　　　图5.72 变换文字

PS 23 选择工具箱中的【横排文字工具】 T，在刚才所添加的文字下方位置再次添加文字，如图5.73所示。

图5.73 添加文字

PS 24 选择工具箱中的【直线工具】 /，在选项栏中将【填充】更改为深红色（R:153，G:4，B:46），【描边】为无，【粗细】为4像素，在刚才所添加的文字下方位置按住Shift键绘制一个水平线段，此时将生成一个【形状1】图层，如图5.74所示。

图5.74 绘制图形

PS 25 选择工具箱中的【横排文字工具】 T，在刚才所绘制的图形下方及右侧位置添加文字，这样就完成了效果制作，最终效果如图5.75所示。

图5.75 添加文字及最终效果

5.3 音乐招贴设计

设计构思

● 新建画布，利用【渐变工具】为画布制作蓝色系背景效果。

● 添加素材图像及文字并将部分图形复制并变换，最后添加相关文字完成最终效果制作。

● 本例主要讲解音乐招贴设计制作，最大特点是通过形象化的、与音乐相关的素材图像作为主视觉搭配醒目的文字来表现海报的主题，使人们在极短时间内明白海报的宣传内容。

难易程度：★★★★☆
调用素材：配套光盘\附增及素材\调用素材\第5章\音乐招贴
最终文件：配套光盘\附增及素材\源文件\第5章\音乐招贴设计.psd
视频位置：配套光盘\movie\5.3 音乐招贴设计.avi

音乐招贴设计最终效果如图5.76所示。

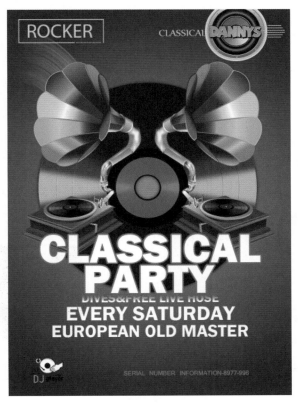

图5.76 音乐招贴设计最终效果

123

操作步骤

5.3.1 添加素材图像

PS 01 执行菜单栏中的【文件】|【新建】命令，在弹出的对话框中设置【宽度】为7厘米，【高度】为10厘米，【分辨率】为300像素/英寸，【颜色模式】为RGB颜色，新建一个空白画布，如图5.77所示。

图5.77 新建画布

PS 02 选择工具箱中的【渐变工具】，在选项栏中单击【点按可编辑渐变】按钮，在弹出的对话框中将渐变颜色更改为蓝色（R:15，G:157，B:247）到稍深的蓝色（R:0，G:40，B:66），设置完成之后单击【确定】按钮，再单击选项栏中的【径向渐变】按钮，从中心向外拖动填充，如图5.78所示。

图5.78 设置渐变

PS 03 执行菜单栏中的【文件】|【打开】命令，在弹出的对话框中选择配套光盘中的【调用素材\第5章\音乐招贴\唱片.psd】文件，将打开的素材拖入画布中并适当缩小，如图5.79所示。

PS 04 在【图层】面板中，选中【唱片】图层，将其拖至面板底部的【创建新图层】按钮上，复制一个【唱片 拷贝】图层，如图5.80所示。

图5.79 添加素材　　　　图5.80 复制图层

PS 05 在【图层】面板中，选中【唱片】图层，单击面板上方的【锁定透明像素】按钮，将当前图层中的透明像素锁定，在画布中将图层填充为黑色，填充完成之后再次单击此按钮将其解除锁定，如图5.81所示。

图5.81 锁定透明像素并填充颜色

PS 06 选中【唱片】图层，执行菜单栏中的【滤镜】|【模糊】|【高斯模糊】命令，在弹出的对话框中将【半径】更改为5像素，设置完成之后单击【确定】按钮，如图5.82所示。

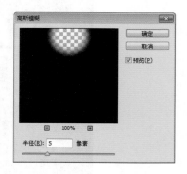

图5.82 设置高斯模糊

PS 07 执行菜单栏中的【文件】|【打开】命令，在弹出的对话框中选择配套光盘中的【调用素材\第5章\音乐招贴\留声机.psd】文件，将打开的素材拖入画布中并适当缩小，如图5.83所示。

PS 08 在【图层】面板中，选中【留声机】图层，将其拖至面板底部的【创建新图层】按钮上，复制一个【留声机 拷贝】图层，如图5.84所示。

图5.83 添加素材　　　图5.84 复制图层

PS 09 选中【留声机 拷贝】图层，在画布中按Ctrl+T组合键对其执行自由变换命令，将光标移至出现的变形框上单击鼠标右键，从弹出的快捷菜单中选择【水平翻转】命令，完成之后按Enter键确认，再按住Shift键将图像向右侧移动，如图5.85所示。

图5.85 变换图像

PS 10 执行菜单栏中的【文件】|【打开】命令，在弹出的对话框中选择配套光盘中的【调用素材\第5章\音乐招贴\喇叭.psd、logo.psd】文件，将打开的素材拖入画布右上角位置并适当缩小，如图5.86所示。

PS 11 选择工具箱中的【横排文字工具】T，在刚才所添加的logo图像左侧位置添加文字，如图5.87所示。

图5.86 添加素材　　　图5.87 添加文字

5.3.2 绘制图形并添加文字

PS 01 选择工具箱中的【直线工具】／，在选项栏中将【填充】更改为浅蓝色（R:178，G:225，B:255），【描边】为无，【粗细】为2像素，在刚才所添加的logo素材图像右方位置按住Shift键绘制一条直线，此时将生成一个【形状1】图层，如图5.88所示。

图5.88 绘制图形

PS 02 选中【形状1】图层，在画布中按住Alt+Shift组合键向下拖动，将图形复制，此时将生成一个【形状1 拷贝】图层，如图5.89所示。

图5.89 复制图形

PS 03 选中【形状1 拷贝】图层，在画布中按Ctrl+T组合键对其执行自由变换命令，当出现变框以后将光标移至变形框的右侧控制点上按住Alt键向右侧拖动，将图形长度增加，完成之后按Enter键确认，如图5.90所示。

图5.90 变换图形

125

PS 04 选中【形状1拷贝】图层，在画布中按住Alt+Shift组合键向下拖动，将图形复制，此时将生成一个【形状1 拷贝2】图层，选中【形状1 拷贝2】图层，以刚才同样的方法在画布中将其长度增加，如图5.91所示。

图5.91 复制并调整长度

PS 05 同时选中【形状1】、【形状1 拷贝】及【形状1 拷贝2】图层，执行菜单栏中的【图层】|【新建】|【从图层建立组】，在弹出的对话框中将【名称】更改为【图形】，完成之后单击【确定】按钮，此时将生成一个【图形】组，如图5.92所示。

图5.92 从图层新建组

PS 06 在【图层】面板中，选中【图形】组，将其拖至面板底部的【创建新图层】按钮上，复制一个【图形 拷贝】组，如图5.93所示。

PS 07 选中【图形 拷贝】组，在画布中按Ctrl+T组合键对其执行自由变换命令，在出现的变形框中单击鼠标右键，从弹出的快捷菜单中选择【垂直翻转】命令，完成之后按Enter键确认，再按住Shift键将图形向下垂直移动，如图5.94所示。

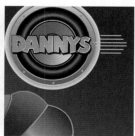

图5.93 复制图层　　　图5.94 垂直翻转

PS 08 同时选中【图形 拷贝】、【图形】组及【CLASSICAL】图层，执行菜单栏中的【图层】|【新建】|【从图层建立组】，在弹出的对话框中将【名称】更改为【logo和文字】，完成之后单击【确定】按钮，此时将生成一个【logo和文字】组，如图5.95所示。

图5.95 从图层新建组

PS 09 选择工具箱中的【横排文字工具】，在画布左上角位置添加文字，如图5.96所示。

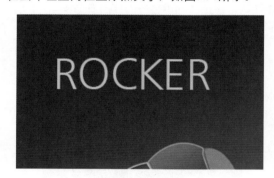

图5.96 添加文字

PS 10 选择工具箱中的【矩形工具】，在选项栏中将【填充】更改为无，【描边】为浅蓝色（R:178，G:225，B:255），【大小】为0.6点，在刚才所添加的文字位置绘制一个大于文字的矩形线框，此时将生成一个【矩形】1图层，如图5.97所示。

图5.97 绘制图形

PS 11 选择工具箱中的【添加锚点工具】，在画布中刚才所绘制的矩形图形靠右侧位置单击添加锚点，然后在右下角位置再次单击添加锚点，如图5.98所示。

图5.98 添加锚点

PS 12 选择工具箱中的【直接选择工具】🔩，选中刚才所添加的两个锚点，按Delete键将其删除，如图5.99所示。

图5.99 删除部分图形

PS 13 选择工具箱中的【直线工具】🖊，在选项栏中将【填充】更改为无，【描边】为浅蓝色（R:178，G:225，B:255），【大小】为0.5点，单击【设置形状描边类型】按钮，在弹出的面板中选择第2种虚线描边类型，【粗细】更改为3像素，在刚才删除图形所留出的位置按住Shift键绘制一条水平线段，此时将生成一个【形状2】图层，如图5.100所示。

图5.100 绘制图形

PS 14 选择工具箱中的【矩形工具】▭，在选项栏中将【填充】更改为白色，【描边】为无，在画布中绘制一个细长矩形，此时将生成一个【矩形2】图层，如图5.101所示。

图5.101 绘制图形

PS 15 在【图层】面板中，选中【矩形2】图层，执行菜单栏中的【图层】|【栅格化】|【形状】命令，将当前图形栅格化，如图5.102所示。

图5.102 栅格化图层

PS 16 选中【矩形2】图层，执行菜单栏中的【滤镜】|【风格化】|【风】命令，在弹出的对话框中分别选中【风】及【从左】单选按钮，完成之后单击【确定】按钮，如图5.103所示。

PS 17 选中【矩形2】图层，在画布中按Ctrl+F组合键数次继续为图形添加风效果，如图5.104所示。

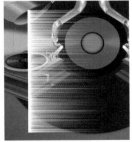

图5.103 设置风参数 　　　图5.104 风效果

提示 ❓

在为图形添加风效果的时候可根据图形的大小及所需要风的大小重复执行风命令。

PS 18 在【图层】面板中，选中【矩形2】图层，单击面板上方的【锁定透明像素】⊠按钮，将当前图层中的透明像素锁定，在画布中将图层填充为浅蓝色（R:178，G:225，B:255），填充完成之后再次单击此按钮将其解除锁定，如图5.105所示。

图5.105 锁定透明像素并填充颜色

PS 19 选中【矩形2】图层，执行菜单栏中的【滤镜】|【扭曲】|【极坐标】命令，在弹出的对话框中选中【平面坐标到极坐标】单选按钮，完成之后单击【确定】按钮，如图5.106所示。

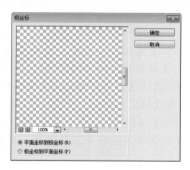

图5.106 设置极坐标

PS 20 选中【矩形2】图层，在画布中按Ctrl+T组合键对其执行自由变换命令，在出现的变形框中单击鼠标右键，从弹出的快捷菜单中选择【旋转180度】命令，再按住Alt+Shift组合键将图形等比缩小，完成之后按Enter键确认，再将图形移至画布左上角位置，如图5.107所示。

图5.107 变换图形

PS 21 在【图层】面板中，选中【矩形2】图层，将其向下移至【背景】图层上方，如图5.108所示。

图5.108 更改图层顺序

PS 22 选中【矩形2】图层，执行菜单栏中的【滤镜】|【模糊】|【动感模糊】命令，在弹出的对话框中将【角度】更改为-45度，【距离】更改为20，完成之后单击【确定】按钮，如图5.109所示。

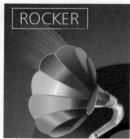

图5.109 设置动感模糊

PS 23 选择工具箱中的【横排文字工具】T，在画布中靠下方位置添加文字，如图5.110所示。

图5.110 添加文字

PS 24 在【图层】面板中，选中【CLASSICAL】图层，单击面板底部的【添加图层样式】*fx*按钮，在菜单中选择【描边】命令，在弹出的对话框中将【大小】更改为4像素，将【颜色】更改为蓝色（R:16，G:122，B:188），设置完成之后单击【确定】按钮，如图5.111所示。

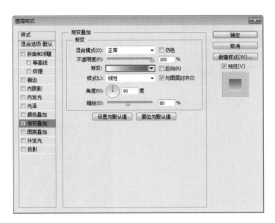

图5.111 设置描边

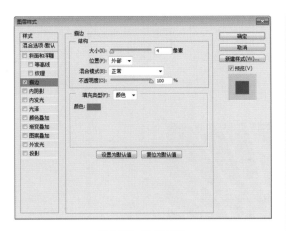

PS 25 以同样的方法选中【PARTY】图层，为其添加相同描边效果，如图5.112所示。

图5.112 添加描边效果

PS 26 在【图层】面板中，选中【DIVES…】图层，单击面板底部的【添加图层样式】 *fx* 按钮，在菜单中选择【渐变叠加】命令，在弹出的对话框中将渐变颜色更改为白色到蓝色（R:8，G:103，B:163），【缩放】更改为80%，设置完成之后单击【确定】按钮，如图5.113所示。

图5.113 设置渐变叠加

PS 27 执行菜单栏中的【文件】|【打开】命令，在弹出的对话框中选择配套光盘中的【调用素材\第5章\音乐招贴\logo2.psd】文件，将打开的素材拖入画布左下角位置并适当缩小，如图5.114所示。

PS 28 选择工具箱中的【横排文字工具】 T ，在画布底部位置添加文字，这样就完成了效果制作，最终效果如图5.115所示。

图5.114 添加素材 图5.115 添加文字及最终效果

5.4 MTV招贴设计

设计构思

- 新建画布，利用【渐变工具】为画布制作黄色系背景效果。
- 利用【矩形工具】在画布中绘制图形并利用复制变换命令为画布添加放射状特效背景。
- 添加文字并将文字变形及制作立体效果。
- 绘制图形并填充渐变后利用【画笔工具】绘制拟物化图形特效。最后添加素材图像及文字完成最终效果制作。
- 本例主要讲解MTV招贴设计制作，海报的设计比较趋向于艺术化的手绘风格，在配色方面采用了艺术化色彩，而手绘风格的冰块素材图像添加更是为海报增添了几分设计感。

难易程度：★★★★☆
调用素材：配套光盘\附增及素材\调用素材\第5章\MTV招贴
最终文件：配套光盘\附增及素材\源文件\第5章\MTV招贴设计.psd
视频位置：配套光盘\movie\5.4 MTV招贴设计.avi

MTV招贴设计最终效果如图5.116所示。

图5.116 MTV招贴设计最终效果

 操作步骤

5.4.1 背景效果

PS 01 执行菜单栏中的【文件】|【新建】命令，在弹出的对话框中设置【宽度】为8厘米，【高度】为10厘米，【分辨率】为300像素/英寸，【颜色模式】为RGB颜色，新建一个空白画布，如图5.117所示。

图5.117 新建画布

PS 02 选择工具箱中的【渐变工具】 ，在选项栏中单击【点按可编辑渐变】按钮，在弹出的对话框中将渐变颜色更改为浅黄色（R:255，G:230，B:130）到黄色（R:250，G:206，B:55），设置完成之后单击【确定】按钮，再单击选项栏中的【径向渐变】 按钮，如图5.118所示。

图5.118 设置渐变

PS 03 从画布中间向外侧拖动，为画布填充渐变，如图5.119所示。

图5.119 填充渐变

PS 04 选择工具箱中的【矩形工具】 ，在选项栏中将【填充】更改为白色，【描边】为无，在画布中以画布中心为起点绘制一个矩形，此时将生成一个【矩形1】图层，如图5.120所示。

图5.120 绘制图形

PS 05 选中【矩形1】图层，在画布中按Ctrl+T组合键对其执行自由变换，将光标移至的变形框中单击鼠标右键，从弹出的快捷菜单中选择【透视】命令，将光标移至画布左侧外部变形框左下角向里侧拖动，使图形形成一种透视效果，完成之后按Enter键确认，如图5.121所示。

图5.121 变换图形

PS 06 选中【矩形1】图层，执行菜单栏中的【图层】|【栅格化】|【形状】命令，将当前图形栅格化，如图5.122所示。

图5.122 栅格化图层

PS 07 在【图层】面板中，按住Ctrl键单击【矩形1】图层缩览图，将其载入选区，在画布中按Ctrl+Alt+T组合键对其执行复制变换命令，当出现变形框以后按住Alt键将变形框中心点拖至右侧，然后将图形顺时针稍微旋转，完成之后按Enter键确认，如图5.123所示。

图5.123 复制变换

PS 08 在画布中按住Ctrl+Alt+Shift组合键的同时按T键多次，重复执行复制变换命令，完成之后按Ctrl+D组合键将选区取消，如图5.124所示。

图5.124 重复执行复制变换

PS 09 选中【矩形1】图层，在画布中按Ctrl+T组合键对其执行自由变换，当出现变形框以后将其适当旋转，完成之后按Enter键确认，如图5.125所示。

131

图5.125 变换图形

5.4.2 绘制及变换图形

PS 01 选择工具箱中的【钢笔工具】 ✍ ，在画布靠中心位置绘制一个【M】形状的封闭路径，如图5.126所示。

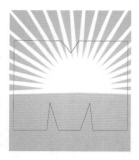

图5.126 绘制路径

PS 02 在画布中按Ctrl+Enter组合键将刚才所绘制的封闭路径转换成选区，然后在【图层】面板中，单击面板底部的【创建新图层】 ◻ 按钮，新建一个【图层1】图层，如图5.127所示。

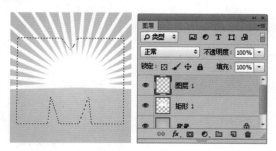

图5.127 转换选区并新建图层

PS 03 选中【图层1】图层，在画布中将选区填充为紫色（R:237，G:0，B:140），填充完成之后按Ctrl+D组合键将选区取消，如图5.128所示。

PS 04 选中【图层1】图层，在画布中按Ctrl+T组合键对其执行自由变换，当出现变形框以后将图形适当旋转，再按住Alt+Shift组合键将图形适当

等比缩小，完成之后按Enter键确认，如图5.129所示。

图5.128 填充颜色　　　图5.129 旋转图形

PS 05 选择工具箱中的【钢笔工具】 ✍ ，在刚才所绘制的字母图形右侧位置绘制一个封闭路径，如图5.130所示。

图5.130 绘制路径

PS 06 在画布中按Ctrl+Enter组合键将刚才所绘制的封闭路径转换成选区，然后在【图层】面板中，单击面板底部的【创建新图层】 ◻ 按钮，新建一个【图层2】图层，如图5.131所示。

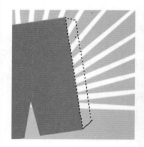 

图5.131 转换选区并新建图层

PS 07 选中【图层2】图层，在画布中将选区填充为紫色（R:237，G:0，B:140），填充完成之后按Ctrl+D组合键将选区取消，如图5.132所示。

PS 08 执行菜单栏中的【窗口】|【路径】命令，在弹出的面板中选中【工作路径】，选择工具箱中的【直接选择工具】 ▷ ，分别选中刚才所绘制的路径不同锚点，将路径缩小，如图5.133所示。

图5.132 填充颜色　　　　图5.133 调整路径

PS 09 在画布中按Ctrl+Enter组合键将刚才所绘制的封闭路径转换成选区，然后在【图层】面板中，单击面板底部的【创建新图层】　按钮，新建一个【图层3】图层，如图5.134所示。

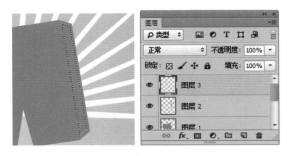

图5.134 转换选区并新建图层

PS 10 选中【图层3】图层，在画布中将选区填充为紫红色（R:222，G:23，B:104），填充完成之后按Ctrl+D组合键将选区取消，如图5.135所示。

图5.135 填充颜色

PS 11 选择工具箱中的【多边形套索工具】　，在画布中所绘制的字母图形上绘制一个不规则选区以选中部分图形，如图5.136所示。

PS 12 选中【图层1】图层，在画布中将选区中的图形删除，完成之后按Ctrl+D组合键将选区取消，如图5.137所示。

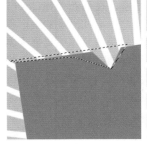 

图5.136 绘制选区　　　　图5.137 删除图形

PS 13 选择工具箱中的【多边形套索工具】　，在刚才所删除的图形部分再次绘制一个不规则图形，如图5.138所示。

PS 14 单击面板底部的【创建新图层】　按钮，新建一个【图层4】图层，如图5.139所示。

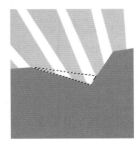 

图5.138 绘制选区　　　　图5.139 新建图层

PS 15 选中【图层4】图层，在画布中将选区填充为紫红色（R:255，G:2，B:150），填充完成之后按Ctrl+D组合键将选区取消，如图5.140所示。

图5.140 填充颜色

5.4.3 添加及变换文字

PS 01 选择工具箱中的【横排文字工具】**T**，在画布中适当位置添加文字，颜色为绿色（R:190，G:215，B:61），如图5.141所示。

PS 02 选中【V】文字图层，在画布中按Ctrl+T组合键对其执行自由变换命令，在出现的变形框中单击鼠标右键，从弹出的快捷菜单中选择【斜切】命令，将光标移至变形框右侧控制点向上拖动，将文字变换，完成之后按Enter键确认，以同样的方法选中【T】文字图层，在画布中将其文字变换，如图5.142所示。

图5.141 添加文字　　　图5.142 变换文字

PS 03 在【图层】面板中，选中【T】文字图层，在其图层名称上单击鼠标右键，从弹出的快捷菜单中选择【转换为形状】命令，将当前文字图层转换为形状图层，如图5.143所示。

PS 04 选择工具箱中的【直接选择工具】，在画布中选中【T】字母上的锚点，将其变换，如图5.144所示。

图5.143 转换为形状　　　图5.144 变换文字

PS 05 在【图层】面板中，选中【V】文字图层，在其图层名称上单击鼠标右键，从弹出的快捷菜单中选择【转换为形状】命令，将当前文字图层转换为形状图层，如图5.145所示。

PS 06 选择工具箱中的【直接选择工具】，以刚才同样的方法在画布中选中【V】字母上的锚点，将其变换，如图5.146所示。

图5.145 转换为形状　　　图5.146 变换文字

PS 07 在【图层】面板中，选中【V】图层，单击面板底部的【添加图层样式】*fx*按钮，在菜单中选择【描边】命令，在弹出的对话框中将【大小】更改为8像素，【颜色】更改为紫色（R:237，G:0，B:140），完成之后单击【确定】按钮，如图5.147所示。

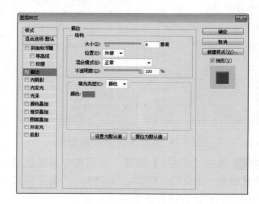

图5.147 设置描边

5.4.4 绘制图形

PS 01 选择工具箱中的【钢笔工具】，在画布靠底部位置绘制一个不规则封闭路径，如图5.148所示。

图5.148 绘制路径

PS 02 在画布中按Ctrl+Enter组合键将刚才所绘制的封闭路径转换成选区，然后在【图层】面板中，单击面板底部的【创建新图层】🔲按钮，新建一个【图层5】图层，如图5.149所示。

图5.149 转换选区并新建图层

PS 03 选中【图层5】图层，在画布中将选区填充为任意一种颜色，填充完成之后按Ctrl+D组合键将选区取消，如图5.150所示。

图5.150 填充颜色

PS 04 在【图层】面板中，选中【图层5】图层，单击面板底部的【添加图层样式】*fx*按钮，在菜单中选择【渐变叠加】命令，在弹出的对话框中将渐变颜色更改为蓝色（R:148，G:220，B:246）到蓝色（R:0，G:120，B:157），完成之后单击【确定】按钮，如图5.151所示。

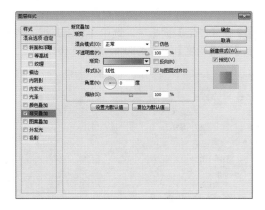

图5.151 设置渐变叠加

PS 05 在【图层】面板中，选中【图层5】图层，将其填充】更改为0%，如图5.152所示。

PS 06 同时选中【图层1】、【图层2】、【图层3】、【图层4】图层，执行菜单栏中的【图层】|【合并图层】命令，将图层合并，此时将生成一个【图层4】图层，如图5.153所示。

图5.152 更改图层填充　　图5.153 合并图层

PS 07 在【图层】面板中，选中【图层5】图层，单击面板底部的【添加图层蒙版】◻按钮，为其图层添加图层蒙版，如图5.154所示。

PS 08 在【图层】面板中，选中【图层4】图层，按住Ctrl键单击其图层缩览图，将其载入选区，如图5.155所示。

图5.154 添加图层蒙版　　图5.155 载入选区

PS 09 单击【图层5】图层蒙版缩览图，在画布中将选区填充为50%的黑色，将部分图形颜色减淡，完成之后按Ctrl+D组合键将选区取消，如图5.156所示。

PS 10 选择工具箱中的【钢笔工具】✐，在画布中字母左上角位置绘制一个水滴形状的封闭路径，如图5.157所示。

图5.156 减淡图形颜色　　图5.157 绘制路径

Photoshop CC 案例实战从入门到精通

PS 11 在画布中按Ctrl+Enter组合键将刚才所绘制的封闭路径转换成选区，然后在【图层】面板中，单击面板底部的【创建新图层】🗋 按钮，新建一个【图层6】图层，如图5.158所示。

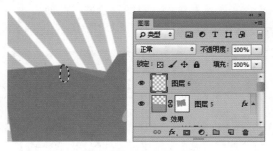

图5.158 转换选区并新建图层

PS 12 选中【图层6】图层，在画布中将选区填充为蓝色（R:142，G:216，B:242），填充完成之后按Ctrl+D组合键将选区取消，如图5.159所示。

图5.159 填充颜色

PS 13 选择工具箱中的【钢笔工具】 🖊，在水滴下方绘制一个封闭路径，如图5.160所示。

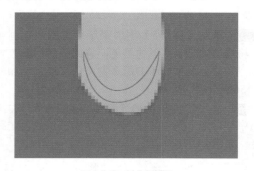

图5.160 绘制路径

PS 14 在画布中按Ctrl+Enter组合键将刚才所绘制的封闭路径转换成选区，然后在【图层】面板中，单击面板底部的【创建新图层】🗋 按钮，新建一个【图层7】图层，如图5.161所示。

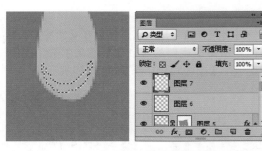

图5.161 转换选区并新建图层

PS 15 选中【图层7】图层，在画布中将选区填充为白色，填充完成之后按Ctrl+D组合键将选区取消，如图5.162所示。

图5.162 填充颜色

PS 16 同时选中【图层7】及【图层6】图层，执行菜单栏中的【图层】|【新建】|【从图层建立组】，在弹出的对话框中将【名称】更改为【水滴】，完成之后单击【确定】按钮，此时将生成一个【水滴】组，如图5.163所示。

图5.163 从图层新建组

PS 17 在【图层】面板中，选中【水滴】组，将其图层【不透明度】更改为80%，如图5.164所示。

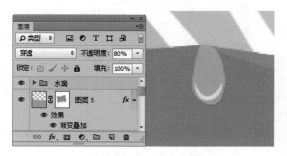

图5.164 更改图层不透明度

136

PS 18 选中【水滴】组，在画布中按住Alt键拖动，将水滴图形复制数份并缩小后放在附近的不同位置，在【图层】面板中，分别选中相应的组，拷贝图层降低其不透明度，如图5.165所示。

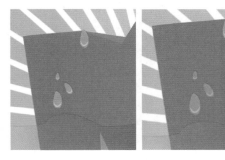

图5.165 复制图形及降低不透明度

PS 19 选择工具箱中的【钢笔工具】，在字母左上角侧面位置再次绘制一个封闭路径，如图5.166所示。

PS 20 在画布中按Ctrl+Enter组合键将刚才所绘制的封闭路径转换成选区，然后在【图层】面板中，单击面板底部的【创建新图层】按钮，新建一个【图层8】图层，选中【图层8】图层，在画布中将选区填充为蓝色（R:142，G:216，B:242），填充完成之后按Ctrl+D组合键将选区取消，并将其图层不透明度更改为70%，如图5.167所示。

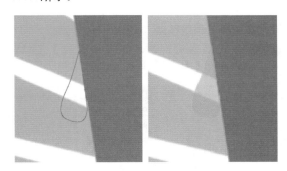

图5.166 绘制路径 图5.167 填充颜色并更改不透明度

PS 21 在【图层】面板中，选中【图层5】图层，将其拖至面板底部的【创建新图层】按钮上，复制一个【图层5 拷贝】图层，如图5.168所示。

PS 22 选中【图层5 拷贝】图层，在画布中将其图形向上移动，如图5.169所示。

图5.168 复制图层 图5.169 移动图形

PS 23 在【图层】面板中，按住Ctrl键单击【图层5 拷贝】图层缩览图，将其载入选区，如图5.170所示。

PS 24 再按住Ctrl+Alt组合键单击【图层5】图层缩览图，将其从选区中减去，如图5.171所示。

图5.170 载入选区 图5.171 从选区中减去

PS 25 在画布中执行菜单栏中的【选择】|【反向】命令，将选区反向选择，如图5.172所示。

图5.172 将选区反选

PS 26 单击【图层5 拷贝】图层蒙版缩览图，在画布中将选区填充为黑色，将部分图形隐藏，完成之后按Ctrl+D组合键将选区取消，如图5.173所示。

图5.173 隐藏图形

PS 27 在【图层】面板中，选中【图层5 拷贝】图层，在其图层名称上单击鼠标右键，从弹出的快捷菜单中选择【栅格化图层样式】命令，如图5.174所示。

图5.174 栅格化图层样式

PS 28 在【图层】面板中，选中【图层5 拷贝】图层，单击面板上方的【锁定透明像素】 按钮，将当前图层中的透明像素锁定，在画布中将图层填充为浅蓝色（R:142，G:216，B:242），填充完成之后再次单击此按钮将其解除锁定，如图5.175所示。

图5.175 锁定透明像素并填充颜色

PS 29 选中【图层5 拷贝】图层，将其图层【不透明度】更改为80%，如图5.176所示。

图5.176 更改图层不透明度

5.4.5 添加素材图像及文字

PS 01 执行菜单栏中的【文件】|【打开】命令，在弹出的对话框中选择配套光盘中的【调用素材\第5章\MTV招贴\冰块.psd】文件，将打开的素材拖入画布中并适当缩小，如图5.177所示。

图5.177 添加素材

PS 02 选中【冰块】图层，将其图层【不透明度】更改为40%，如图5.178所示。

图5.178 更改图层不透明度

PS 03 选中【冰块】图层，在画布中按住Alt键拖动，将图像复制2份，再同时选中这3个冰块图像在画布中将其稍微移动，如图5.179所示。

PS 04 单击面板底部的【创建新图层】 按钮，新建一个【图层9】图层，如图5.180所示。

图5.179 复制图像　　　图5.180 新建图层

PS 05 执行菜单栏中的【窗口】|【画笔】命令，在弹出的面板中将【大小】更改为40像素，【硬度】更改为100%，勾选【间距】复选框，更改为200%，如图5.181所示。

PS 06 勾选【形状动态】复选框，将【大小抖动】更改为70%，如图5.182所示。

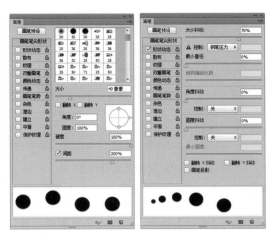

图5.181 设置画笔笔尖形状　图5.182 设置形状动态

PS 07 勾选【散布】复选框，将其数值更改为500%，如图5.183所示。

PS 08 勾选【平滑】复选框，如图5.184所示。

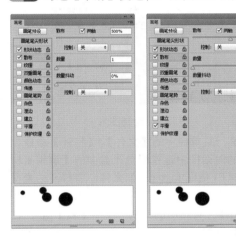

图5.183 设置散布　　　图5.184 勾选平滑

PS 09 将前景色更改为白色，选中【图层9】图层，在画布中靠下方位置拖动，添加圆点图形效果，如图5.185所示。

图5.185 添加图形

PS 10 选中【图层9】图层，将其图层【不透明度】更改为50%，如图5.186所示。

图5.186 更改图层不透明度

PS 11 选择工具箱中的【椭圆工具】，在选项栏中将【填充】更改为白色，【描边】为无，在画布靠下方位置按住Shift键绘制一个正圆图形，此时将生成一个【椭圆1】图层，如图5.187所示。

图5.187 绘制图形

PS 12 选中【椭圆1】图层，将其图层【不透明度】更改为50%，如图5.188所示。

图5.188 更改图层不透明度

PS 13 选择工具箱中的【钢笔工具】，在刚才所绘制的椭圆图形上绘制一个不规则封闭路径，如图5.189所示。

图5.189 绘制路径

PS 14 在画布中按Ctrl+Enter组合键将刚才所绘制的封闭路径转换成选区,然后在【图层】面板中,单击面板底部的【创建新图层】 🖺 按钮,新建一个【图层10】图层,如图5.190所示。

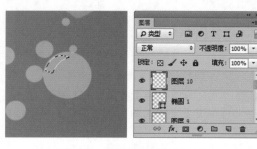

图5.190 转换选区并新建图层

PS 15 选中【图层10】图层,在画布中将选区填充为白色,填充完成之后按Ctrl+D组合键将选区取消,如图5.191所示。

图5.191 填充颜色

PS 16 选中【图层10】图层,将其图层【不透明度】更改为50%,如图5.192所示。

图5.192 更改图层不透明度

PS 17 同时选中【图层10】及【椭圆1】图层,在画布中按住Alt键向左侧拖动,将图形复制,再按Ctrl+T组合键对其执行自由变换,将光标移至变形框上按住Alt+Shift组合键将图形等比缩小,完成之后按Enter键确认,如图5.193所示。

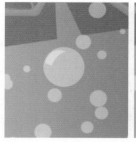

图5.193 复制并变换图形

PS 18 选择工具箱中的【矩形工具】 ▭ ,在选项栏中将【填充】更改为深灰色(R:15,G:15,B:15),【描边】为无,在画布中靠底部位置绘制一个矩形,此时将生成一个【矩形2】图层,如图5.194所示。

图5.194 绘制图形

PS 19 执行菜单栏中的【文件】|【打开】命令,在弹出的对话框中选择配套光盘中的【调用素材\第5章\MTV招贴\logo.psd】文件,将打开的素材拖入画布中并适当缩小,如图5.195所示。

PS 20 选择工具箱中的【横排文字工具】 T ,在刚才所绘制的矩形上添加文字,这样就完成了效果制作,最终效果如图5.196所示。

图5.195 添加素材　图5.196 添加文字及最终效果

第6章

商业海报设计

内容摘要

海报艺术（Poster Advertisement）是一种张贴于公共场所的户外平面印刷广告，它主要分为商业海报和社会公益海报两大类型，商业海报以促销商品等内容为题材，随着市场经济的发展，商业海报越来越重要。海报多数用制版式印刷方式制成，供在公共场所和商店内张贴。本章主要介绍商业海报的基本功能和设计技巧。

教学目标

- 了解海报的基本知识
- 掌握商业海报设计的方法
- 掌握商业海报设计的制作技巧

6.1 电器海报设计

 设计构思

- 新建画布，利用【渐变工具】为画布制作蓝色系背景效果。
- 利用【矩形工具】在画布中绘制图形并利用复制变换命令为画布添加放射状特效背景。
- 绘制椭圆图形并利用图层混合模式为图形制作立体特效。
- 添加素材及相关文字并将文字变形，绘制图形及添加文字完成最终效果制作。
- 本例主要讲解的是电器广告制作，在制作的过程中以传统促销广告常用的手法为背景制作具有视觉冲击力的放射状图形效果，很好地衬托了产品图像，而通过为所绘制的椭圆图形添加图层样式制作立体图形效果更是成为本广告中的一大亮点。

 难易程度：★★★☆☆
调用素材：配套光盘\附增及素材\调用素材\第6章\电器海报
最终文件：配套光盘\附增及素材\源文件\第6章\电器海报设计.psd
视频位置：配套光盘\movie\6.1 电器海报设计.avi

电器海报设计最终效果如图6.1所示。

图6.1 电器海报设计最终效果

 **操作步骤**

6.1.1 背景效果

PS 01 执行菜单栏中的【文件】|【新建】命令，在弹出的对话框中设置【宽度】为7厘米，【高度】为10厘米，【分辨率】为300像素/英寸，【颜色模式】为RGB颜色，新建一个空白画布，如图6.2所示。

PS 02 选择工具箱中的【渐变工具】 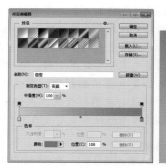 ，在选项栏中单击【点按可编辑渐变】按钮，在弹出的对话框中将渐变颜色更改为浅蓝色（R:188，G:227，B:249）到蓝色（R:81，G:166，B:207），设置完成之后单击【确定】按钮，再单击选项栏中的【径向渐变】  按钮，将其填充，如图6.3所示。

图6.3 设置渐变

图6.2 新建画布

PS 03 选择工具箱中的【矩形工具】，在选项栏中将【填充】更改为白色，【描边】为无，在画布靠右侧底部位置绘制一个矩形，此时将生成一个【矩形1】图层，如图6.4所示。

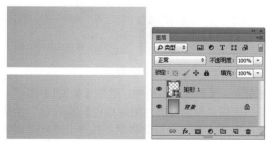

图6.4　绘制图形

PS 04 选中【矩形1】图层，在画布中按Ctrl+T组合键对其执行自由变换，将光标移至的变形框中单击鼠标右键，从弹出的快捷菜单中选择【透视】命令，将光标移至变形框右下角向里侧拖动，使图形形成一种透视效果，完成之后按Enter键确认，如图6.5所示。

图6.5　变换图形

PS 05 选中【矩形1】图层，执行菜单栏中的【图层】|【栅格化】|【形状】命令，将当前图形栅格化，如图6.6所示。

图6.6　栅格化图层

PS 06 在【图层】面板中，按住Ctrl键单击【矩形1】图层缩览图，将其载入选区，在画布中按Ctrl+Alt+T组合键对其执行复制变换命令，当出

现变形框以后将变形框中心点拖至右侧，然后将图形顺时针稍微旋转，完成之后按Enter键确认，如图6.7所示。

图6.7　复制变换

PS 07 在画布中按住Ctrl+Alt+Shift组合键的同时按T键多次，重复执行复制变换命令，完成之后按Ctrl+D组合键将选区取消，如图6.8所示。

图6.8　重复执行复制变换

PS 08 选中【矩形1】图层，在画布中按Ctrl+T组合键对其执行自由变换，当出现变形框以后按住Alt+Shift组合键将图形等比放大，完成之后按Enter键确认，如图6.9所示。

图6.9　变换图形

PS 09 在【图层】面板中，选中【矩形1】图层，单击面板底部的【添加图层蒙版】按钮，为其图层添加图层版，如图6.10所示。

PS 10 选择工具箱中的【渐变工具】，在选项栏中单击【点按可编辑渐变】按钮，在弹出的对话框中将渐变颜色更改为白色到黑色，设置完

143

成之后单击【确定】按钮，再单击选项栏中的【线性渐变】█按钮，如图6.11所示。

图6.10 添加图层蒙版　　　图6.11 设置渐变

PS 11 单击【矩形1】图层蒙版缩览图，在画布中其图形上从中间位置向上边缘方向拖动，将部分图形隐藏，如图6.12所示。

图6.12 隐藏图形

PS 12 选中【矩形1】图层，将其图层【不透明度】更改70%，如图6.13所示。

图6.13 更改图层不透明度

6.1.2 绘制图形

PS 01 选择工具箱中的【椭圆工具】◯，在选项栏中将【填充】更改为蓝色（R:0，G:80，B:140），【描边】为无，在画布底部位置绘制一个椭圆图形，此时将生成一个【椭圆1】图层，如图6.14所示。

 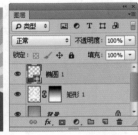

图6.14 绘制图形

PS 02 在【图层】面板中，选中【椭圆1】图层，单击面板底部的【添加图层样式】*fx*按钮，在菜单中选择【渐变叠加】命令，在弹出的对话框中将渐变颜色更改为蓝色（R:70，G:148，B:205）到稍深的蓝色（R:0，G:80，B:140），【样式】更改为径向，【角度】更改为35度，设置完成之后单击【确定】按钮，如图6.15所示。

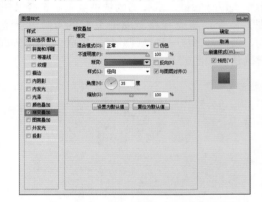

图6.15 设置渐变叠加

PS 03 选择工具箱中的【椭圆工具】◯，在选项栏中将【填充】更改为蓝色（R:70，G:148，B:205），【描边】为无，在刚才所绘制的椭圆上方位置再次绘制一个椭圆图形，此时将生成一个【椭圆2】图层，如图6.16所示。

图6.16 绘制图形

PS 04 在【椭圆1】图层上单击鼠标右键，从弹出的快捷菜单中选择【拷贝图层样式】命令，在【椭圆2】图层上单击鼠标右键，从弹出的快捷菜单中选择【粘贴图层样式】命令，如图6.17所示。

图6.17 拷贝并粘贴图层样式

PS 05 在【图层】面板中，双击【椭圆2】图层样式名称，在弹出的对话框中将渐变颜色更改为蓝色（R:23，G:100，B:163）到稍浅的蓝色（R:75，G:195，B:204）再到蓝色（R:23，G:100，B:163），【角度】更改为0度，如图6.18所示。

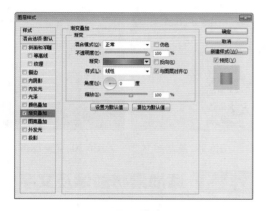

图6.18 设置渐变叠加

PS 06 勾选【外发光】复选框，将【颜色】更改为白色，【大小】更改为40像素，设置完成之后单击【确定】按钮，如图6.19所示。

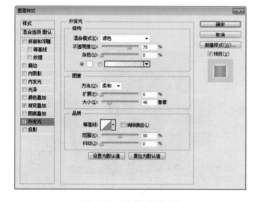

图6.19 设置外发光

PS 07 在【图层】面板中，选中【椭圆2】图层，在其图层名称上单击鼠标右键，从弹出的快捷菜单中选择【创建图层】命令，此时将生成【椭圆2】的渐变填充和【椭圆2】的外发光两个新的图层，如图6.20所示。

图6.20 创建图层

PS 08 在【图层】面板中，选中【【椭圆2的外发光】】图层，单击面板底部的【添加图层蒙版】按钮，为其图层添加图层蒙版，如图6.21所示。

PS 09 选择工具箱中的【画笔工具】，在画布中单击鼠标右键，在弹出的面板中，选择一种圆角笔触，将【大小】更改为250像素，【硬度】更改为0%，如图6.22所示。

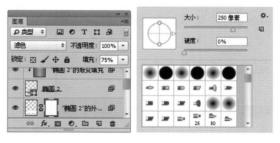

图6.21 添加图层蒙版　　　图6.22 设置笔触

PS 10 将前景色设置为黑色，单击【椭圆2】的外发光】图层蒙版缩览图，在画布中其图形上部分区域涂抹，将部分图形隐藏，如图6.23所示。

图6.23 隐藏部分图形

PS 11 同时选中【【椭圆2】的渐变填充】、【椭圆2】及【【椭圆2】的外发光】图层，执

行菜单栏中的【图层】|【新建】|【从图层建立组】，在弹出的对话框中在弹出的对话框中将【名称】更改为【底座1】，完成之后单击【确定】按钮，此时将生成一个【底座1】组，如图6.24所示。

图6.24 从图层新建组

PS 12 在【图层】面板中，选中【底座1】组，将其拖至面板底部的【创建新图层】按钮上，复制一个【底座1 拷贝】组，如图6.25所示。

PS 13 选中【底座1 拷贝】组，在画布中按Ctrl+T组合键对其执行自由变换，当出现变形框以后按住Alt+Shift组合键将图形等比缩小，完成之后按Enter键确认，再将图形向上稍微移动，如图6.26所示。

图6.25 复制组　　　图6.26 变换图形

PS 14 在【图层】面板中，选中【底座1 拷贝】组，将其拖至面板底部的【创建新图层】按钮上，复制一个【底座1 拷贝2】组，如图6.27所示。

图6.27 复制组

PS 15 同时选中【底座1 拷贝】和【底座1 拷贝2】组，执行菜单栏中的【图层】|【新建】|【从图层建立组】，在弹出的对话框中在弹出的对话框中将【名称】更改为【底座2】，完成之后

单击【确定】按钮，此时将生成一个【底座2】组，如图6.28所示。

图6.28 从图层新建组

PS 16 在【图层】面板中，选中【底座2】组，将其拖至面板底部的【创建新图层】按钮上，复制一个【底座2 拷贝】组，如图6.29所示。

PS 17 选中【底座2 拷贝】组，在画布中按Ctrl+T组合键对其执行自由变换，当出现变形框以后按住Alt+Shift组合键将图形等比缩小，完成之后按Enter键确认，再将图形向上稍微移动，如图6.30所示。

图6.29 复制组　　　图6.30 变换图形

6.1.3 添加素材图像及文字

PS 01 执行菜单栏中的【文件】|【打开】命令，在弹出的对话框中选择配套光盘中的【调用素材\第6章\电器海报\电炖锅.psd、电饭锅.psd、电磁炉.psd、电蒸锅.psd】文件，将打开的素材拖入画布中刚才所绘制的底座图形上并适当缩小，如图6.31所示。

图6.31 添加素材

PS 02 选择工具箱中的【钢笔工具】 ✎ ，在画布中沿着刚才所添加的素材图像底部边缘绘制一个封闭路径，如图6.32所示。

图6.32 绘制路径

PS 03 在画布中按Ctrl+Enter组合键将刚才所绘制的封闭路径转换成选区，然后在【图层】面板中，单击面板底部的【创建新图层】 🗔 按钮，新建一个【图层1】图层，如图6.33所示。

图6.33 转换选区并新建图层

PS 04 选中【图层1】图层，在画布中将选区填充为黑色，填充完成之后按Ctrl+D组合键将选区取消，如图6.34所示。

图6.34 填充颜色

PS 05 在【图层】面板中，选中【图层1】图层，将其向下移至所有电器图层下方，如图6.35所示。

图6.35 更改图层顺序

PS 06 选中【图层1】图层，执行菜单栏中的【滤镜】|【模糊】|【高斯模糊】命令，在弹出的对话框中将【半径】更改为5像素，设置完成之后单击【确定】按钮，如图6.36所示。

图6.36 设置高斯模糊

PS 07 在【图层】面板中，选中【电磁炉】图层，将其拖至面板底部的【创建新图层】 🗔 按钮上，复制一个【电磁炉 拷贝】图层，如图6.37所示。

PS 08 选中【电磁炉 拷贝】图层，在画布中按Ctrl+T组合键对其执行自由变换命令，在出现的变形框中单击鼠标右键，从弹出的快捷菜单中选择【垂直翻转】命令，完成之后按Enter键确认，再将图像向上稍微移动，如图6.38所示。

图6.37 复制图层 　　　 图6.38 变换图像

PS 09 选中【电磁炉 拷贝】图层，在画布中按Ctrl+T组合键对其执行自由变换命令，在出现的变形框中单击鼠标右键，从弹出的快捷菜单中选择【斜切】命令，将光标移至变形框左侧向上拖动将图像变换，完成之后按Enter键确认，如图 6.39所示。

图6.39 变换图像

PS 10 在【图层】面板中，选中【电磁炉 拷贝】图层，单击面板底部的【添加图层蒙版】 按钮，为其图层添加图层蒙版，如图6.40所示。

PS 11 选择工具箱中的【渐变工具】 ，在选项栏中单击【点按可编辑渐变】按钮，在弹出的对话框中选择【黑白渐变】，设置完成之后单击【确定】按钮，再单击选项栏中的【线性渐变】 按钮，如图6.41所示。

图6.40 添加图层蒙版　图6.41 设置渐变

PS 12 单击【电磁炉 拷贝】图层蒙版缩览图，在画布中其图像上从下至上拖动，将部分图像隐藏，如图6.42所示。

图6.42 隐藏部分图像

PS 13 选择工具箱中的【横排文字工具】 T ，在刚才所添加的素材图像上方位置添加文字，如图6.43所示。

图6.43 添加文字

PS 14 在【图层】面板中，选中【新上市】图层，执行菜单栏中的【图层】|【栅格化】|【文字】命令，将当前文字栅格化，以同样的方法选中【全新厨电】图层，将其栅格化，如图6.44所示。

图6.44 栅格化文字

PS 15 选中【全新厨电】图层，在画布中按Ctrl+T组合键对其执行自由变换命令，在出现的变形框中单击鼠标右键，从弹出的快捷菜单中选择【变形】命令，在选项栏中单击【变形】后面的 自定 按钮，在弹出的下拉列表中选中【扇形】，将【弯曲】更改为20%，再次单击鼠标右键，从弹出的快捷菜单中选择【扭曲】命令，将光标移至变形框控制点拖动将文字变形，完成之后按Enter键确认，如图6.45所示。

图6.45 变换文字

PS 16 以同样的方法选中【新上市】图层，在画布中将文字变换，如图6.46所示。

图6.46 变换文字

PS 17 在【图层】面板中，选中【全新厨电】图层，单击面板底部的【添加图层样式】*fx* 按钮，在菜单中选择【外发光】命令，在弹出的对话框中将【扩展】更改为10%，【大小】更改为40像素，设置完成之后单击【确定】按钮，如图6.47所示。

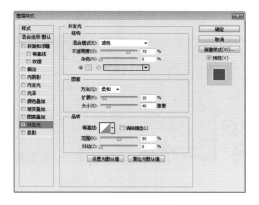

图6.47 设置外发光

PS 18 在【全新厨电】图层上单击鼠标右键，从弹出的快捷菜单中选择【拷贝图层样式】命令，在【新上市】图层上单击鼠标右键，从弹出的快捷菜单中选择【粘贴图层样式】命令，如图6.48所示。

图6.48 拷贝并粘贴图层样式

PS 19 在【图层】面板中，双击【新上市】图层样式名称，在弹出的对话框中勾选【描边】复选框，将【大小】更改为6像素，【颜色】更改为蓝色（R:22，G:20，B:93），如图6.49所示。

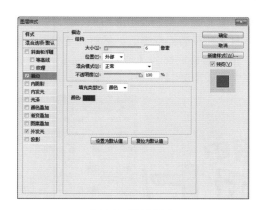

图6.49 设置描边

PS 20 勾选【渐变叠加】复选框，将渐变颜色更改为黄色（R:255，G:255，B:147）到橙色（R:250，G:140，B:0），【角度】更改为0度。

PS 21 选中【外发光】复选框，将【不透明度】更改为90%，【颜色】更改为白色，【扩展】更改为10%，【大小】更改为60像素，完成之后单击【确定】按钮，如图6.50所示。

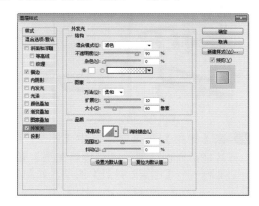

图6.50 设置外发光

PS 22 选择工具箱中的【钢笔工具】，在刚才所添加的文字旁边位置绘制一个封闭路径，如图6.51所示。

图6.51 绘制路径

PS 23 在画布中按Ctrl+Enter组合键将刚才所绘制的封闭路径转换成选区，然后在【图层】面板中，单击面板底部的【创建新图层】 按钮，新建一个【图层2】图层，如图6.52所示。

图6.52 转换选区并新建图层

PS 24 选中【图层2】图层，在画布中将选区填充为蓝色（R:22，G:20，B:93），填充完成之后按Ctrl+D组合键将选区取消，如图6.53所示。

图6.53 填充颜色

PS 25 在【图层】面板中，选中【图层2】图层，将其拖至面板底部的【创建新图层】 按钮上，复制一个【图层2 拷贝】图层，如图6.54所示。

PS 26 选中【图层2 拷贝】图层，在画布中将其图形向右侧移动，如图6.55所示。

图6.54 复制图层　　　　图6.55 移动图形

PS 27 以刚才同样的方法使用【钢笔工具】 ，在文字旁边位置绘制路径并转换选区，然后新建图层并为其填充颜色，如图6.56所示。

PS 28 选择工具箱中的【钢笔工具】 ，在刚才所绘制的图形位置沿其图形内侧边缘绘制一个封闭路径，如图6.57所示。

图6.56 绘制图形　　　　图6.57 绘制路径

PS 29 在画布中按Ctrl+Enter组合键将刚才所绘制的封闭路径转换成选区，然后在【图层】面板中，单击面板底部的【创建新图层】 按钮，新建一个【图层7】图层，如图6.58所示。

图6.58 转换选区并新建图层

PS 30 选中【图层7】图层，在画布中将选区填充为白色，填充完成之后按Ctrl+D组合键将选区取消，如图6.59所示。

图6.59 填充颜色

PS 31 在【图层】面板中，选中【图层7】图层，将其向下移至【新上市】图层下方，如图6.60所示。

图6.60 更改图层顺序

PS 32 单击面板底部的【创建新图层】🖃 按钮，新建一个【图层8】图层，如图6.61所示。

PS 33 选择工具箱中的【画笔工具】✏，在画布中单击鼠标右键，在弹出的面板中，选择一种圆角笔触，将【大小】更改为50像素，【硬度】更改为0%，如图6.62所示。

 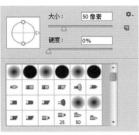

图6.61 新建图层　　　图6.62 设置笔触

PS 34 将前景色更改为灰色（R:224，G:224，B:224）选中【图层8】图层，沿【图层7】中的图形边缘位置涂抹添加颜色加深效果，如图6.63所示。

图6.63 添加效果

PS 35 选择工具箱中的【椭圆工具】⬭，在选项栏中将【填充】更改为白色，【描边】为无，在画布中间绘制一个椭圆图形，此时将生成一个【椭圆3】图层，如图6.64所示。

图6.64 绘制图形

PS 36 在【图层】面板中，选中【椭圆3】图层，执行菜单栏中的【图层】|【栅格化】|【形状】命令，将当前图形栅格化，如图6.65所示。

图6.65 栅格化图层

PS 37 在【图层】面板中，选中【椭圆3】图层，将其向下移至【矩形1】图层上方，如图6.66所示。

图6.66 更改图层顺序

PS 38 选中【椭圆3】图层，执行菜单栏中的【滤镜】|【模糊】|【高斯模糊】命令，在弹出的对话框中将【半径】更改为80像素，设置完成之后单击【确定】按钮，如图6.67所示。

图6.67 设置高斯模糊

151

PS 39 在【图层】面板中，选中【椭圆3】图层，将其拖至面板底部的【创建新图层】 按钮上，复制一个【椭圆3拷贝】图层，如图6.68所示。

PS 40 选中【椭圆3拷贝】图层，在画布中按Ctrl+T组合键对其执行自由变换，当出现变形框以后按住Alt+Shift组合键将图形等比放大，完成之后按Enter键确认，如图6.69所示。

图6.68 复制图层　　　　图6.69 变换图形

PS 41 选择工具箱中的【矩形工具】 ，在选项栏中将【填充】更改为橙色（R:255，G:138，B:0），【描边】为无，在画布左上角位置绘制一个矩形，此时将生成一个【矩形2】图层，如图6.70所示。

图6.70 绘制图形

PS 42 选择工具箱中的【矩形工具】 ，在选项栏中将【填充】更改为黑色，【描边】为无，在刚才所绘制的图形旁边位置按住Shift键绘制一个矩形，此时将生成一个【矩形3】图层，如图6.71所示。

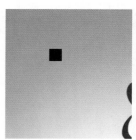 

图6.71 绘制图形

PS 43 选中【矩形3】图层，在画布中按Ctrl+T组合键对其执行自由变换，当出现变形框以后在选项栏中【旋转】文本框中输入45度，完成之后按Enter键确认，如图6.72所示。

图6.72 变换图形

PS 44 选择工具箱中的【直接选择工具】 ，选中矩形左侧锚点，按Delete键将其删除，如图6.73所示。

图6.73 删除锚点

PS 45 在【图层】面板中，按住Ctrl键单击【矩形3】图层缩览图，将其载入选区，执行菜单栏中的【编辑】|【定义画笔预设】命令，在弹出的对话框中将【名称】更改为【锯齿】，完成之后单击【确定】按钮，在画布中按Ctrl+D组合键将选区取消，如图6.74所示。

图6.74 设置定义画笔预设

PS 46 在【图层】面板中，选中【矩形3】图层，拖至面板底部的【删除图层】 按钮上，将其删除，如图6.75所示。

PS 47 在【图层】面板中，单击面板底部的【创建新图层】 按钮，新建一个【图层9】图层，如图6.76所示。

图6.75 删除图层　　　　图6.76 新建图层

PS 48 选择工具箱中的【画笔工具】 🖌️，执行菜单栏中的【窗口】|【画笔】命令，在弹出的面板中选中刚才所定义的【锯齿】笔触，将【大小】更改为15像素，勾选【间距】复选框，将其更改为145%，如图6.77所示。

PS 49 勾选【平滑】复选框，如图6.78所示。

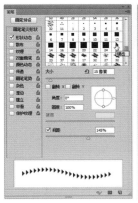 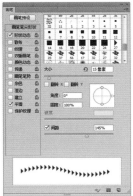

图6.77 设置画笔笔尖形状　　图6.78 勾选平滑

PS 50 将前景色更改为黑色，选中【图层9】图层，在画布中刚才所绘制的【矩形2】图形左上角单击按住Shift键在左下角再次单击绘制图形，如图6.79所示。

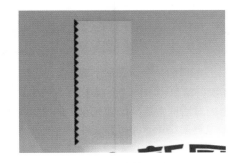

图6.79 绘制图形

PS 51 在【图层】面板中，选中【矩形2】图层，单击面板底部的【添加图层蒙版】 🔲 按钮，为其图层添加图层蒙版，如图6.80所示。

图6.80 添加图层蒙版

PS 52 在【图层】面板中，按住Ctrl键单击【图层9】图层缩览图，将其载入选区，如图6.81所示。

图6.81 载入选区

PS 53 单击【矩形2】图层蒙版缩览图，在画布中将选区填充为黑色，将部分图形隐藏，完成之后按Ctrl+D组合键将选区取消，再选中【图层9】图层，拖至面板底部的【删除图层】 🗑️ 按钮上将其删除，如图6.82所示。

图6.82 删除图层

PS 54 选中【矩形2】图层，在画布中按Ctrl+T组合键对其执行自由变换命令，在出现的变形框中单击鼠标右键，从弹出的快捷菜单中选择【旋转90度（逆时针）】命令，完成之后按Enter键确认，再将其移至画布左上角位置，如图6.83所示。

153

图6.83 变换图形

PS 55 在【图层】面板中，选中【矩形2】图层，将其拖至面板底部的【创建新图层】按钮上，复制一个【矩形2 拷贝】图层，如图6.84所示。

PS 56 选中【矩形2】图层，在选项栏中将【填充】更改为黑色，如图6.85所示。

图6.84 复制图层　　图6.85 更改图形颜色

PS 57 在【图层】面板中，选中【矩形2】图层，执行菜单栏中的【图层】|【栅格化】|【形状】命令，将当前图形栅格化，如图6.86所示。

图6.86 栅格化图层

PS 58 选中【矩形2】图层，在画布中按Ctrl+T组合键对其执行自由变换命令，在出现的变形框中单击鼠标右键，从弹出的快捷菜单中选择【透视】命令，将光标移至出现的变形框右侧向右拖动，将图形变换，完成之后按Enter键确认，如图6.87所示。

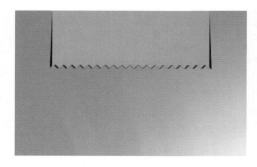

图6.87 变换图形

PS 59 选中【矩形2】图层，执行菜单栏中的【滤镜】|【模糊】|【高斯模糊】命令，在弹出的对话框中将【半径】更改为2像素，设置完成之后单击【确定】按钮，如图6.88所示。

图6.88 设置高斯模糊

PS 60 选中【矩形2】图层，将其图层【不透明度】更改为40%，如图6.89所示。

图6.89 更改图层不透明度

PS 61 执行菜单栏中的【文件】|【打开】命令，在弹出的对话框中选择配套光盘中的【调用素材\第6章\电器海报\logo.psd】文件，将打开的素材拖入画布中并适当缩小，并添加文字，如图6.90所示。

图6.90 添加素材并添加文字

PS 62 选中【享受…】图层，在画布中按Ctrl+T组合键对其执行自由变换命令，在出现的变形框中单击鼠标右键，从弹出的快捷菜单中选择【斜切】命令，将光标移至变形框顶部向右侧拖动将文字变换，完成之后按Enter键确认，如图6.91所示。

图6.91 变换文字

PS 63 执行菜单栏中的【文件】|【打开】命令，在弹出的对话框中选择配套光盘中的【调用素材\第6章\电器海报\logo2.psd】文件，将打开的素材拖入画布左下角位置并适当缩小并添加文字，如图6.92所示。

图6.92 添加素材并添加文字

PS 64 选择工具箱中的【直线工具】✓，在选项栏中将【填充】更改为白色，【描边】为无，【粗细】为2像素，在刚才所添加的文字下方按住Shift键绘制一条水平线段，此时将生成一个【形状1】图层，如图6.93所示。

图6.93 绘制图形

PS 65 在【图层】面板中，选中【形状1】图层，单击面板底部的【添加图层蒙版】□按钮，为其图层添加图层蒙版，如图6.94所示。

PS 66 选择工具箱中的【渐变工具】■，在选项栏中单击【点按可编辑渐变】按钮，在弹出的对话框中将渐变颜色更改为黑色到白色再到黑色，设置完成之后单击【确定】按钮，再单击选项栏中的【线性渐变】■按钮，如图6.95所示。

图6.94 添加图层蒙版　　图6.95 设置渐变

PS 67 单击【形状1】图层蒙版缩览图，在画布中其图形上按住Shift键从左至右拖动，将部分图形隐藏，如图6.96所示。

PS 68 选择工具箱中的【横排文字工具】T，在画布底部位置添加文字，这样就完成了效果制作，最终效果如图6.97所示。

图6.96 隐藏图形 图6.97 添加文字及最终效果

6.2 饮料海报设计

设计构思

- 新建画布，填充颜色并绘制图形。利用滤镜命令为所绘制的图形制作模糊效果。
- 绘制多边形图形并添加高斯模糊为背景添加点缀效果。添加素材图像并为其制作倒影效果。
- 使用【钢笔工具】绘制路径并利用描边路径的方法在画布中绘制弯曲的图形效果，最后添加素材图像及文字完成最终效果制作。
- 本例主要讲解的是饮料广告实例制作，在设计之初首先为饮料定位，从饮料的口感、配方来考虑确定一种与之相符的背景主色调，在选用素材图像的过程中结合饮料瓶身设计采用新鲜水果与瓶身图案相呼应使整个设计极具协调的美感，为素材图像制作真实的倒影效果进一步体现了饮料的品质感，而通过绘制路径所制作的曲线图形更是为设计的整体增添了几分活力。

难易程度：★★★☆☆
调用素材：配套光盘\附增及素材\调用素材\第6章\饮料海报
最终文件：配套光盘\附增及素材\源文件\第6章\饮料海报设计.psd
视频位置：配套光盘\movie\6.2 饮料海报设计.avi

饮料海报设计最终效果如图6.98所示。

图6.98 饮料海报设计最终效果

操作步骤

6.2.1 背景效果

PS 01 执行菜单栏中的【文件】|【新建】命令，在弹出的对话框中设置【宽度】10为厘米，【高度】为14厘米，【分辨率】为300像素/英寸，【颜色模式】为RGB颜色，新建一个空白画布，如图6.99所示。

图6.99 新建画布

PS 02 将画布填充为深红色（R:87，G:28，B:14），如图6.100所示。

图6.100 填充颜色

PS 03 选择工具箱中的【椭圆工具】 ⬭ ，在选项栏中将【填充】更改为紫色（R:223，G:62，B:103），【描边】为无，在画布中绘制一个直径稍大于画布的椭圆图形，此时将生成一个【椭圆1】图层，如图6.101所示。

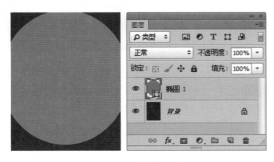

图6.101 绘制图形

PS 04 在【图层】面板中，选中【椭圆1】图层，执行菜单栏中的【图层】|【栅格化】|【形状】命令，将当前图形栅格化，如图6.102所示。

图6.102 栅格化图层

PS 05 选中【椭圆1】图层，执行菜单栏中的【滤镜】|【模糊】|【高斯模糊】命令，在弹出的对话框中将【半径】更改为150像素，设置完成之后单击【确定】按钮，如图6.103所示。

图6.103 设置高斯模糊

PS 06 在【图层】面板中，选中【椭圆1】图层，将其拖至面板底部的【创建新图层】 🔲 按钮上，复制一个【椭圆1 拷贝】图层，如图6.104所示。

PS 07 选中【椭圆1 拷贝】图层，在画布中将其向下移至画布靠底部位置然后按Ctrl+T组合键对其执行自由变换，再将光标移至变形框顶部位置按住Alt键向下拖动将图形高度缩小，完成之后按Enter键确认，如图6.105所示。

图6.104 复制图层　　　　图6.105 变换图形

PS 08 在【图层】面板中，选中【椭圆1 拷贝】图层，单击面板底部的【添加图层蒙版】 ▣ 按钮，为其图层添加图层蒙版，如图6.106所示。

PS 09 选择工具箱中的【画笔工具】 ✏️，在画布中单击鼠标右键，在弹出的面板中，选择一种圆角笔触，将【大小】更改为500像素，【硬度】更改为0%，如图6.107所示。

 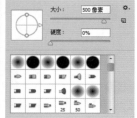

图6.106 添加图层蒙版　　图6.107 设置笔触

PS 10 单击【椭圆1 拷贝】图层蒙版缩览图，在画布中其图形底部涂抹，将部分图形隐藏，如图6.108所示。

图6.108 隐藏图形

PS 11 选中【椭圆1 拷贝】图层，将其图层【不透明度】更改为60%，如图6.109所示。

图6.109 更改图层不透明度

PS 12 在【图层】面板中，选中【椭圆1 拷贝】图层，将其拖至面板底部的【创建新图层】 🗎 按钮上，复制一个【椭圆1拷贝2】图层，如图6.110所示。

图6.110 复制图层

PS 13 在【图层】面板中，选中【椭圆1 拷贝2】图层，单击面板上方的【锁定透明像素】 ⊠ 按钮，将当前图层中的透明像素锁定，在画布中将图层填充为稍浅的紫色（R:255，G:168，B:188），填充完成之后再次单击此按钮将其解除锁定，如图6.111所示。

图6.111 锁定透明像素并填充颜色

PS 14 选择工具箱中的【画笔工具】 ✏️，在画布中单击鼠标右键，在弹出的面板中，选择一种圆角笔触，将【大小】更改为500像素，【硬度】更改为0%，如图6.112所示。

PS 15 单击【椭圆1 拷贝2】图层蒙版缩览图，在画布中其图形周围涂抹，将部分图形隐藏，如图6.113所示。

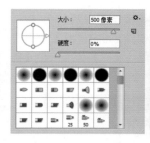 

图6.112 设置笔触　　图6.113 隐藏图形

PS 16 选中【椭圆1 拷贝2】图层，将其图层【不透明度】更改为80%，如图6.114所示。

图6.114 更改图层不透明度

PS 17 选择工具箱中的【画笔工具】 ✎，将前景色更改为紫色（R:223，G:62，B:103），选中【椭圆1】图层，在画布中其图形左下角和右下角涂抹添加颜色，如图6.115所示。

图6.115 添加颜色

提示

由于之前设置过画笔笔触参数，所以在此处使用画笔的时候无需再次设置。

PS 18 选择工具箱中的【自定形状工具】 ☆，在画布中单击鼠标右键，在弹出的面板中，选择【自然】|【太阳1】，如图6.116所示。

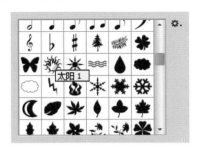

图6.116 设置形状

PS 19 在选项栏中将【填充】更改为稍浅的紫色（R:255，G:168，B:188），【描边】为无，在画布中按住Shift键绘制一个形状图形，此时将生成一个【形状1】图层，如图6.117所示。

图6.117 绘制图形

PS 20 在【图层】面板中，选中【形状1】图层，执行菜单栏中的【图层】|【栅格化】|【形状】命令，将当前图形栅格化，如图6.118所示。

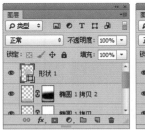

图6.118 栅格化图层

PS 21 选中【形状1】图层，执行菜单栏中的【滤镜】|【模糊】|【高斯模糊】命令，在弹出的对话框中将【半径】更改为2像素，设置完成之后单击【确定】按钮，如图6.119所示。

图6.119 设置高斯模糊

PS 22 在【图层】面板中，选中【形状1】图层，将其拖至面板底部的【创建新图层】 ⬚ 按钮上，复制一个【形状1 拷贝】图层，如图6.120所示。

PS 23 选中【形状1 拷贝】图层，按Ctrl+Alt+F组合键打开【高斯模糊】命令对话框，将【半径】更改为60像素，完成之后单击【确定】按钮，如图6.121所示。

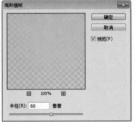

图6.120 复制图层　　图6.121 设置高斯模糊

6.2.2 制作倒影

PS 01 执行菜单栏中的【文件】|【打开】命令，在弹出的对话框中选择配套光盘中的【调用素材\第6章\饮料海报\饮料.psd】文件，将打开的素材拖入画布中并适当缩小，如图6.122所示。

图6.122 添加素材

PS 02 在【图层】面板中，选中【饮料】图层，单击面板底部的【添加图层样式】**fx**按钮，在菜单中选择【渐变叠加】命令，在弹出的对话框中将渐变颜色更改为深红色（R:102，G:32，B:23）到透明再到深红色（R:102，G:32，B:23），并分别将两个颜色中点位置更改为25%和75%，如图6.123所示。

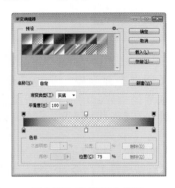

图6.123 设置渐变颜色

PS 03 将【混合模式】更改为正片叠底，【不透明度】更改为30%，【角度】更改为0度，完成之后单击【确定】按钮，如图6.124所示。

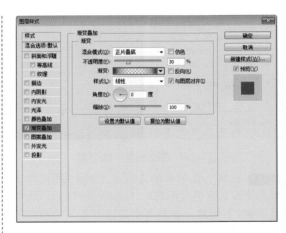

图6.124 设置渐变叠加

PS 04 在【图层】面板中，选中【饮料】图层，将其拖至面板底部的【创建新图层】 按钮上，复制一个【饮料 拷贝】图层，如图6.125所示。

PS 05 选中【饮料 拷贝】图层，在画布中按Ctrl+T组合键对其执行自由变换命令，在出现的变形框中单击鼠标右键，从弹出的快捷菜单中选择【垂直翻转】命令，完成之后按Enter键确认，再按住Shift键将图像向下垂直移至画布底部位置，如图6.126所示。

图6.125 复制图层　　　　图6.126 变换图像

PS 06 选中【饮料 拷贝】图层，在画布中按Ctrl+T组合键对其执行自由变换，将光标移至出现的变形上单击鼠标右键，从弹出的快捷菜单中选择【变形】命令，分别拖动变形框的不同控制杆将图像变形使之与原图像底部边缘对齐，完成之后按Enter键确认，如图6.127所示。

图6.127 变换图像

PS 07 在【图层】面板中，选中【饮料 拷贝】图层，单击面板底部的【添加图层蒙版】 按钮，为其图层添加图层蒙版，如图6.128所示。

PS 08 选择工具箱中的【渐变工具】 ，在选项栏中单击【点按可编辑渐变】按钮，在弹出的对话框中选择【黑白渐变】，设置完成之后单击【确定】按钮，再单击选项栏中的【线性渐变】 按钮，如图6.129所示。

图6.128 添加图层蒙版　　图6.129 设置渐变

PS 09 单击【饮料 拷贝】图层蒙版缩览图，在画布中其图像上按住Shift键从下至上拖动，将部分图像隐藏，为饮料制作倒影效果，如图6.130所示。

PS 10 选择工具箱中的【钢笔工具】 ，在饮料底部位置绘制一个不规则封闭路径，如图6.131所示。

图6.130 隐藏图像　　图6.131 绘制路径

PS 11 在画布中按Ctrl+Enter组合键将刚才所绘制的封闭路径转换成选区，然后在【图层】面板中，单击面板底部的【创建新图层】 按钮，新建一个【图层1】图层，如图6.132所示。

PS 12 选中【图层1】图层，在画布中将选区填充为深红色（R:117，G:0，B:16），填充完成之后按Ctrl+D组合键将选区取消，如图6.133所示。

图6.132 转换选区并新建图层

图6.133 填充颜色

PS 13 在【图层】面板中，选中【图层1】图层，将其向下移至【饮料】图层下方，如图6.134所示。

图6.134 更改图层顺序

PS 14 在画布中按Ctrl+Alt+F组合键打开【高斯模糊】对话框，在弹出的对话框中将【半径】更改为10像素，完成之后单击【确定】按钮，如图6.135所示。

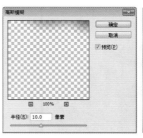

图6.135 设置高斯模糊

161

PS 15 执行菜单栏中的【文件】|【打开】命令，在弹出的对话框中选择配套光盘中的【调用素材\第6章\饮料海报\水滴.psd】文件，将打开的素材拖入画布中饮料瓶上并适当缩小，如图6.136所示。

PS 16 选中【水滴】图层，在画布中按住Alt键将图像复制数份并放在不同位置，如图6.137所示。

图6.136 添加素材　　图6.137 复制图像

PS 17 在【图层】面板中，选中所有和水滴相关的图层，降低其图层不透明度为50%，如图6.138所示。

图6.138 更改图层不透明度

PS 18 执行菜单栏中的【文件】|【打开】命令，在弹出的对话框中选择配套光盘中的【调用素材\第6章\饮料海报\梨子.psd、梨子2.psd、石榴.psd、石榴2.psd、果叶.psd】文件，将打开的素材拖入画布中饮料底部位置并适当缩小，并在画布中更改相关图层顺序，如图6.139所示。

图6.139 添加素材

PS 19 在【图层】面板中，选中【果叶】图层，将其拖至面板底部的【创建新图层】按钮上，复制一个【果叶 拷贝】图层，如图6.140所示。

图6.140 复制图层

PS 20 选中【果叶 拷贝】图层，在画布中将其移至梨子图像稍靠上方位置按Ctrl+T组合键对其执行自由变换命令，将光标移至出现的变形框上单击鼠标右键，从弹出的快捷菜单中选择【水平翻转】命令，完成之后按Enter键确认，如图6.141所示。

PS 21 在【图层】面板中，选中【果叶 拷贝】图层，将其拖至面板底部的【创建新图层】按钮上，复制一个【果味 拷贝2】图层，选中【果叶 拷贝2】图层，在画布中按Ctrl+T组合键对其执行自由变换命令，按住Alt+Shift组合键将图像等比缩小，再单击鼠标右键，从弹出的快捷菜单中选择【水平翻转】命令，完成之后再移至饮料瓶靠右上方位置，如图6.142所示。

图6.141 变换图像　　图6.142 复制及变换图像

PS 22 在【图层】面板中，分别选中刚才所添加的素材图像所在的图层将其拖至面板底部的【创建新图层】按钮上，分别复制一个相对应的图层拷贝，为其添加图层蒙版后并利用【渐变工具】为素材制作倒影，如图6.143所示。

图6.143 为素材制作倒影

PS 23 选择工具箱中的【椭圆工具】◯，在选项栏中将【填充】更改为浅紫色（R:255，G:237，B:246），【描边】为无，在画布中饮料瓶位置绘制一个稍扁的椭圆图形，此时将生成一个【椭圆2】图层，如图6.144所示。

图6.144 绘制图形

PS 24 在【图层】面板中，选中【椭圆2】图层，执行菜单栏中的【图层】|【栅格化】|【形状】命令，将当前图形栅格化，如图6.145所示。

图6.145 栅格化图层

PS 25 选中【椭圆2】图层，按Ctrl+Alt+F组合键打开【高斯模糊】对话框，在弹出的对话框中将【半径】更改为55像素，完成之后单击【确定】按钮，如图6.146所示。

图6.146 设置高斯模糊

PS 26 在【图层】面板中，选中【椭圆2】图层，将其向下移至【形状1 拷贝】图层上方，如图6.147所示。

图6.147 更改图层顺序

6.2.3 绘制图形特效

PS 01 选择工具箱中的【钢笔工具】✒，在画布中沿着刚才所绘制的矩形上半部分附近位置绘制一个封闭路径，如图6.148所示。

PS 02 在【图层】面板中，单击面板底部的【创建新图层】按钮，新建一个【图层2】图层，如图6.149所示。

图6.148 绘制路径　　　图6.149 新建图层

PS 03 选择工具箱中的【画笔工具】🖌，在画布中单击鼠标右键，在弹出的面板中，选择一种圆角笔触，将【大小】更改为20像素，【硬度】更改为0%，如图6.150所示。

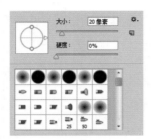

图6.150 设置笔触

PS04 选中【图层2】图层，将前景色更改为浅紫色（R:255，G:230，B:240），执行菜单栏中的【窗口】|【路径】命令，在弹出的对话框中选中【工作路径】，在其名称上单击鼠标右键，从快捷菜单中选择【描边路径】命令，在弹出的对话框中勾选【模拟压力】复选框，设置完成之后单击【确定】按钮，如图6.151所示。

图6.151 设置描边路径

PS05 选中【图层2】图层，执行菜单栏中的【滤镜】|【模糊】|【高斯模糊】命令，在弹出的对话框中将【半径】更改为5像素，设置完成之后单击【确定】按钮，如图6.152所示。

图6.152 设置高斯模糊

PS06 在【图层】面板中，选中【图层2】图层，将其拖至面板底部的【创建新图层】按钮上，复制一个【图层2 拷贝】图层，如图6.153所示。

PS07 在画布中按Ctrl+Alt+F组合键打开【高斯模糊】对话框，在弹出的对话框中将【半径】更改为10像素，完成之后单击【确定】按钮，如图6.154所示。

图6.153 复制图层　　图6.154 设置高斯模糊

PS08 在【图层】面板中，选中【图层2 拷贝】图层，单击面板底部的【添加图层蒙版】按钮，为其图层添加图层蒙版，然后设置画笔参数，如图6.155所示。

 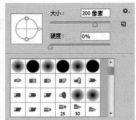

图6.155 添加图层蒙版并设置笔触

PS09 将前景色更改为黑色，单击【图层2 拷贝】图层蒙版缩览图，在画布中其图形上部分区域涂抹，将部分图形隐藏，如图6.156所示。

图6.156 隐藏部分图形

PS10 同时选中【图层2 拷贝】及【图层2】图层，执行菜单栏中的【图层】|【合并图层】命令，此时将生成一个【图层2 拷贝】，将图层合并，如图6.157所示。

图6.157 合并图层

PS 11 在【图层】面板中，选中【图层2 拷贝】图层，单击面板上方的【锁定透明像素】⊠按钮，将当前图层中的透明像素锁定，如图6.158所示。

图6.158 锁定透明像素

PS 12 将前景色更改为红色（R:180，G:53，B:73）选中【图层2 拷贝】图层，在画布中其图形两端的边缘位置涂抹更改部分图形颜色，如图6.159所示。

图6.159 更改部分图形颜色

PS 13 选中【图层2 拷贝】图层，将其图层【不透明度】更改为80%，再将其向下移至【椭圆2】图层上方，如图6.160所示。

图6.160 更改图层不透明度

提示

当不需要对图层进行编辑的时候可单击【锁定透明像素】⊠按钮将图层像素解除锁定。

PS 14 执行菜单栏中的【窗口】|【路径】命令，在弹出的面板中选中【工作路径】，选择工具箱中的【路径选择工具】▶，在画布中将路径向下移至靠饮料瓶底部位置，如图6.161所示。

图6.161 移动路径

PS 15 选择工具箱中的【直接选择工具】▶，在画布中分别选中刚才所绘制的路径不同锚点，将其删除及变换，如图6.162所示。

图6.162 删除部分锚点

PS 16 新建【图层2】图层，将前景色更改为浅紫色（R:253，G:215，B:227），执行菜单栏中的【窗口】|【路径】命令，在弹出的对话框中选中【路径1】，在其名称上单击鼠标右键，从快捷菜单中选择【描边路径】命令，在弹出的对话框中确认勾选【模拟压力】复选框，设置完成之后单击【确定】按钮，如图6.163所示。

图6.163 设置描边路径

PS 17 选中【图层2】图层，执行菜单栏中的【滤镜】|【模糊】|【高斯模糊】命令，在弹出的对话框中将【半径】更改为8像素，设置完成之后单击【确定】按钮，如图6.164所示。

165

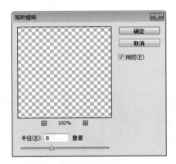

图6.164 设置高斯模糊

PS 18 在【图层】面板中，选中【图层2】图层，单击面板底部的【添加图层蒙版】◻按钮，为其图层添加图层蒙版，如图6.165所示。

PS 19 选择工具箱中的【画笔工具】，在画布中单击鼠标右键，在弹出的面板中，选择一种圆角笔触，将【大小】更改为250像素，【硬度】更改为0%，如图6.166所示。

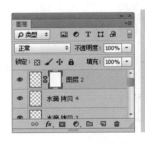 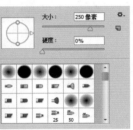

图6.165 添加图层蒙版　　　图6.166 设置笔触

PS 20 单击【图层2】图层蒙版缩览图，在画布中其图形上部分区域涂抹，将部分图形隐藏，如图6.167所示。

图6.167 隐藏图形

6.2.4 添加素材图像及文字

PS 01 执行菜单栏中的【文件】|【打开】命令，在弹出的对话框中选择配套光盘中的【调用素材\第6章\饮料海报\logo.psd】文件，将打开的素材拖入画布右下角位置并适当缩小，如图6.168所示。

PS 02 选择工具箱中的【横排文字工具】T，在画布左下角位置添加文字，如图6.169所示。

图6.168 添加素材　　　图6.169 添加文字

PS 03 在【图层】面板中，选中【COMME T'YES BELLE】图层，执行菜单栏中的【图层】|【栅格化】|【文字】命令将当前文字栅格化，选中【YOUR FAVORITE】图层以同样的方法将当前文字栅格化，如图6.170所示。

图6.170 栅格化文字

PS 04 选中【COMME T'YES BELLE】图层，在画布中按Ctrl+T组合键对其执行自由变换，在出现的变形框中单击鼠标右键，从弹出的快捷菜单中选择【扭曲】命令，将文字变形，以同样的方法选中【YOUR FAVORITE】图层在画布中将文字变形如图6.171所示。

图6.171 变换文字

PS 05 同时选中【COMME T'YES BELLE】及【YOUR FAVORITE】图层，执行菜单栏中的【图层】|【合并图层】命令，此时将生成一个

【COMME T' YES BELLE】，将图层合并，如图6.172所示。

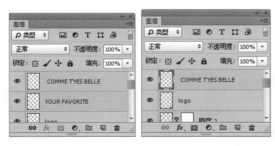

图6.172 合并图层

PS 06 在【图层】面板中，选中【COMME T' YES BELLE】图层，将其拖至面板底部的【创建新图层】 🔲 按钮上，复制一个【COMME T' YES BELLE 拷贝】图层，如图6.173所示。

图6.173 复制图层

PS 07 在【图层】面板中，选中【COMME T' YES BELLE】图层，单击面板上方的【锁定透明像素】 🔲 按钮，将当前图层中的透明像素锁定，在画布中将图层填充为深红色（R:130，G:39，B:42），填充完成之后再次单击此按钮将其解除锁定，如图6.174所示。

图6.174 锁定透明像素并填充颜色

PS 08 选中【COMME T' YES BELLE】图层，在画布中将其文字下向稍微移动，制作出倒影效果，如图6.175所示。

PS 09 选择工具箱中的【横排文字工具】 T，在画布中靠上方位置添加文字，这样就完成了效果制作，最终效果如图6.176所示。

图6.175 移动图形　图6.176 添加文字及最终效果

6.3 美食海报设计

📷 设计构思

- 新建画布，填充颜色并添加素材图像制作背景效果。
- 添加素材图像并利用钢笔工具在画布部分位置绘制弧形图形效果。
- 绘制图形并添加相关素材图像及文字。最后利用【椭圆工具】在画布底部绘制标签图形完成最终效果制作。
- 本例主要讲解的是美食广告制作，广告整体设计偏向于海报表现形式，通过添加高清的素材图像映衬了广告所表达的主题信息，而通过对部分素材及文字相结合的表现方式最大的形象化地方特色，使人们在阅读文字的过程中能感受到舌尖跳动的味蕾，最后为主题文字添加变形特效为广告增添了不少活力。

难易程度：★★★☆☆
调用素材：配套光盘\附增及素材\调用素材\第6章\美食海报
最终文件：配套光盘\附增及素材\源文件\第6章\美食海报设计.psd
视频位置：配套光盘\movie\6.3　美食海报设计.avi

美食海报设计最终效果如图6.177所示。

图6.177　美食海报设计最终效果

 操作步骤

6.3.1　背景效果

PS 01 执行菜单栏中的【文件】|【新建】命令，在弹出的对话框中设置【宽度】为8厘米，【高度】为10厘米，【分辨率】为300像素/英寸，【颜色模式】为RGB颜色，新建一个空白画布，如图6.178所示。

图6.178　新建画布

PS 02 将画布填充为浅黄色（R:255，G:232，B:172），如图6.179所示。

图6.179　填充颜色

PS 03 执行菜单栏中的【文件】|【打开】命令，在弹出的对话框中选择配套光盘中的【调用素材\第6章\美食海报\网状背景.psd】文件，将打开的素材拖入画布左上角位置并适当缩小，如图6.180所示。

PS 04 在【图层】面板中，选中【网状背景】图层，将其拖至面板底部的【创建新图层】按钮上，复制一个【网状背景 拷贝】图层，如图6.181所示。

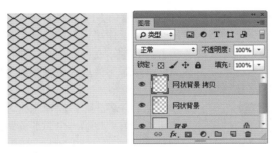

图6.185 合并图层

图6.180 添加素材　　图6.181 复制图层

PS 05 选中【网状背景 拷贝】图层，在画布中向右侧平移并与原图像网状结构图形对齐，如图6.182所示。

PS 09 选中【网状背景】图层，在画布中按住Alt+Shift组合键将图像向下垂直复制2份，如图6.186所示。

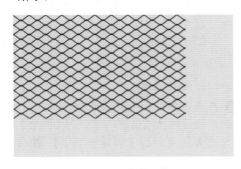

图6.182 移动图像

PS 06 在【图层】面板中，选中【网状背景】图层，将其拖至面板底部的【创建新图层】 按钮上，复制一个【网状背景 拷贝2】图层，如图6.183所示。

PS 07 以刚才同样的方法选中【网状背景 拷贝2】图层，将其向右侧位置移动，如图6.184所示。

图6.186 复制图层

PS 10 在【图层】面板中，同时选中【网状背景】、【网状背景 拷贝】、【网状背景 拷贝2】图层，将其图层【不透明度】更改为5%，如图6.187所示。

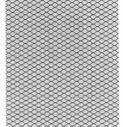

图6.187 更改图层不透明度

图6.183 复制图层　　图6.184 移动图像

PS 08 在【图层】面板中，同时选中【网状背景】、【网状背景 拷贝】、【网状背景 拷贝2】图层，执行菜单栏中的【图层】|【合并图层】命令，此时将生成一个【网状背景 拷贝2】图层，双击其图层名称，将其更改为【网状背景】，如图6.185所示。

6.3.2 添加素材并绘制图形

PS 01 执行菜单栏中的【文件】|【打开】命令，在弹出的对话框中选择配套光盘中的【调用素材\第6章\美食海报\火锅.jpg】文件，将打开的素材拖入画布中靠上方位置，此时其图层名称将自动更改为【图层1】，如图6.188所示。

图6.188 添加素材

PS 02 选择工具箱中的【钢笔工具】 📝 在画布中适当位置绘制一个封闭路径，如图6.189所示。

图6.189 绘制路径

PS 03 在【图层】面板中，选中【图层1】图层，单击面板底部的【添加图层蒙版】 ◻ 按钮，为其图层添加图层蒙版，如图6.190所示。

PS 04 在画布中按Ctrl+Enter组合键将刚才所绘制的封闭路径转换成选区，如图6.191所示。

图6.190 添加图层蒙版　　图6.191 转换选区

PS 05 单击【图层1】图层，在画布中将选区填充为黑色，将部分图像隐藏，如图6.192所示。

图6.192 隐藏图像

PS 06 执行菜单栏中的【窗口】|【路径】命令，在弹出的面板中，选中【工作路径】，选择工具箱中的【直接选择工具】 ▸，在画布中选中路径下方的部分将其删除仅保留图像底部边缘弧度上的一条路径，如图6.193所示。

PS 07 选择工具箱中的【钢笔工具】 📝 单击刚才所保留的路径左侧锚点，继续绘制一个弧形的封闭路径，如图6.194所示。

图6.193 删除锚点　　　图6.194 绘制路径

PS 08 在画布中按Ctrl+Enter组合键将刚才所绘制的封闭路径转换成选区，然后在【图层】面板中，单击面板底部的【创建新图层】 ◻ 按钮，新建一个【图层2】图层，如图6.195所示。

图6.195 转换选区并新建图层

PS 09 选中【图层2】图层，在画布中将选区填充为深黄色（R:215，G:172，B:73），填充完成之后按Ctrl+D组合键将选区取消，如图6.196所示。

图6.196 填充颜色

PS 10 执行菜单栏中的【窗口】|【路径】命令，在弹出的面板中，选中【工作路径】，选择工具箱中的【直接选择工具】 ▸，在画布中将路径变换，如图6.197所示。

图6.197 变换路径

PS 11 在画布中按Ctrl+Enter组合键将刚才所绘制的封闭路径转换成选区，然后在【图层】面板中，单击面板底部的【创建新图层】 按钮，新建一个【图层3】图层，如图6.198所示。

图6.198 转换选区并新建图层

PS 12 选中【图层3】图层，在画布中将选区填充为深黄色（R:170，G:125，B:20），填充完成之后按Ctrl+D组合键将选区取消，如图6.199所示。

图6.199 填充颜色

PS 13 在【图层】面板中，选中【图层3】图层，将其向下移至【图层2】图层下方，如图6.200所示。

图6.200 更改图层顺序

PS 14 在【图层】面板中，选中【图层3】图层，单击面板底部的【添加图层样式】 *fx* 按钮，在菜单中选择【渐变叠加】命令，在弹出的对话框中将渐变颜色更改为深黄色（R:222，G:186，B:100）到深黄色（R:170，G:125，B:21），【角度】更改为50度，完成之后单击【确定】按钮，如图6.201所示。

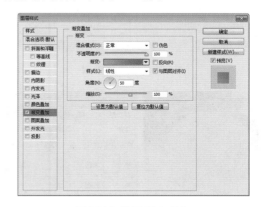

图6.201 设置渐变叠加

6.3.3 绘制图形并添加文字

PS 01 选择工具箱中的【椭圆工具】 ，在选项栏中将【填充】更改为深黄色（R:242，G:206，B:120），【描边】为无，在画布中所添加的素材图像左下角位置按住Shift键绘制一个正圆图形，此时将生成一个【椭圆1】图层，如图6.202所示。

图6.202 绘制图形

PS 02 在【图层】面板中，选中【椭圆1】图层，执行菜单栏中的【图层】|【栅格化】|【形状】命令，将当前图形栅格化，如图6.203所示。

PS 03 选择工具箱中的【多边形套索工具】 ，在画布中刚才所绘制的椭圆位置绘制一个不规则选区以选中部分图形，如图6.204所示。

PS 04 在【图层】面板中，选中【椭圆1】图层，单击面板上方的【锁定透明像素】

171

Photoshop CC 案例实战从入门到精通

按钮，将当前图层中的透明像素锁定，如图6.205所示。

图6.203 栅格化图层

图6.204 绘制选区　　图6.205 锁定透明像素

PS 05 选中【椭圆1】图层，在画布中将选区填充为深红色（R:210，G:21，B:25），填充完成之后按Ctrl+D组合键将选区取消，如图6.206所示。

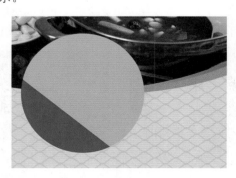

图6.206 填充颜色

PS 06 选择工具箱中的【横排文字工具】T，在刚才所绘制的椭圆位置添加文字，颜色为白色，字体为【华康简标题宋】。

PS 07 选中【麻辣火锅】图层，在画布中按Ctrl+T组合键对其执行自由变换，当出现变形框以后将文字适当旋转并放在适当位置，完成之后按Enter键确认，如图6.207所示。

图6.207 添加及旋转文字

PS 08 在【图层】面板中，选中【麻辣火锅】图层，执行菜单栏中的【图层】|【栅格化】|【文字】命令，将当前文字栅格化，如图6.208所示。

图6.208 栅格化文字

PS 09 选择工具箱中的【多边形套索工具】，沿着刚才所添加的文字下方红色边缘绘制一个不规则图形以选中部分文字，如图在【图层】面板中，如图6.209所示。

PS 10 选中【麻辣火锅】文字图层，单击面板上方的【锁定透明像素】按钮，将当前图层中的透明像素锁定，如图6.210所示。

图6.209 绘制选区　　图6.210 锁定透明像素

PS 11 选中【麻辣火锅】图层，在画布中将选区填充为深黄色（R:242，G:206，B:120），如图6.211所示。

172

图6.211 填充颜色

PS 12 在画布中执行菜单栏中的【选择】|【反向】命令，将选区反向选择。

PS 13 选中【麻辣火锅】图层，在画布中将选区填充为红色（R:210，G:21，B:25），填充完成之后按Ctrl+D组合键将选区取消，如图6.212所示。

图6.212 填充颜色

PS 14 在【图层】面板中，分别输入【四川】和【正宗】文字，选中【四川】图层，单击面板底部的【添加图层蒙版】 ◙ 按钮，为其图层添加图层蒙版，如图6.213所示。

PS 15 选择工具箱中的【多边形套索工具】 ，在画布中其文字部分区域绘制一个不规则选区，如图6.214所示。

图6.213 添加图层蒙版　　图6.214 绘制选区

PS 16 单击【四川】图层蒙版缩览图，在画布中将选区填充为黑色，将部分文字隐藏，完成之后按Ctrl+D组合键将选区取消，如图6.215所示。

PS 17 执行菜单栏中的【文件】|【打开】命令，在弹出的对话框中选择配套光盘中的【调用素材\第6章\美食海报\辣椒.psd】文件，将打开的素材拖入画布中刚才所隐藏的文字位置并适当缩小，如图6.216所示。

图6.215 隐藏部分文字

图6.216 添加素材

6.3.4 添加及变换文字

PS 01 选择工具箱中的【横排文字工具】 T，在画布中适当位置添加文字【喜迎店庆】和【优惠酬宾】颜色为红色（R:210，G:21，B:253），如图6.217所示。

PS 02 选中【喜迎店庆】文字图层，在画布中按Ctrl+T组合键对其执行自由变换命令，在出现的变形框中单击鼠标右键，从弹出的快捷菜单中选择【斜切】命令，将光标移至变形框右侧控制点向上拖动，将文字变换，完成之后按Enter键确认，以同样的方法选中【优惠酬宾】文字图层将其变换，完成之后选择工具箱中的【横排文字工具】 T 更改部分文字大小，如图6.218所示。

图6.217 添加文字　　图6.218 变换文字

PS 03 在【图层】面板中，选中【优惠酬宾】文字图层，在其图层名称上单击鼠标右键，从弹出的快捷菜单中选择【转换为形状】命令，将当前文字图层转换成形状图层，以同样的方法选中【喜迎店庆】文字图层将其转换，如图6.219所示。

173

图6.219 转换为形状

PS 04 选择工具箱中的【直接选择工具】，在画布中分别选中部分文字的锚点拖动，将文字变换。

PS 05 选择工具箱中的【转换点工具】选中刚才经过转换的锚点，拖动控制杠继续变换文字，如图6.220所示。

图6.220 变换文字

PS 06 以同样的方法选中【优惠酬宾】文字图层，分别利用【直接选择工具】和【转换点工具】，在画布中将文字变换，如图6.221所示。

图6.221 变换文字

PS 07 选择工具箱中的【横排文字工具】，在画布中适当位置添加文字，如图6.222所示。

PS 08 选中【HAPPY TIME】文字图层，在画布中按Ctrl+T组合键对其执行自由变换命令，在出现的变形框中单击鼠标右键，从弹出的快捷菜单中选择【斜切】命令，将光标移至变形框右侧控制点向上拖动，将文字变换，完成之后按Enter键确认完成之后选择工具箱中的【横排文字工具】

更改部分文字大小，如图6.223所示。

图6.222 添加文字　　　图6.223 变换文字

PS 09 在【图层】面板中，选中【喜迎店庆】图层，单击面板底部的【添加图层样式】按钮，在菜单中选择【描边】命令，在弹出的对话框中将【大小】更改为1像素，【颜色】更改为白色，如图6.224所示。

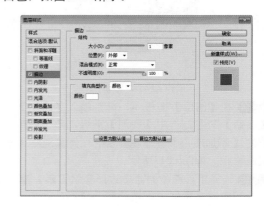

图6.224 设置描边

PS 10 勾选【投影】复选框，将【不透明度】更改为50%，【距离】更改为3像素，【大小】更改为5像素，完成之后单击【确定】按钮，如图6.225所示。

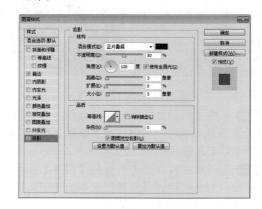

图6.225 设置投影

PS 11 在【喜迎店庆】图层上单击鼠标右键，从弹出的快捷菜单中选择【拷贝图层样式】命令，分别在【优惠酬宾】、【HAPPY TIME】图层上单击鼠标右键，从弹出的快捷菜单中选择【粘贴图层样式】命令，如图6.226所示。

图6.226 拷贝并粘贴图层样式

PS 12 选择工具箱中的【钢笔工具】，在刚才所添加的文字位置绘制一个不规则封闭路径，如图6.227所示。

图6.227 绘制路径

PS 13 在画布中按Ctrl+Enter组合键将刚才所绘制的封闭路径转换成选区，然后在【图层】面板中，单击面板底部的【创建新图层】按钮，新建一个【图层4】图层，如图6.228所示。

图6.228 转换选区并新建图层

PS 14 选中【图层4】图层，在画布中将选区填充为白色，填充完成之后按Ctrl+D组合键将选区取消，如图6.229所示。

图6.229 填充颜色

PS 15 选中【图层4】图层，执行菜单栏中的【滤镜】|【模糊】|【高斯模糊】命令，在弹出的对话框中将【半径】更改为80像素，设置完成之后单击【确定】按钮，如图6.230所示。

图6.230 设置高斯模糊

PS 16 在【图层】面板中，选中【图层4】图层，将其向下移至【喜迎店庆】图层下方，并将其图层【不透明度】更改为80%，如图6.231所示。

图6.231 更改图层顺序及不透明度

PS 17 执行菜单栏中的【文件】|【打开】命令，在弹出的对话框中选择配套光盘中的【调用素材\第6章\美食海报\羊肉.psd】文件，将打开的素材拖入画布中并适当缩小，如图6.232所示。

PS 18 在【图层】面板中，选中【羊肉】图层，将其拖至面板底部的【创建新图层】按钮上，复制一个【羊肉 拷贝】图层，如图6.233所示。

图6.232 添加素材

图6.233 复制图层

PS 19 在【图层】面板中，选中【羊肉】图层，单击面板上方的【锁定透明像素】██按钮，将当前图层中的透明像素锁定，在画布中将图层填充为黑色，填充完成之后再次单击此按钮将其解除锁定，如图6.234所示。

图6.234 锁定透明像素并填充颜色

PS 20 选中【羊肉】图层，执行菜单栏中的【滤镜】|【模糊】|【高斯模糊】命令，在弹出的对话框中将【半径】更改为5设置完成之后单击【确定】按钮，如图6.235所示。

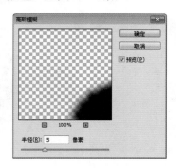

图6.235 设置高斯模糊

PS 21 在【图层】面板中，选中【羊肉】图层，单击面板底部的【添加图层蒙版】██按钮，为其图层添加图层蒙版，如图6.236所示。

PS 22 选择工具箱中的【画笔工具】██，在画布中单击鼠标右键，在弹出的面板中，选择一种圆角笔触，将【大小】更改为200【硬度】更改为0%，如图6.237所示。

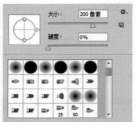

图6.236 添加图层蒙版　　图6.237 设置笔触

PS 23 单击【羊肉】图层蒙版缩览图，在画布中其图像上涂抹，将部分图像隐藏，如图6.238所示。

图6.238 隐藏图像

PS 24 选择工具箱中的【圆角矩形工具】██，在选项栏中将【填充】更改为白色，【描边】为无，【半径】为20像素，在刚才所添加的素材图像左侧位置绘制一个圆角矩形，此时将生成一个【圆角矩形1】图层，如图6.239所示。

图6.239 绘制图形

PS 25 在【图层】面板中，选中【圆角矩形1】图层，单击面板底部的【添加图层样式】**fx**按钮，在菜单中选择【渐变叠加】命令，在弹出的对话框中将渐变颜色更改为深红色（R:183，G: 0，B:4）到深红色（R:210，G:21，B:25）再到深红色（R:183，G: 0，B:4），完成之后单击【确定】按钮，如图6.240所示。

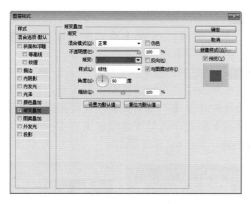

图6.240 设置渐变叠加

PS 26 选择工具箱中的【横排文字工具】T，在刚才所绘制的圆角矩形上及上方位置添加文字，再同时选中所添加的文字及圆角矩形图形适当移动，如图6.241所示。

图6.241 添加文字

6.3.5 绘制及变换图形

PS 01 选择工具箱中的【椭圆工具】◯，在选项栏中将【填充】更改为白色，【描边】为无，在刚才所添加的文字左侧位置按住Shift键绘制一个正圆图形，此时将生成一个【椭圆2】图层，如图6.242所示。

图6.242 绘制图形

PS 02 选择工具箱中的【添加锚点工具】，在刚才所绘制的椭圆图形靠右下角位置单击添加两个锚点，如图6.243所示。

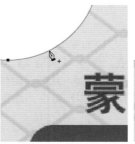

图6.243 添加锚点

PS 03 选择工具箱中的【转换点工具】，单击刚才所添加的中间的锚点将其转换成节点。

PS 04 选择工具箱中的【直接选择工具】选中刚才经过转换后的节点向右下方向拖动，再按住Alt键向右下方向拖动另外两个锚点的内侧控制杆将图形变换，如图6.244所示。

图6.244 变换图形

PS 05 在【图层】面板中，选中【椭圆2】图层，单击面板底部的【添加图层样式】fx按钮，在菜单中选择【渐变叠加】命令，在弹出的对话框中将渐变颜色更改为橙色（R:240，G:108，B:10）到红色（R:218，G:2，B:13），【样式】更改为径向，【角度】更改为60角，完成之后单击【确定】按钮，如图6.245所示。

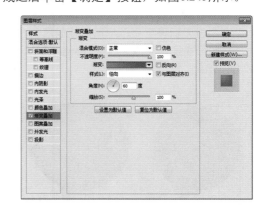

图6.245 设置渐变叠加

PS 06 在【图层】面板中，选中【椭圆2】图层，将其拖至面板底部的【创建新图层】 按钮上，复制一个【椭圆2 拷贝】图层，如图6.246所示。

PS 07 在【图层】面板中，选中【椭圆2】图层，在其图层名称上单击鼠标右键，从弹出的快捷菜单中选择【栅格化图层样式】命令，如图6.247所示。

图6.246 复制图层　　图6.247 栅格化图层样式

PS 08 在【图层】面板中，选中【椭圆2】图层，单击面板上方的【锁定透明像素】 按钮，将当前图层中的透明像素锁定，在画布中将图层填充为黑色，填充完成之后再次单击此按钮将其解除锁定，如图6.248所示。

图6.248 锁定透明像素并填充颜色

PS 09 选中【椭圆2】图层，在画布中按Ctrl+T组合键对其执行自由变换命令，在出现的变形框中单击鼠标右键，从弹出的快捷菜单中选择【斜切】命令，将光标移至变形框顶部控制点向右侧拖动，将图形变换，完成之后按Enter键确认，如图6.249所示。

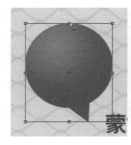 

图6.249 变换图形

PS 10 在【图层】面板中，选中【椭圆2】图层，单击面板底部的【添加图层蒙版】 按钮，为其图层添加图层蒙版，如图6.250所示。

PS 11 选择工具箱中的【渐变工具】 ，在选项栏中单击【点按可编辑渐变】按钮，在弹出的对话框中选择【黑白渐变】，设置完成之后单击【确定】按钮，再单击选项栏中的【线性渐变】 按钮，如图6.251所示。

图6.250 添加图层蒙版　　图6.251 设置渐变

PS 12 单击【图层2】图层蒙版缩览图，在画布中其图形上拖动，将部分图形隐藏，并添加文字，如图6.252所示。

图6.252 隐藏部分图形并添加文字

PS 13 在【图层】面板中，选中【送】图层，单击面板底部的【添加图层样式】 按钮，在菜单中选择【投影】命令，在弹出的对话框中【不透明度】更改为50%，【距离】更改为2像素，【大小】更改为3像素，完成之后单击【确定】按钮，如图6.253所示。

图6.253 设置投影

PS 14 选择工具箱中的【横排文字工具】 T，在画布左下位置再次添加文字，这样就完成了效果制作，最终效果如图6.254所示。

图6.254 添加文字及最终效果

6.4 电影海报设计

设计构思

- 新建画布，添加素材图像。将所添加的素材图像去色后并利用色阶调整图像对比度。
- 绘制图形并设置图层混合模式为海报素材图像制作主色调。绘制人物图形及添加文字完成最终效果制作。
- 本例主要讲解的是电影海报实例制作，本海报在制作的过程中着重强调了简约及艺术化，通过绘制拟物化的人物图形使海报的艺术感深厚，而单一的蓝色调使文字信息更加明了，同时从视觉上给人一种舒适感觉。

难易程度：★★★☆☆
调用素材：配套光盘\附增及素材\调用素材\第6章\电影海报
最终文件：配套光盘\附增及素材\源文件\第6章\电影海报设计.psd
视频位置：配套光盘\movie\6.4 电影海报设计.avi

电影海报设计最终效果如图6.255所示。

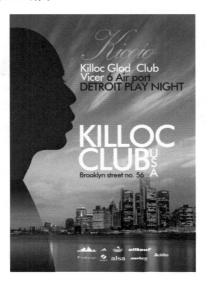

图6.255 电影海报设计最终效果

操作步骤

6.4.1 背景效果

PS 01 执行菜单栏中的【文件】|【新建】命令，在弹出的对话框中设置【宽度】为7厘米，【高度】为10厘米，【分辨率】为300像素/英寸，【颜色模式】为RGB颜色，新建一个空白画布，如图6.256所示。

图6.256 新建画布

PS 02 执行菜单栏中的【文件】|【打开】命令，在弹出的对话框中选择配套光盘中的【调用素材\第6章\电影海报\夜景.jpg、蓝天白云.jpg】文件，将打开的素材拖入画布中并适当缩小，此时其图层名称将自动更改为【图层1】和【图层2】，如图6.257所示。

图6.257 添加素材

PS 03 选中【图层1】执行菜单栏中的【图像】|【调整】|【去色】命令，将当前图层中的图像颜色去除，以同样的方法选中【图层2】图层，将其图层中的颜色信息去除，如图6.258所示。

图6.258 去除图像颜色

PS 04 在【图层】面板中，选中【图层2】图层，单击面板底部的【添加图层蒙版】按钮，为其图层添加图层蒙版，如图6.259所示。

图6.259 添加图层蒙版

PS 05 选择工具箱中的【画笔工具】，在画布中单击鼠标右键，在弹出的面板中，选择一种圆角笔触，将【大小】更改为400像素，【硬度】更改为0%，如图6.260所示。

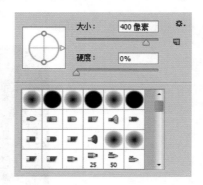

图6.260 设置笔触

PS 06 单击【图层2】图层蒙版缩览图，在画布中其图像上涂抹，将部分图像隐藏，如图6.261所示。

图6.261 隐藏图像

PS 07 选中【图层2】图层，执行菜单栏中的【图像】|【调整】|【色阶】命令，在弹出的对话框中将其数值更改为（0，0.74，255），完成之后单击【确定】按钮，如图6.262所示。

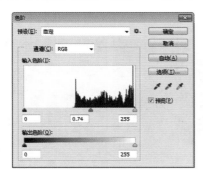

图6.262 调整色阶

PS 08 选中【图层1】图层，执行菜单栏中的【图像】|【调整】|【色阶】命令，在弹出的对话框中将其数值更改为（6，1.49，244），完成之后单击【确定】按钮，如图6.263所示。

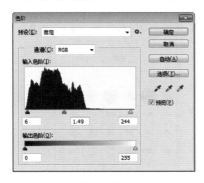

图6.263 调整色阶

PS 09 同时选中【图层2】和【图层1】，执行菜单栏中的【图层】|【合并图层】命令，将图层合并，此时将生成一个【图层2】图层，如图6.264所示。

图6.264 合并图层

6.4.2 绘制图形

PS 01 选择工具箱中的【矩形工具】，在选项栏中将【填充】更改为蓝色（R:130，G:210，B:240），【描边】为无，在画布中绘制一个和画布大小相同的矩形，此时将生成一个【矩形1】图层，如图6.265所示。

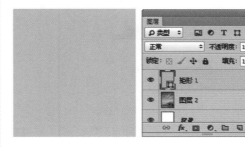

图6.265 绘制图形

PS 02 在【图层】面板中，选中【矩形1】图层，将其图层混合模式设置为【颜色】，如图6.266所示。

图6.266 设置图层混合模式

PS 03 选中【矩形1】图层，按Ctrl+Alt+Shift+E组合键执行盖印可见图层命令，此时将生成一个【图层3】图层，如图6.267所示。

图6.267 盖印可见图层

PS 04 选中【图层3】图层，执行菜单栏中的【图像】|【调整】|【色阶】命令，在弹出的对话框中将其数值更改为（17，0.82，255），完成之后单击【确定】按钮，如图6.268所示。

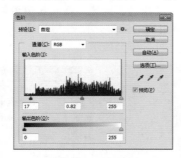

图6.268 调整色阶

PS 05 选择工具箱中的【钢笔工具】 ，在画布靠左上角位置绘制一个人物侧脸的封闭路径，如图6.269所示。

图6.269 绘制路径

提示

在绘制人物侧脸路径的时候可以在网络上搜索一张人物侧脸图像进行临摹以达到大致形状即可。

PS 06 在画布中按Ctrl+Enter组合键将刚才所绘制的封闭路径转换成选区，然后在【图层】面板中，单击面板底部的【创建新图层】 按钮，新建一个【图层4】图层，如图6.270所示。

图6.270 转换选区并新建图层

PS 07 选中【图层4】图层，在画布中将选区填充为深蓝色（R:0，G:40，B:66），填充完成之后按Ctrl+D组合键将选区取消，如图6.271所示。

PS 08 在【图层】面板中，选中【图层4】图层，单击面板上方的【锁定透明像素】 按钮，将当前图层中的透明像素锁定，如图6.272所示。

图6.271 填充颜色　　图6.272 锁定透明像素

PS 09 选择工具箱中的【加深工具】 ，在画布中单击鼠标右键，在弹出的面板中，选择一种圆角笔触，将【大小】更改为300像素，【硬度】更改为0%，如图6.273所示。

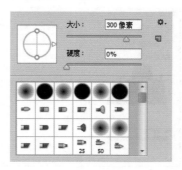

图6.273 设置笔触

PS 10 选中【图层4】图层，在画布中其图形靠近边缘位置涂抹，将部分图形颜色加深，如图6.274所示。

图6.274 加深图形

PS 11 选择工具箱中的【钢笔工具】 ，在画布中刚才所绘制的人物侧脸图像下方位置再次绘制一个不规则封闭路径，如图6.275所示。

图6.275 绘制路径

PS 12 在画布中按Ctrl+Enter组合键将刚才所绘制的封闭路径转换成选区，然后在【图层】面板中，单击面板底部的【创建新图层】 按钮，新建一个【图层5】图层，如图6.276所示。

图6.276 转换选区并新建图层

PS 13 选中【图层5】图层，在画布中将选区填充为深蓝色（R:0，G:28，B:48），填充完成之后按Ctrl+D组合键将选区取消，如图6.277所示。

PS 14 在【图层】面板中，选中【图层5】图层，单击面板底部的【添加图层蒙版】 按钮，为其图层添加图层蒙版，如图6.278所示。

图6.277 填充颜色　　图6.278 添加图层蒙版

PS 15 选择工具箱中的【渐变工具】 ，在选项栏中单击【点按可编辑渐变】按钮，在弹出的对话框中将渐变颜色更改为白色到深灰色（R:45，G:45，B:45）再到白色，设置完成之后单击【确定】按钮，再单击选项栏中的【线性渐变】 按钮，如图6.279所示。

PS 16 单击【图层5】图层蒙版缩览图，在画布中其图形上拖动将部分图形隐藏，如图6.280所示。

图6.279 设置渐变　　图6.280 隐藏后的效果

PS 17 在【图层】面板中，选中【图层5】图层，将其图层混合模式设置为【正片叠底】，如图6.281所示。

图6.281 设置图层混合模式

183

6.4.3 添加文字及素材图像

PS 01 选择工具箱中的【横排文字工具】 **T** ，在画布适当位置添加文字。

PS 02 执行菜单栏中的【文件】|【打开】命令，在弹出的对话框中选择配套光盘中的【调用素材\第6章\电影海报\商标.psd】文件，将打开的素材拖入画布靠下方位置并适当缩小，这样就完成了效果制作，最终效果如图6.282所示。

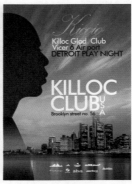

图6.282 添加文字和素材

第 7 章

精品包装设计

内容摘要

本章主要详解商业包装设计实例制作。所谓包装，从字面上可以理解为包裹、包扎、装饰、装潢之意，为了保证商品的原有状态和质量在运输、流动、交易、贮存及使用时不受到损害和影响，而对商品所采取的一系列技术措施。包装设计是依附于包装立体上的平面设计，是包装外表上的视觉形象表现，由文字、摄影、插图、图案等要素构成。一个成功的包装设计应能够准确反映商品的属性和档次，并且构思新颖，具有较强的视觉冲击力。通过本章的学习，读者可掌握各式包装设计的技巧也应该能够掌握如何使用Photoshop制作出新颖的包装。

教学目标

- 掌握盒式包装的设计方法
- 学习瓶式包装的设计方法
- 学习袋式包装的设计方法
- 掌握异形包装的设计技巧

7.1 盒式包装——PIZZA包装设计

设计构思

- 新建画布后利用【渐变工具】制作一个白色到浅灰色的渐变背景。使用图形工具绘制出包装的整体效果并添加相对应的文字。
- 利用【椭圆工具】绘制图章效果，并通过添加滤镜效果制作出不规则选区，并将所得到的不规则选区移至所绘制的圆形图形上，删除部分图形从而得到一个图章效果，为包装制作画龙点睛的设计效果。
- 将所绘制的包装平面图相应的图层合并后进行相对应的变形操作，制作出近大远小的真实立体感效果。
- 为立体包装添加倒影效果，最后在画布左上角位置添加相应的logo及文字说明完成包装的整体设计制作。
- 本例主要讲解的是PIZZA包装的制作方法，此包装采用全纸质设计简约、环保，并且整体配色趋向于黄色，可以给人极强的食欲感，并且包装正面图采用一整块PIZZA饼作为主视觉强调了品质感。

难易程度：★★★★☆
调用素材：配套光盘\附增及素材\调用素材\第7章\PIZZA包装
最终文件：配套光盘\附增及素材\源文件\第7章\PIZZA包装设计.psd
视频位置：配套光盘\movie\7.1 盒式包装——PIZZA包装设计.avi

PIZZA包装设计平面及立体效果如图7.1所示。

图7.1 PIZZA包装设计平面及立体效果

操作步骤

7.1.1 包装平面效果

PS 01 执行菜单栏中的【文件】|【新建】命令，在弹出的对话框中设置【宽度】为10厘米，【高度】为7厘米，【分辨率】为300像素/英寸，【颜色模式】为RGB颜色，新建一个空白画布，如图7.2所示。

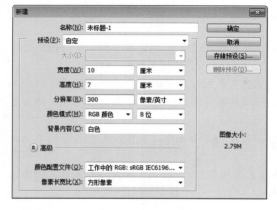

图7.2 新建画布

PS 02 选择工具箱中的【渐变工具】，在选项栏中单击【点按可编辑渐变】按钮，在弹出的对话框中设置渐变颜色从白色到灰色（R:240，G:240，B:240），设置完成之后单击【确定】按钮，再单击【径向渐变】按钮，如图7.3所示。

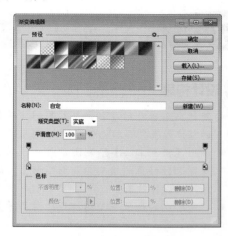

图7.3 设置渐变

PS 03 在画布中的靠右上角附近位置按住鼠标左键向左下角拖动，为其填充渐变，如图7.4所示。

图7.4 填充渐变

图7.7 变换图形

PS 04 选择工具箱中的【矩形工具】 ，在选项栏中将【填充】更改为黄色（R:239，G:205，B:167），【描边】为灰色（R:119，G:119，B:119），【大小】为0.1点，在画布中按住Shift键绘制一个矩形，此时将生成一个【矩形1】图层，如图7.5所示。

PS 07 选择工具箱中的【横排文字工具】 ，在画布中矩形1拷贝图形上添加文字，如图7.8所示。

图7.8 添加文字

图7.5 绘制图形

PS 05 在【图层】面板中，选中【矩形1】图层，将其拖至面板底部的【创建新图层】 按钮上，复制一个【矩形1 拷贝】图层，如图7.6所示。

PS 08 同时选中【香乐…】以及【矩形1 拷贝】图层，在画布中按住Alt+Shift组合键向下拖动，将其复制，此时将生成一个【香乐… 拷贝】和【矩形1 拷贝2】图层，选中【香乐… 拷贝】图层，如图7.9所示。

图7.9 复制及变换图形文字

图7.6 复制图形

PS 06 选中【矩形1 拷贝】图层，在画布中按Ctrl+T组合键对其执行自由变换，当出现变形框以后将其缩小，如图7.7所示。

PS 09 同时选中【香乐… 拷贝】及【矩形1 拷贝2】图层，执行菜单栏中的【图层】|【新建】|【从图层建立组】，在弹出的对话框中将【名称】更改为【包装侧面】，完成之后单击【确定】按钮，此时将生成一个【包装侧面】组，如图7.10所示，将其复制一份。

图7.10 将图层编组

PS 10 选中【包装侧面 拷贝】组，在画布中按Ctrl+T组合键其执行自由变换命令，将光标移至出现的变形框上单击鼠标右键，从弹出的快捷菜单中选择【90度旋转（顺时针）】命令，完成之后按Enter键确认，再将其移至左侧与【矩形1】图形对齐，如图7.11所示。

图7.11 变换图形

PS 11 选中【包装侧面 拷贝】组，将其展开，选中文字图层，在画布中将其更改，如图7.12所示。

图7.12 更改文字

PS 12 选中【包装侧面 拷贝】组，将其拖至面板底部的【创建新图层】按钮上，复制一个【包装侧面 拷贝 2】组，如图7.13所示。

PS 13 选中【包装侧面 拷贝】组，在画布中按Ctrl+T组合键其执行自由变换命令，将光标移至出现的变形框上单击鼠标右键，从弹出的快捷菜单中选择【水平翻转】命令，完成之后按Enter键确认，再将其移至右侧与矩形1图形对齐，如图7.14所示。

图7.13 复制图层　　　图7.14 变换图形

PS 14 选中【包装侧面 拷贝2】组，将其展开，选中文字图层，在画布中将其更改，如图7.15所示。

图7.15 更改文字

PS 15 同时选中【矩形1】、【包装侧面】、【包装侧面 拷贝】、【包装侧面 拷贝2】组及图层，拖至面板底部的，分别复制拷贝组及图层，此时将生成【矩形1 拷贝3】、【包装侧面 拷贝3】、【包装侧面拷贝4】、【包装侧面拷贝5】组及图层，保持这些所选中组及图层选中状态，如图7.16所示。

图7.16 复制图形及文字

PS 16 选中刚才所复制的组及图层，在画布中按住Shift键向下移动，并使其顶部位置与原图形边缘对齐，如图7.17所示。

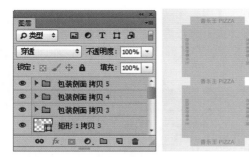

图7.17 移动图形及文字

PS 17 选中刚才所复制的组及图层，分别将其中的文字删除，执行菜单栏中的【图层】|【合并图层】命令，将这些图层合并，此时将生成一个图层，双击此图层名称，将其更改为【包装正面】，如图7.18所示。

图7.18 删除文字及合并图层

PS 18 选择工具箱中的【矩形选框工具】，在画布中包装正面图形右上角位置绘制一个矩形选区，如图7.19所示。

PS 19 在刚才所绘制的选区中单击鼠标右键，从弹出的快捷菜单中选择【变换选区】命令，将光标移至变形框上旋转一定角度，完成之后移至图形右上角位置按Enter键确认，按Delete键将多余图形删除，如图7.20所示。

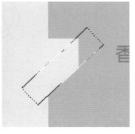

图7.19 绘制选区　　图7.20 删除图形

PS 20 在选中再次单击鼠标右键，从弹出的快捷菜单中选择【变换选区】命令，在变形框中再次单击鼠标右键，从弹出的快捷菜单中选择【水平翻转】命令，并将选区移至图形左上角位置，按

Enter键确认，按Delete键将多余图形删除，删除完成之后按Ctrl+D组合键将选区取消，如图7.21所示。

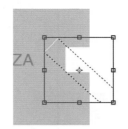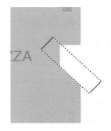

图7.21 变换选区并删除多余图形

PS 21 选择工具箱中的【多边形套索工具】，在画布中包装正面图形右下角位置绘制一个不规则选区，如图7.22所示。

PS 22 选中【包装正面】图形，在画布中将多余的图形部分删除，如图7.23所示。

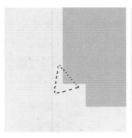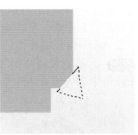

图7.22 绘制选区　　图7.23 删除多余图形

PS 23 将选区移至包装正面的下方的棱角位置，将多余的图形删除，如图7.24所示。

PS 24 以刚才同样的方法在选区中右鼠标，从弹出的快捷菜单中选择【变换选区】命令，在变形框中再次单击鼠标右键，从弹出的快捷菜单中选择【水平翻转】命令，并将选区移至图形左侧棱角位置，按Enter键确认，按Delete键将多余图形删除，删除完成之后按Ctrl+D组合键将选区取消，如图7.25所示。

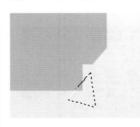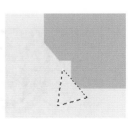

图7.24 删除多余图形　图7.25 变换选区再次删除图形

PS 25 执行菜单栏中的【文件】|【打开】命令，在弹出的对话框中选择配套光盘中的【调用素材\第7章\PIZZA包装\比萨.psd】文件，将打开的素材拖入画布中并适当缩小，并放在包装正面图形左下角，如图7.26所示。

PS 26 选择工具箱中的【矩形选框工具】，在画布中包装正面绘制一个选区，如图7.27所示。

图7.26 添加素材   图7.27 绘制选区

PS 27 在画布中执行菜单栏中的【选择】|【反向】命令，将当前画布中的选区反向选择，选中【PIZZA】图层，将多余图形删除，删除完成之后按Ctrl+D组合键将选区取消，如图7.28所示。

PS 28 选择工具箱中的【横排文字工具】T，在画布中适当位置添加文字，如图7.29所示。

图7.28 删除图形   图7.29 添加文字

PS 29 选择工具箱中的【椭圆工具】，在选项栏中将【填充】更改为无，【描边】为深红色（R:105，G:37，B:34），【大小】为0.6点，设置完成之后在包装正面适当位置按住Shift键绘制一正圆图形，此时将生成一个【椭圆1】图层，如图7.30所示。

图7.30 绘制图形

PS 30 在【图层】面板中，选中【椭圆1】图层，将其拖至面板底部的【创建新图层】按钮上，复制一个【椭圆1 拷贝】图层，如图7.31所示。

图7.31 复制图层

PS 31 选中【椭圆1 拷贝】图层，在画布中按Ctrl+T组合键对其执行自由变换命令，当出现变形框以后按住Alt+Shift组合键将其等比缩小，完成之后按Enter键确认，如图7.32所示。

图7.32 变换图形

PS 32 选择工具箱中的【横排文字工具】T，在两个椭圆图形之间位置添加路径文字，如图7.33所示。

图7.33 添加文字

PS 33 选择工具箱中的【直线工具】，在选项栏中将【填充】更改为无，【描边】更改为深红色（R:105，G:37，B:34），【粗细】为2像素，设置完成之后在刚才所绘制的椭圆位置上绘制一条倾斜的线段并且使部分线段与椭圆图形相交叉，此时将生成一个【形状1】图层，如图7.34所示。

图7.34 绘制图形

图7.37 复制组　　图7.38 合并组

PS 34 在【图层】面板中，选中【形状1】图层，将其拖至面板底部的【创建新图层】按钮上，复制一个【形状1 拷贝】图层，选中【形状1 拷贝】图层，在画布中将其向下稍微移动一定距离，如图7.35所示。

PS 38 选择工具箱中的【矩形选框工具】，在画布位置位置绘制一个矩形选区，单击面板底部的【创建新图层】按钮，新建一个【图层1】图层，如图7.39所示。

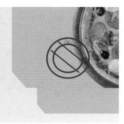

图7.35 复制图层并移动图形

图7.39 绘制选区并新建图层

PS 35 同时选中【椭圆1】、【椭圆1 拷贝】、【Del…】、【形状1】及【形状1 拷贝】图层，执行菜单栏中的【图层】|【新建】|【从图层建立组】，在弹出的对话框中将【名称】更改为【标志】设置完成之后单击【确定】按钮，此时将生成一个【标志】组，如图7.36所示。

PS 39 选中【图层1】图层，将其填充为白色，填充完成之后按Ctrl+D组合键将选区取消，如图7.40所示。

图7.36 将图层编组

图7.40 填充颜色

PS 36 在【图层】面板中，选中【标志】组，将其拖至面板底部的【创建新图层】按钮上，复制一个【标志 拷贝】组，单击【标志】组前面的图标，将其隐藏，如图7.37所示。

PS 40 选中【图层1】图层，执行菜单栏中的【杂色】|【添加杂色】命令，在弹出的对话框中将【数量】更改为16%，分别选中【高斯分布】单选按钮及【单色】复选框，设置完成之后单击【确定】按钮，如图7.41所示。

PS 37 选中【标志 拷贝】组，执行菜单栏中的【图层】|【合并组】命令，将当前组中的图层进行合并，此时将生成一个【标志 拷贝】图层，如图7.38所示。

图7.41 设置添加杂色

PS 41 选择工具箱中的【魔棒工具】 ，选中【图层1】图层，在画布中其图形上黑色部分单击，此时将生成一个复杂的选区，如图7.42所示。

图7.42 生成选区

PS 42 选择工具箱中的【矩形选框工具】 ，在画布中将选区移至【标志 拷贝】图层中的图形上方，将其图层中的图形覆盖，再执行菜单栏中的【选择】|【反向】命令，将选区反向，如图7.43所示。

图7.43 将选区反向

PS 43 选中【标志 拷贝】图层，在画布中按数Delete键将其图层中多余图形部分删除，完成之后按Ctrl+D组合键将选区取消，如图7.44所示。

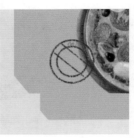

图7.44 删除多余图形

PS 44 在【图层】面板中，选中【图层1】图层，移至面板底部的【删除图层】 按钮上将其删除，如图7.45所示。

图7.45 删除图层

PS 45 选择工具箱中的【多边形套索工具】 ，在画布中【标志 拷贝】图形上绘制一个不规则选区以将其部分图形选中，如图7.46所示。

PS 46 选中【标志 拷贝】图层，在画布中将选区中的图形删除，完成之后按Ctrl+D组合键将选区取消，如图7.47所示。

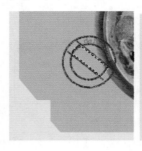

图7.46 绘制选区　　图7.47 删除图形

PS 47 选择工具箱中的【横排文字工具】 ，在画布中适当位置添加文字，如图7.48所示。

PS 48 选中所添加的PIZZA图层，在画布中将文字移至椭圆图形内部适当位置，按Ctrl+T组合键对其执行自由变换命令，当出现变形框以后将其旋转一定角度，完成之后按Enter键确认，如图7.49所示。

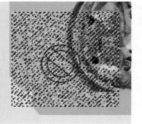

图7.48 添加文字　　　图7.49 旋转文字

PS 49 在画布中按住Ctrl键拖动以选中包装的整个正面图形及文字，执行菜单栏中的【图层】|【新建】|【从图层建立组】，在弹出的对话框中将【名称】更改为【包装最终正面】，完成之后单击【确定】按钮，此时将生成一个【包装最终正面】组，如图7.50所示。

图7.50 将图层编组

PS 50 在【图层】面板中，选中【包装最终正面】组，将其拖至面板底部的【创建新图层】■ 按钮上，复制一个【包装最终正面 拷贝】组，如图7.51所示。

PS 51 选中【包装最终正面 拷贝】组，执行菜单栏中的【图层】|【合并组】命令，将当前组中的图像及内容合并，此时将生成一个【包装最终正面 拷贝】图层，这样就完成了包装平面效果制作，如图7.52所示。

图7.51 复制组　　　图7.52 合并组

7.1.2 包装立体效果

PS 01 在刚才所制作的包装平面文档中，选中【包装最终正面 拷贝】图层，在画布中将其移至画布右侧，如图7.53所示。

图7.53 移动图形

PS 02 在【图层】面板中按住Ctrl键单击【矩形1】图层，将其载入选区，选择工具箱中的【矩形选框工具】▭，将选区移至【包装最终正面拷贝】图形上并且将选区分别与正面图形边缘对齐，如图7.54所示。

图7.54 载入选区并移动选区

PS 03 选中【包装最终正面 拷贝】图层，在画布中执行菜单栏中的【选择】|【反向】命令，将选区反向选择，在画布中将多余的图形部分删除，如图7.55所示。

 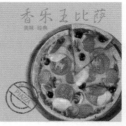

图7.55 选中图层并删除图形

PS 04 选中【包装最终正面 拷贝】图层，在画布中按Ctrl+T组合键其执行自由变换命令，将光标移至出现的变形框中单击鼠标右键，从弹出的快捷菜单中选择【扭曲】命令，分别拖动变形框的四个控制点，将图形扭曲，完成之后按Enter键确认，如图7.56所示。

图7.56 变换图形

PS 05 在【图层】面板中，选中【包装侧面 拷贝2】组，拖动面板底部的【创建新图层】按钮上，将其复制，此时将生成一个【包装侧面 拷贝3】组，选中【包装侧面 拷贝3】组，执行菜单栏中的【图层】|【合并组】命令，此时将生成一个【包装侧面 拷贝3】图层。

PS 06 选中【包装侧面 拷贝3】组，在画布中按Ctrl+T组合键对其执行自由变换，将光标移至出现的变形框上单击鼠标右键，从弹出的快捷菜单中选择【扭曲】命令，将其变形并与刚才经过变形后的【包装最终正面 拷贝】图层中的图形对齐并使对齐的边缘部分留出一点空隙，完成之后按Enter键确认，如图7.57所示。

图7.57 变换图形

PS 07 在【图层】面板中，选中【包装侧面 拷贝】组，拖动面板底部的【创建新图层】按钮上，将其复制，此时将生成一个【包装侧面 拷贝4】组，选中【包装侧面 拷贝4】组，执行菜单栏中的【图层】|【合并组】命令，此时将生成一个【包装侧面 拷贝4】图层，如图7.58所示。

图7.58 复制组并合并组

PS 08 选中【包装侧面 拷贝4】组，在画布中按Ctrl+T组合键对其执行自由变换，以刚才同样的方法将光标移至出现的变形框上单击鼠标右键，从弹出的快捷菜单中选择【扭曲】命令，将其变形并与刚才经过变形后的【包装最终正面 拷贝】图层中的图形对齐并使对齐的边缘部分留出一点空隙，完成之后按Enter键确认，如图7.59所示。

图7.59 变换图形

PS 09 选择工具箱中的【画笔工具】，在画布中单击鼠标右键，在弹出的面板中，选择一种圆角笔触，将【大小】更改为4像素，【硬度】更改为0%，如图7.60所示。

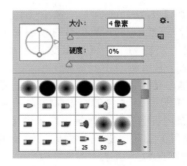

图7.60 设置笔触

PS 10 在画布中的【包装侧面 拷贝3】和【包装最终正面 拷贝】图层中的图形相接触的一端空隙位置单击，按住Shift键再另一端单击为包装添加棱角质感效果，以同样的方法在包装的其他图形接触的空隙位置添加棱角质感效果，如图7.61所示。

图7.61 添加质感效果

技巧

在画布中使用画笔工具在任意一个位置单击再按住Shift键再另外一个位置单击，则两次单击的地方会出现一条直线线段。

PS 11 选择工具箱中的【多边形套索工具】 ，在画布中沿立体包装的底部位置绘制一个封闭选区，如图7.62所示。

PS 12 单击面板底部的【创建新图层】 按钮，新建一个【图层1】图层，如图7.63所示。

图7.62 绘制选区　　　图7.63 新建图层

PS 13 选中【图层1】图层，在画布中将选区填充为黑色，填充完成之后按Ctrl+D组合键将选区取消，如图7.64所示。

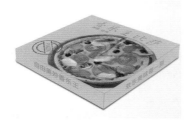

图7.64 填充颜色

PS 14 选中【图层1】图层，执行菜单栏中的【滤镜】|【模糊】|【高斯模糊】命令，在弹出的对话框中将【半径】更改为2像素，设置完成之后单击【确定】按钮，如图7.65所示。

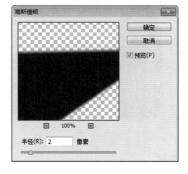

图7.65 设置高斯模糊

PS 15 在【图层】面板中，选中【图层1】图层，将其图层【不透明度】更改为50%，这样就完成了包装立体效果制作，最终包装立体效果如图7.66所示。

图7.66 更改图层不透明度及最终效果

PS 16 执行菜单栏中的【文件】|【打开】命令，在弹出的对话框中选择配套光盘中的【调用素材\第7章\PIZZA包装\比萨logo.psd】文件，将打开的素材拖入画布中左上角位置并适当缩小，如图7.67所示。

图7.67 添加素材

PS 17 选择工具箱中的【直线工具】 ，在选项栏中将【填充】更改为橙色（R:228，G:129，B:0），【描边】为无，【粗细】为2像素，在画布logo位置下方按住Shift键绘制一条水平线段，再按住Shift键绘制一条与之交叉的垂直线段，如图7.68所示。

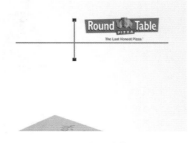

图7.68 绘制线段

PS 18 选择工具箱中的【横排文字工具】**T**，在所绘制的两条线段交叉的位置添加文字，这样就完成了效果制作，最终效果如图7.69所示。

图7.69 添加文字及最终效果

7.2 瓶式包装——葡萄酒包装设计

设计构思

● 新建画布后利用【钢笔工具】绘制瓶子的一半形状，再将所绘制的形状复制制作出大致的瓶身整体效果。

● 在所绘制的瓶身上绘制图形、添加logo及相关文字等信息，并且使部分调用素材图像与瓶身中的图形对齐。

● 利用【钢笔工具】为瓶身添加高光及阴影等效果以增加瓶身的真实的立体效果。最后为瓶身添加相关文字完成最终效果制作。

● 本例主要讲解的是葡萄酒瓶身的效果制作，此款瓶身的最大设计亮点在于采用了调用素材与图形相结合的方式，体现了活力、品位等红酒文化以凸显红酒的高端和档次。

难易程度：★★★★☆
调用素材：配套光盘\附增及素材\调用素材\第7章\葡萄酒包装
最终文件：配套光盘\附增及素材\源文件\第7章\葡萄酒包装设计.psd
视频位置：配套光盘\movie\7.2 瓶式包装——葡萄酒包装设计.avi

葡萄酒立体包装设计效果如图7.70所示。

图7.70 葡萄酒立体包装设计效果

操作步骤

7.2.1 酒瓶身效果

PS 01 执行菜单栏中的【文件】|【新建】命令，在弹出的对话框中设置【宽度】为10厘米，【高度】为9厘米，【分辨率】为300像素/英寸，【颜色模式】为RGB颜色，新建一个空白画布，如图7.71所示。

图7.71 新建画布

PS 02 选择工具箱中的【钢笔工具】 ，在画布中绘制半个酒瓶形状的封闭路径，如图7.72所示。

图7.72 绘制路径

PS 03 在画布中按Ctrl+Enter组合键将刚才所绘制的封闭路径转换成选区，然后在【图层】面板中，单击面板底部的【创建新图层】 按钮，新建一个【图层1】图层，如图7.73所示。

图7.73 转换选区并新建图层

PS 04 选中【图层1】图层，在画布中将选区填充为深红色（R:57，G:11，B:21），填充完成之后按Ctrl+D组合键将选区取消，如图7.74所示。

图7.74 填充颜色

PS 05 在【图层】面板中，选中【图层1】图层，将其拖至面板底部的【创建新图层】 按钮上，复制一个【图层1 拷贝】图层，如图7.75所示。

PS 06 选中【图层1 拷贝】图层，在画布中按Ctrl+T组合键对其执行自由变换命令，将光标移至出现的变形框上单击鼠标右键，从弹出的快捷菜单中选择【水平翻转】命令，完成之后按Enter键确认，再按住Shift键向左侧拖动，使其与原图形对齐，如图7.76所示。

图7.75 复制图层　　　　　图7.76 变换图形

PS 07 在【图层】面板中，同时选中【图层1 拷贝】及【图层1】图层，执行菜单栏中的【图层】|【合并图层】命令，此时将生成一个【图层1】图层，双击此图层名称，将其更改为【酒瓶】，如图7.77所示。

图7.77 合并图层并更改图层名称

PS **08** 选择工具箱中的【矩形选框工具】，在画布中瓶口位置绘制一个矩形选区，如图7.78所示。

图7.78 绘制选区

PS **09** 在【图层】面板中，选中【酒瓶】图层，单击面板上方的【锁定透明像素】按钮，将当前图层中的透明像素锁定，在画布中将选区中图形填充为黄色（R:233，G:156，B:28），填充完成之后再次单击按钮将其解锁，再按Ctrl+D组合键将选区取消，如图7.79所示。

图7.79 填充颜色

PS **10** 选择工具箱中的【圆角矩形工具】，在选项栏中将【填充】更改为黄色（R:233，G:156，B:28），【描边】为无，【半径】为4像素，在画布中瓶口下方位置绘制一个圆角矩形，此时将生成一个【圆角矩形1】图层，如图7.80所示。

图7.80 绘制图形

PS **11** 在【图层】面板中，选中【圆角矩形1】图层，单击面板底部的【添加图层样式】*fx*按钮，在菜单中选择【斜面和浮雕】命令，在弹出的对话框中将【样式】更改为【内斜面】，【深度】更改为40%，【大小】更改为120像素，【角度】更改为90度，取消勾选【使用全局光】复选框，【不透明度】更改为70%，设置完成之后单击【确定】按钮，如图7.81所示。

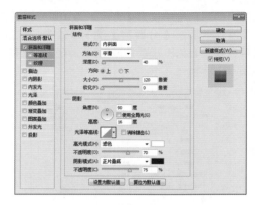

图7.81 设置斜面和浮雕

PS **12** 选中【酒瓶】图层，将其拖至面板底部的【创建新图层】按钮上，复制一个【酒瓶 拷贝】图层，如图7.82所示。

PS **13** 在【图层】面板中，选中【酒瓶 拷贝】图层，单击面板底部的【添加图层蒙版】按钮，为其图层添加图层蒙版，如图7.83所示。

图7.82 复制图层　　　　图7.83 添加图层蒙版

PS **14** 选择工具箱中的【矩形选框工具】在瓶身位置绘制一个宽度稍大于瓶身的矩形选区，如图7.84所示。

图7.84 绘制选区

PS 15 单击【酒瓶 拷贝】图层蒙版缩览图，在画布中按Ctrl+Shift+I组合键将选区反选，完成之后再将选区填充为黑色，仅保留部分图形，完成之后按Ctrl+D组合键将选区取消，如图7.85所示。

PS 16 在【图层】面板中，选中【酒瓶 拷贝】图层，单击面板上方的【锁定透明像素】图 按钮，将当前图层中的透明像素锁定，在画布中将其图形填充为黄色（R:233，G:156，B:28），填充完成之后再次单击此按钮解除锁定，如图7.86所示。

图7.85 填充颜色　　图7.86 填充黄色

PS 17 执行菜单栏中的【文件】|【打开】命令，在弹出的对话框中选择配套光盘中的【调用素材\第7章\葡萄酒包装\人物剪影.psd】文件，将打开的素材拖入画布中瓶身靠下方适当位置并适当缩小，如图7.87所示。

图7.87 添加素材

PS 18 在【图层】面板中，选中【图层1】图层，单击面板上方的【锁定透明像素】图 按钮，将当前图层中的透明像素锁定，在画布中将其图形填充为黄色（R:233，G:156，B:28），填充完成之后再次单击此按钮解除锁定，如图7.88所示。

图7.88 填充颜色

PS 19 执行菜单栏中的【文件】|【打开】命令，在弹出的对话框中选择配套光盘中的【调用素材\第7章\葡萄酒包装\logo.psd】文件，将打开的素材拖入画布中瓶身靠下方刚才所添加的人物剪影下方位置并适当缩小，如图7.89所示。

图7.89 添加素材

PS 20 选择工具箱中的【横排文字工具】T，在刚才所添加的logo下方添加文字，如图7.90所示。

PS 21 同时选中logo、文字相关、酒瓶图层，单击选项栏中的【水平居中对齐】呂按钮，将图形及文字对齐，这样就完成了酒瓶瓶身效果制作，如图7.91所示。

图7.90 添加文字　　图7.91 对齐文字

7.2.2 瓶身质感效果

PS 01 选择工具箱中的【钢笔工具】，在瓶口下靠下方位置绘制一个稍扁长的垂直的封闭路径，如图7.92所示。

图7.92 绘制路径

PS 02 在画布中按Ctrl+Enter组合键将刚才所绘制的封闭路径转换成选区，然后在【图层】面板中，单击面板底部的【创建新图层】按钮，新建一个【图层2】图层，如图7.93所示。

图7.93 转换选区并新建图层

PS 03 选中【图层2】图层，在画布中将选区填充为白色，填充完成之后按Ctrl+D组合键将选区取消，如图7.94所示。

图7.94 填充颜色

PS 04 选中【图层2】图层，执行菜单栏中的【滤镜】|【模糊】|【高斯模糊】命令，在弹出的对话框中将【半径】更改为5像素，设置完成之后单击【确定】按钮，如图7.95所示。

图7.95 设置高斯模糊

PS 05 选择工具箱中的【减淡工具】，在画布中单击鼠标右键，在弹出的面板中，选择一种圆角笔触，将【大小】更改为300像素，【硬度】更改为0%，如图7.96所示。

PS 06 选中【酒瓶】图层，在画布中瓶口靠下方附近位置涂抹，将部分图形减淡，如图7.97所示。

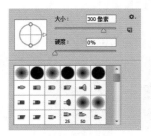 

图7.96 设置笔触　　　图7.97 减淡图形

提示

在对图形进行减淡操作的过程中可根据不同的区域适当更改笔触大小。

PS 07 选择工具箱中的【钢笔工具】，在瓶身位置绘制一个不规则封闭路径，如图7.98所示。

图7.98 绘制路径

PS 08 在画布中按Ctrl+Enter组合键将刚才所绘制的封闭路径转换成选区，然后在【图层】面板中，单击面板底部的【创建新图层】按钮，新建一个【图层3】图层，如图7.99所示。

图7.99 转换选区并新建图层

200

PS 09 选中【图层3】图层,在画布中将选区填充为白色,填充完成之后按Ctrl+D组合键将选区取消,如图7.100所示。

图7.100 填充颜色

PS 10 选中【图层3】图层,将其图层【不透明度】更改为30%,如图7.101所示。

图7.101 更改图层不透明度

PS 11 在【图层】面板中,选中【图层3】图层,单击面板底部的【添加图层蒙版】按钮,为其图层添加图层蒙版,如图7.102所示。

PS 12 选择工具箱中的【渐变工具】,在选项栏中单击【点按可编辑渐变】按钮,在弹出的对话框中选择【黑白渐变】,设置完成之后单击【确定】按钮,再单击【线性渐变】按钮,如图7.103所示。

图7.102 添加图层蒙版　图7.103 设置渐变

PS 13 单击【图层3】图层蒙版缩览图,在画布中其图形上从下至上拖动,将部分图形隐藏,如图7.104所示。

图7.104 隐藏图形

PS 14 选中【图层3】图层,执行菜单栏中的【滤镜】|【模糊】|【高斯模糊】命令,在弹出的对话框中将【半径】更改为1像素,设置完成之后单击【确定】按钮,如图7.105所示。

图7.105 设置高斯模糊

PS 15 在画布中按住Alt键向右侧拖动,将图形复制,此时将生成一个【图层3 拷贝】图层,如图7.106所示。

图7.106 复制图形

PS 16 选中【图层3 拷贝】图层,在画布中按Ctrl+T组合键对其执行自由变换命令,在出现的变形框上单击鼠标右键,从弹出的快捷菜单中选择【水平翻转】命令,再按住Alt+Shift组合键将其等比缩小,完成之后按Enter键确认,如图7.107所示。

PS 17 选中【图层3 拷贝】图层,将其图层【不透明度】更改为10%,如图7.108所示。

201

图7.107 变换图形　图7.108 更改图层不透明度

PS 18 选择工具箱中的【椭圆选框工具】，在瓶子底部位置绘制一个稍扁的细长椭圆选区，如图7.109所示。

PS 19 单击面板底部的【创建新图层】按钮，新建一个【图层4】图层，如图7.110所示。

图7.109 绘制选区　　　图7.110 新建图层

PS 20 选中【图层4】图层，在画布中将选区填充为黑色，填充完成之后按Ctrl+D组合键将选区取消，如图7.111所示。

图7.111 填充颜色

PS 21 选中【图层4】图层，执行菜单栏中的【滤镜】|【模糊】|【高斯模糊】命令，在弹出的对话框中将【半径】更改为3像素，设置完成之后单击【确定】按钮，如图7.112所示。

PS 22 选中【图层4】图层，将其图层【不透明度】更改为60%，如图7.113所示。

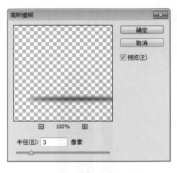

图7.112 设置高斯模糊

图7.113 更改图层不透明度

PS 23 同时选中除【背景】图层之外的所有图层，执行菜单栏中的【图层】|【新建】|【从图层建立组】，在弹出的对话框中将【名称】更改为【瓶身最终】，完成之后单击【确定】按钮，此时将生成一个【瓶身最终】组，如图7.114所示。

图7.114 从图层新建组

PS 24 同时选中【瓶身最终】及【背景】图层，单击选项栏中的【水平居中对齐】按钮将图形与背景对齐，如图7.115所示。

图7.115 对齐图形

PS 25 选中【瓶身最终】组，在画布中按住Alt+Shift组合键向左侧拖动，此时将生成一个【瓶身最终 拷贝】组，如图7.116所示。

PS 26 选中【瓶身最终 拷贝】组，执行菜单栏中的【图层】|【合并组】命令，将当前组合并，此时将生成一个【瓶身最终 拷贝】图层，如图7.117所示。

图7.116 复制组　　图7.117 合并图层

PS 27 选中【瓶身最终 拷贝】图层，执行菜单栏中的【滤镜】|【模糊】|【高斯模糊】命令，在弹出的对话框中将【半径】更改为5像素，设置完成之后单击【确定】按钮，如图7.118所示。

PS 28 选中【瓶身最终 拷贝】图层，在画布中按Ctrl+T组合键对其执行自由变换命令，将光标移至出现的变形框上按住Shift+Alt键组合键将其等比缩小，完成之后按Enter键确认，再按住Alt+Shift组合键向右侧拖动，将其复制，如图7.119所示。

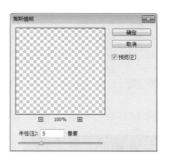

图7.118 设置高斯模糊

图7.119 变换并复制图形

PS 29 选择工具箱中的【横排文字工具】 T ，在画布中右上角位置添加文字，如图7.120所示。

图7.120 添加文字

7.3 袋式包装——速冻点心包装设计

📷 **设计构思**

- 新建画布，利用图形工具绘制包装的不同面。添加调用素材并在素材上添加部分文字及图形进一步完美包装的制作。最后将包装中的图形进行复制并变换之后添加文字完成包装的平面效果制作。

- 将所绘制的包装平面中的部分图形及文字复制后合并，利用【钢笔工具】删除多余的图形部分以制作立体包装效果。绘制图形并变换后利用定义画笔预设命令制作出包装锯齿。

- 利用【钢笔工具】绘制路径并添加滤镜制作出立体包装高光质感效果。利用【钢笔工具】绘制图形并添加滤镜效果为立体包装添加高光效果以增加立体感。通过将立体包装的整体编组合并，并利用图层蒙版制作出真实的物体倒影效果。

- 本例主要讲解的是速冻点心包装设计的制作，通过红色与黄色的搭配突出食品包装的特性，再通过添加醒目的文字及实物蛋黄的素材图像着重强调了奶黄包的卖点。

Photoshop CC 案例实战从入门到精通

难易程度：★★★★☆
调用素材：配套光盘\附增及素材\调用素材\第7章\速冻点心包装
最终文件：配套光盘\附增及素材\源文件\第7章\速冻点心包装设计平面效果.psd、速冻点心包装设计立体
效果.psd
视频位置：配套光盘\movie\7.3 袋式包装——速冻点心包装设计.avi

速冻点心包装设计平面、立体效果如图7.121所示。

图7.121 速冻点心包装设计平面、立体效果

操作步骤

7.3.1 包装平面效果

PS 01 执行菜单栏中的【文件】|【新建】命令，在弹出的对话框中设置【宽度】为7.5厘米，【高度】为10厘米，【分辨率】为300像素/英寸，【颜色模式】为RGB颜色，新建一个空白画布，如图7.122所示。

图7.122 新建画布

PS 02 选择工具箱中的【渐变工具】 ，在选项栏中单击【点按可编辑渐变】按钮，在弹出的对话框中设置渐变颜色从浅灰色（R:250，G:250，B:250）到灰色（R:212，G:212，B:212），设置完成之后单击【确定】按钮，再单击【径向渐变】按钮，如图7.123所示。

PS 03 在画布中从中间向边缘位置拖动填充渐变，填充效果如图7.124所示。

图7.123 设置渐变　　　图7.124 填充渐变

PS 04 选择工具箱中的【矩形工具】 ，在选项栏中将【填充】更改为深红色（R:159，G:0，

204

B:0），【描边】为无，在画布中绘制一个矩形，此时将生成一个【矩形1】图层，如图7.125所示。

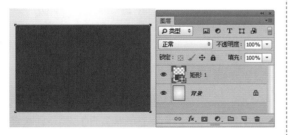

图7.125 绘制图形

PS 05 选中【矩形1】图层，将其拖至面板底部的【创建新图层】按钮上，复制一个【矩形1拷贝】图层，如图7.126所示。

PS 06 选中【矩形1 拷贝】图层，在画布中按Ctrl+T组合键对其执行自由变换命令，当出现变形框以后将其向里缩小，完成之后按Enter键确认，如图7.127所示。

图7.126 复制图形　　图7.127 变换图形

PS 07 选中【矩形1 拷贝】图层，在选项栏中将其【填充】更改为黄色（R:248，G:209，B:111），如图7.128所示。

图7.128 更改图形颜色

PS 08 执行菜单栏中的【文件】|【打开】命令，在弹出的对话框中选择配套光盘中的【调用素材\第7章\速冻点心包装\蛋黄.jpg】文件，将打开的素材拖入画布中左上角位置，如图7.129所示。

PS 09 选中【图层1】图层，将其图层混合模式设置为【正片叠底】，如图7.130所示。

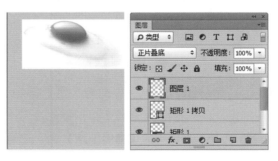

图7.129 添加素材　图7.130 更改图层混合模式

PS 10 执行菜单栏中的【文件】|【打开】命令，在弹出的对话框中选择配套光盘中的【调用素材\第7章\速冻点心包装\奶黄包.psd】文件，将打开的素材拖入画布中左下角黄色矩形上方位置，并将一部分素材图像超出图形，如图7.131所示。

图7.131 添加素材

PS 11 在【图层】面板中，按住Ctrl键单击【矩形1 拷贝】图层缩览图，将其载入选区，选择【奶黄包】图层，单击面板底部的【添加图层蒙版】按钮，此时超出图形的部分图像将自动隐藏，如图7.132所示。

图7.132 隐藏部分图像

PS 12 选择工具箱中的【直排文字工具】，在画布中适当位置添加文字，如图7.133所示。

图7.133 添加文字

PS 13 选择工具箱中的【椭圆工具】 ⬭ ，在选项栏中将【填充】更改深红色（R:159，G:0，B:0），【描边】为无，在画布中按住Shift键绘制一个椭圆，此时将生成一个【椭圆1】图层，如图7.134所示。

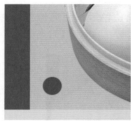

图7.134 绘制图形

PS 14 选中【椭圆1】图层，在画布中按住Alt+Shift组合键向左侧拖动，将其复制4份，此时将生成【椭圆1 拷贝】、【椭圆1 拷贝2】、【椭圆1 拷贝3】、【椭圆1 拷贝4】4个图层，如图7.135所示。

图7.135 复制图形

PS 15 选择工具箱中的【横排文字工具】 T ，在刚才所绘制的图形的左下角位置添加文字，如图7.136所示。

图7.136 添加文字

PS 16 选择工具箱中的【矩形工具】 ▭ ，在选项栏中将【填充】更改为白色，【描边】为无，在画布中黄色矩形右侧位置绘制一个细长型矩形并与黄色矩形对齐，此时将生成一个【矩形2】图层，如图7.137所示。

图7.137 绘制图形

PS 17 为【矩形2】层添加【渐变叠加】样式，将渐变颜色更改为黄色到浅黄色到黄色到浅黄色再到黄色，【样式】为线性，设置完成之后单击【确定】按钮，如图7.138所示。

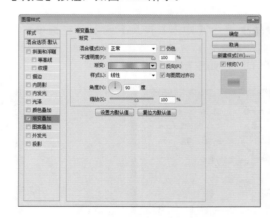

图7.138 设置渐变叠加

PS 18 选择工具箱中的【横排文字工具】 T ，在画布左侧位置添加文字，如图7.139所示。

图7.139 添加文字

PS 19 选择工具箱中的【矩形选框工具】 □，在刚才所添加的文字周围绘制一个矩形选区，分别单击选项栏中的【水平居中对齐】按钮将文字与图形对齐，如图7.140所示。

图7.140 对齐文字

PS 20 执行菜单栏中的【文件】|【打开】命令，在弹出的对话框中选择配套光盘中的【调用素材\第7章\速冻点心包装\文字.psd】文件，将打开的素材拖入画布中刚才所添加的文字下方并适当缩小，如图7.141所示。

PS 21 选中【文字】图层，将其图层【不透明度】更改为80%，如图7.142所示。

图7.141 添加素材　　图7.142 更改不透明度

PS 22 选择工具箱中的【直线工具】 ／，在选项栏中将【填充】更改为黄色（R:248，G:209，B:111），【描边】为无，【粗细】为3像素，在刚才所添加的素材旁边按住Shift键绘制一个线段，此时将生成一个【形状1】图层，选中此图

形，按住Alt+Shift组合键向另外一侧拖动，将其复制，如图7.143所示。

图7.143 绘制并复制图形

PS 23 选中【矩形1】图层，在画布中按住Alt+Shift组合键向上拖动，将其复制，此时将生成一个【矩形1 拷贝2】图层，选中【矩形1】图层，将其拖至面板底部的【创建新图层】 □ 按钮上，复制一个【矩形1 拷贝2】图层，如图7.144所示。

PS 24 选中【矩形1 拷贝2】图层，在画布中按Ctrl+T组合键对其执行自由变换命令，当出现变形框以后将其上下缩小至矩形1图形一半大小，完成之后按Enter键确认，再按住Shift键向上移至矩形1图形上方并与其对齐，如图7.145所示。

图7.144 复制图形　　图7.145 变换图形

PS 25 选择工具箱中的【横排文字工具】 T，在复制所生成的矩形位置添加文字，如图7.146所示。

PS 26 同时选中【品名…】及【矩形1 拷贝2】图层，单击选项栏中的【垂直居中对齐】 ⬛ 按钮，将文字与图形对齐，如图7.147所示。

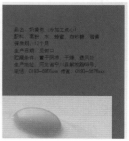

图7.146 添加文字　　图7.147 将文字与图形对齐

PS 27 执行菜单栏中的【文件】|【打开】命令，在弹出的对话框中选择配套光盘中的【调用素材\第7章\速冻点心包装\条形码.psd】文件，将打开的素材放在文字的靠右侧一端位置，并适当缩小，如图7.148所示。

图7.148 添加素材

PS 28 分别选中【品名…】图层、【条形码】图层，在画布中按Ctrl+T组合键对其执行自由变换命令，将光标移至出现的变形框上单击鼠标右键，从弹出的快捷菜单中选择【旋转180度】命令，分别对图像进行旋转完成之后按Enter键确认，如图7.149所示。

图7.149 旋转图像

PS 29 将【矩形1 拷贝2】再复制一份放在下方，选择工具箱中的【横排文字工具】T，在刚才复制的矩形上添加文字，这样就完成了包装平面效果制作，最终效果如图7.150所示。

图7.150 添加文字及最终效果

7.3.2 包装立体效果

PS 01 执行菜单栏中的【文件】|【新建】命令，在弹出的对话框中设置【宽度】为10厘米，【高度】为7.5厘米，【分辨率】为300像素/英寸，【颜色模式】为RGB颜色，新建一个空白画布，如图7.151所示。

图7.151 新建画布

PS 02 选择工具箱中的【渐变工具】■，在选项栏中单击【点按可编辑渐变】按钮，在弹出的对话框中设置渐变颜色从浅灰色（R:250，G:250，B:250）到灰色（R:212，G:212，B:212），设置完成之后单击【确定】按钮，再单击【径向渐变】按钮，如图7.152所示。

PS 03 在画布中从中间向边缘位置拖动填充渐变，填充效果如图7.153所示。

图7.152 设置渐变　　　图7.153 填充渐变

PS 04 在刚才所制作的包装平面画布中按住Ctrl键将中间位置包装正面效果图选中拖至新建画布中，如图7.154所示。

图7.154 添加图形

PS 05 执行菜单栏中的【图层】|【新建】|【从图层建立组】，在弹出的对话框中将【名称】更改为【包装正面】，完成之后单击【确定】按钮，此时将生成一个【包装正面】组，如图7.155所示。

图7.155 从图层新建组

PS 06 选中【包装正面】组，在画布中按Ctrl+T组合键对其执行自由变换命令，当出现变形框以后按住Alt+Shift组合键将其等比放大，完成之后按Enter键确认，如图7.156所示。

PS 07 选中【包装正面】组，将其拖至面板底部的【创建新图层】 按钮上，复制一个【包装正面 拷贝】组，如图7.157所示。

图7.156 放大图形　　　图7.157 复制组

PS 08 选中【包装正面 拷贝】组，执行菜单栏中的【图层】|【合并组】命令，将当前组进行合并，此时将生成一个【包装正面 拷贝】图层，单击【包装正面】组前面的【隐藏图层】 按钮，将当前组隐藏，如图7.158所示。

图7.158 合并及隐藏组

PS 09 选择工具箱中的【钢笔工具】 ，在画布中沿着图形的边缘绘制一个封闭路径，如图7.159所示。

图7.159 绘制路径

PS 10 按Ctrl+Enter组合键将所绘制的路径转换为选区，选中【包装正面 拷贝】图层，在画布中按Delete键将多余图像删除，如图7.160所示。

图7.160 删除部分图形

PS 11 选择工具箱中的【矩形选框工具】 ，在画布中的选区中单击鼠标右键，在弹出的快捷菜单中选择变换选区命令，然后在出现的变形中再次单击鼠标右键从弹出的菜单中选择垂直翻转命令，再按住Shift键将拖动变形框向下垂直移动，以选中图形的底部部分图形，之后按Enter键确认，再以同样的方法按Delete键将多余图形删除，完成之后按Ctrl+D组合键将选区取消，如图7.161所示。

图7.161 删除图形

PS 12 选择工具箱中的【矩形工具】 ，在选项栏中将其【填充】更改为黑色，【描边】为无，在画布中任意位置按住Shift键绘制一个矩形，此

209

时将生成一个【矩形3】图层，如图7.162所示。

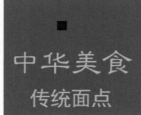

图7.162 绘制矩形

PS 13 选中【矩形3】图层，执行菜单栏中的【图层】|【栅格化】|【形状】命令，将当前图形栅格化，如图7.163所示。

图7.163 栅格化图形

PS 14 选中【矩形3】图层，在画布中按Ctrl+T组合键对其执行自由变换命令，在选项栏中的【旋转】的文本框中输入-45度，然后在画布中按住Alt键将其上下缩小，完成之后按Enter键确认，如图7.164所示。

图7.164 变形图形

PS 15 选择工具箱中的【矩形选框工具】，选中【矩形3】图层，在画布中绘制选区选中部分图形，按Delete键将多余图形删除，删除完成之后按Ctrl+D组合键将选区取消，如图7.165所示。

PS 16 在【图层】面板中，按住Ctrl键单击【矩形3】图层将其载入选区，执行菜单栏中的【编辑】|【定义画笔预设】命令，在出现的对话框中将【名称】更改为【锯齿】，完成之后单击【确定】按钮，完成之后按Ctrl+D组合键将选区

取消，将其删除，如图7.166所示。

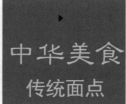

图7.165 删除部分图形

图7.166 定义画笔预设

PS 17 选中【矩形3】图层，在画布中按Ctrl+A组合键将图层中的小三角图形选中，按Delete键将其删除，完成之后按Ctrl+D组合键将选区取消，如图7.167所示。

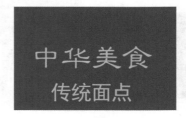

图7.167 删除图形

PS 18 选择工具箱中的【画笔工具】，执行菜单栏中的【窗口】|【画笔】命令，在弹出的面板中选择刚才所定义的【锯齿】笔触，勾选【间距】复选框，将其数值更改为120%，设置完成之后关闭面板，如图7.168所示。

图7.168 设置笔触

210

PS 19 选中【矩形3】图层，在画布中包装的左上角位置单击，再按住Shift键在左下角位置再次单击，如图7.169所示。

图7.169 绘制图形

PS 20 在【图层】面板中，按住Ctrl键单击【矩形3】图层，将其载入选区，如图7.170所示。

图7.170 载入选区

PS 21 选中【包装正面 拷贝】图层，在画布中按Delete键将部分图形删除，再选中【矩形3】图层，拖至面板底部的【删除图层】🗑按钮上将其删除，如图7.171所示。

图7.171 删除部分图形

PS 22 选择工具箱中的【矩形选框工具】▭，在选区中单击鼠标右键，在弹出的快捷菜单中选择变换选区命令，然后在出现的变形中再次单击鼠标右键从弹出的菜单中选择水平翻转命令，再按住Shift键将拖动变形框向右平移，以选中图形的右侧部分图形，之后按Enter键确认，再以同样

的方法按Delete键将多余图形删除，完成之后按Ctrl+D组合键将选区取消，如图7.172所示。

图7.172 删除部分图形

PS 23 选择工具箱中的【直线工具】╱，在选项栏中将【填充】更改为深红色（R:129，G:13，B:0），【描边】为无，【粗细】为2像素，在画布中沿包装面的左侧按住Shift键从上至下绘制一条垂直线条，此时将生成一个【形状2】图形，如图7.173所示。

图7.173 绘制图形

PS 24 选中【形状2】图层，在画布中按住Alt+Shift组合键向右拖动，将其复制两份，此时将生成【形状2 拷贝】和【形状2拷贝2】图层，如图7.174所示。

图7.174 复制图形

PS 25 同时选中【形状2】、【形状2 拷贝】、【形状2 拷贝2】图层，单击选项栏中的【水平居中分布】按钮，将图形对齐，如图7.175所示。

图7.175 对齐图形

PS 26 同时选中【形状2】、【形状2 拷贝】、【形状2 拷贝2】图层，执行菜单栏中的【图层】|【新建】|【从图层建立组】，在弹出的对话框中直接单击【确定】按钮，此时将生成一个【组1】，如图7.176所示。

图7.176 将图层编组

PS 27 选中【组1】组，在画布中按住Alt+Shift组合键向左移动至包装的左侧封口处，此时将生成一个【组1 拷贝】组，如图7.177所示。

图7.177 复制图形

PS 28 选择工具箱中的【钢笔工具】，在画布中包装的右上角位置绘制一个封闭路径，如图7.178所示。

图7.178 绘制路径

PS 29 在【图层】面板中，单击面板底部的【创建新图层】按钮，新建一个【图层2】图层，按Ctrl+Enter组合键将所绘制的路径转换为选区，选中【图层2】图层，将选区填充为白色，填充完成之后按Ctrl+D组合键将选区取消，如图7.179所示。

图7.179 新建图层填充颜色

PS 30 选中【图层2】，执行菜单栏中的【滤镜】|【模糊】|【高斯模糊】命令，在弹出的对话框中将【半径】更改为4像素，设置完成之后单击【确定】按钮，如图7.180所示。

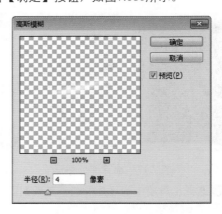

图7.180 设置高斯模糊

PS 31 选择工具箱中的【钢笔工具】，以刚才同样的方法在画布中包装的左上角位置绘制一个封闭路径，如图7.181所示。

图7.181 绘制路径

PS 32 在【图层】面板中，单击面板底部的【创建新图层】◻️按钮，新建一个【图层3】图层，按Ctrl+Enter组合键将所绘制的路径转换为选区，选中【图层3】图层，将选区填充为白色，填充完成之后按Ctrl+D组合键将选区取消，如图7.182所示。

图7.182 新建图层填充颜色

PS 33 选中【图层3】，执行菜单栏中的【滤镜】|【模糊】|【高斯模糊】命令，在弹出的对话框中将【半径】更改为8像素，设置完成之后单击【确定】按钮，如图7.183所示。

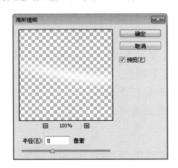

图7.183 设置高斯模糊

PS 34 选中【图层3】图层，将其图层【不透明度】更改为60%，完成之后按Ctrl+T组合键对其执行自由变换，将图形适当变换完成之后按Enter键确认，如图7.184所示。

PS 35 选择工具箱中的【钢笔工具】🖊️，以刚才同样的方法在画布中包装的左侧位置绘制一个稍大的封闭路径，如图7.185所示。

图7.184 更改图层不透明度

图7.185 绘制路径

PS 36 在【图层】面板中，单击面板底部的【创建新图层】◻️按钮，新建一个【图层4】图层，按Ctrl+Enter组合键将所绘制的路径转换为选区，选中【图层4】图层，将选区填充为白色，填充完成之后按Ctrl+D组合键将选区取消，如图7.186所示。

图7.186 新建图层并填充颜色

PS 37 选中【图层4】，将其图层【不透明度】更改为40%，如图7.187所示。

图7.187 更改图层不透明度

213

PS 38 选择工具箱中的【模糊工具】🖌️，在画布中单击鼠标右键，在弹出的面板中选择一种圆角笔触，将【大小】更改为85像素，【硬度】更改为0%，如图7.188所示。

PS 39 选中【图层4】图层，在画布中其图形上涂抹，添加模糊效果，如图7.189所示。

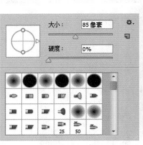 

图7.188 设置笔触　　　图7.189 模糊效果

PS 40 选中【图层4】图层，在画布中按住Alt+Shift组合键向右拖动至包装的右侧边缘位置，此时将生成一个【图层4 拷贝】图层，如图7.190所示。

图7.190 复制图形

PS 41 选中【图层4 拷贝】图层，在画布中按Ctrl+T组合键对其执行自由变换命令，将光标移至出现的变形框上单击鼠标右键，从弹出的快捷菜单中选择【水平翻转】命令，将图形进行变换，完成之后按Enter键确认，如图7.191所示。

图7.191 变换图形

PS 42 选择工具箱中的【钢笔工具】✏️，以刚才同样的方法在画布中包装的底部位置绘制一个与稍长的封闭路径，如图7.192所示。

图7.192 绘制路径

PS 43 在【图层】面板中，单击面板底部的【创建新图层】🔲按钮，新建一个【图层5】图层，按Ctrl+Enter组合键将所绘制的路径转换为选区，选中【图层5】图层，将选区填充为白色，填充完成之后按Ctrl+D组合键将选区取消，如图7.193所示。

图7.193 新建图层并填充颜色

PS 44 选中【图层5】，执行菜单栏中的【滤镜】|【模糊】|【高斯模糊】命令，在弹出的对话框中将【半径】更改为10像素，设置完成之后单击【确定】按钮，如图7.194所示。

PS 45 在【图层】面板中，选中【图层5】图层，将其图层【不透明度】更改为40%，如图7.195所示。

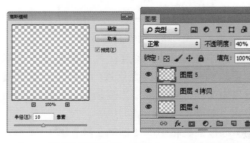

图7.194 设置高斯模糊　图7.195 更改图层不透明度

PS 46 在【图层】面板中，选中【图层5】图层，将其拖至面板底部的【创建新图层】 ◻ 按钮上，复制一个【图层5 拷贝】图层，如图7.196所示。

图7.196 复制图层

PS 47 选中【图层5 拷贝】图层，在画布中按Ctrl+T组合键对其执行自由变换命令，将光标移至出现的变形框上单击鼠标右键，从弹出的快捷菜单中选择【垂直翻转】命令，将图形进行变换，完成之后按Enter键确认，再按住Shift键向上移至包装上方边缘位置，并将其图层【不透明度】更改为70%，如图7.197所示。

图7.197 更改图层不透明度

PS 48 在【图层】面板中，选中【图层5 拷贝】图层，单击面板底部的【添加图层蒙版】 ◻ 按钮，为其图层添加图层蒙版，如图7.198所示。

PS 49 选择工具箱中的【画笔工具】 ，在画布中单击鼠标右键，在弹出的面板中，选择一种圆角笔触，将【大小】更改为150%像素，【硬度】更改为0%，如图7.199所示。

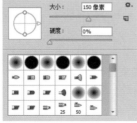

图7.198 添加图层蒙版　图7.199 设置笔触

PS 50 将前景色设置为黑色，单击【图层5 拷贝】图层蒙版缩览图，在画布中其左侧的图形上进行涂抹，将其隐藏，如图7.200所示。

图7.200 涂抹隐藏图形

PS 51 同时选中除【背景】图层之外的所有图层，执行菜单栏中的【图层】|【新建】|【从图层建立组】，在弹出的对话框中直接单击【确定】按钮，此时将生成一个【组2】，如图7.201所示。

图7.201 从图层新建组

PS 52 在【图层】面板中，选中【组2】组，将其拖至面板底部的【创建新图层】 ◻ 按钮上，复制一个【组2 拷贝】组，选中【组2 拷贝】组，执行菜单栏中的【图层】|【合并组】命令，此时将生成一个【组2 拷贝】图层，如图7.202所示。

图7.202 复制组并合并组

PS 53 选中【组2 拷贝】图层，在画布中按Ctrl+T组合键对其执行自由变换命令，将光标移至出现的变形框上单击鼠标右键，从弹出的快捷菜单中选择【垂直翻转】命令，完成之后再按住Shift键向下拖动，如图7.203所示。

215

图7.203 变换图形

PS 54 在【图层】面板中，选中【组2 拷贝】图层，单击面板底部的【添加图层蒙版】 □ 按钮，为其图层添加图层蒙版，如图7.204所示。

PS 55 选择工具箱中的【渐变工具】 ▣ ，在选项栏中单击【点按可编辑渐变】按钮，在弹出的对话框中选择【黑白渐变】，设置完成之后单击【确定】按钮，再单击【线性渐变】 ▣ 按钮。

图7.204 添加图层蒙版

PS 56 单击【组2 拷贝】图层蒙版缩览图，在画布中按住Shift键从下至上拖动，将部分图形隐藏，为其制作倒影效果，如图7.205所示。

图7.205 隐藏图形

PS 57 选中【组2 拷贝】图层，将其图层【不透明度】更改为40%，这样就完成了效果制作，最终效果如图7.206所示。

图7.206 最终效果

7.4 异形包装——饮料包装设计

📷 设计构思

- 新建画布后利用【渐变工具】为展示包装效果制作一个白色到浅黄色的渐变，制作出包装所需的动感立体背景。使用图形工具绘制包装的面。
- 添加调用素材，并绘制相对应的椭圆图形以增加整体的谐调感，并且增加活力因素并添加相对应的产品名称。
- 将图形复制并创建区域文本框添加包装的具体文字说明完成包装的平面效果制作。
- 将所绘制的包装平面不同面复制合并后变形制作包装立体效果，并分别利用图形绘制完整的包装效果并变形制作出完整的立体包装效果。
- 本例主要讲解的是葡萄汁包装效果制作，包装采用了紫色作为主色调以突出葡萄汁的卖点，再通过一些辅助的绿色图形来点缀再次强调了饮料的新鲜品质。

难易程度：★★★★☆
调用素材：配套光盘\附增及素材\调用素材\第7章\饮料包装
最终文件：配套光盘\附增及素材\源文件\第7章\饮料包装设计平面.psd、饮料包装设计立体.psd
视频位置：配套光盘\movie\7.4 异形包装——饮料包装设计.avi

饮料包装设计平面、立体效果如图7.207所示。

图7.207 饮料包装设计平面、立体效果

操作步骤

7.4.1 包装平面效果

PS 01 执行菜单栏中的【文件】|【新建】命令，在弹出的对话框中设置【宽度】为13厘米，【高度】为10厘米，【分辨率】为300像素/英寸，【颜色模式】为RGB颜色，新建一个空白画布，如图7.208所示。

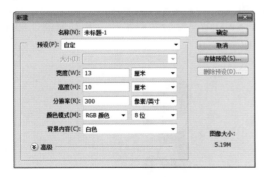

图7.208 新建画布

PS 02 选择工具箱中的【渐变工具】■，在选项栏中单击【点按可编辑渐变】按钮，在弹出的对话框中设置渐变颜色从白色至浅黄色（R:244，G:240，B:202），设置完成之后单击【确定】按钮，再单击【径向渐变】■按钮。

PS 03 在画布从中心向边缘位置拖动，为画布填充渐变，如图7.209所示。

图7.209 设置并填充渐变

PS 04 选择工具箱中的【矩形工具】■，在选项栏中将【填充】更改为浅灰色（R:240，G:240，B:240），【描边】为无，在画布中绘制一个矩形，此时将生成一个【矩形1】图层，如图7.210所示。

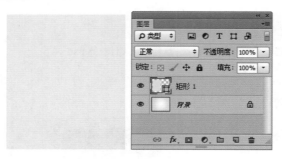

图7.210 绘制图形

PS 05 执行菜单栏中的【文件】|【打开】命令，在弹出的对话框中选择配套光盘中的【调用素材\第7章\饮料包装\葡萄.psd】文件，将打开的素材拖入画布中靠下方位置，选中所添加的素材按Ctr+T组合键将其等比放大，再向右侧位置稍微移动，如图7.211所示。

图7.211 添加素材并放大

PS 06 选择工具箱中的【椭圆工具】◯，在选项栏中将【填充】更改为紫色（R:190，G:4，B:102），【描边】为无，在画布中按住Shift键绘制一个正圆，此时将生成一个【椭圆1】图层，如图7.212所示。

PS 07 选中【椭圆1】图层，将其拖至面板底部的【创建新图层】🖼按钮上，复制一个【椭圆1拷贝】图层，如图7.213所示。

图7.212 绘制椭圆并复制　　图7.213 复制图层

PS 08 选中【椭圆1拷贝】图层，在选项栏中将【填充】更改为绿色（R:165，G:239，B:0），在画布中按住Alt+Shift组合键将其等比缩小，完成之后按Enter键确认，并将其移至其他位置，如图7.214所示。

PS 09 以同样的方法将图形复制缩小后更改不同的颜色，比如深绿色R:107，G:155，B:0），浅紫色（R:228，G:103，B:179），如图7.215所示。

图7.214 变换图形　　图7.215 更改颜色

PS 10 选择工具箱中的【横排文字工具】**T**，在画布中适当位置添加文字，如图7.216所示。

图7.216 添加文字

PS 11 选中【矩形1】图层，在画布中按住Alt+Shift组合键向右侧拖动，将其复制，如图7.217所示。

图7.217 复制图形

218

PS 12 同时选中【pure..】及【milk…】文字图层，在画布中按住Alt+Shift组合键向右侧拖动，将其复制，如图7.218所示。

PS 13 选择工具箱中的【横排文字工具】T，在刚才复制所生成的文字下方，绘制一个区域文本框，如图7.219所示。

图7.218 复制文字　　　图7.219 创建区域文字

PS 14 在刚才所创建的区域文本框中输入相关文字，并将文字全部设置为紫色（R:190，G:4，B:102），如图7.220所示。

PS 15 选择工具箱中的【圆角矩形工具】▢，在选项栏中将【填充】更改为无，【描边】为绿色（R:165，G:239，B:0），【大小】为0.6点，【半径】为10像素，【描边】为无，在画布中所绘制的包装正面上方绘制一个矩形，此时将生成一个【圆角矩形1】图层，如图7.221所示。

图7.220 添加文字　　　图7.221 绘制图形

PS 16 选中【椭圆1】图层，在画布中按住Alt键将其复制，此时将生成相应的【椭圆1 拷贝5】图层，选中复制所生成的图形，按Ctrl+T组合键对其执行自由变换命令，当出现变形框以后将其上下缩小，完成之后按Enter键确认，如图7.222所示。

PS 17 在【图层】面板中，选中【椭圆1 拷贝5】图层，将其图层【不透明度】更改为50%，如图7.223所示。

图7.222 复制并变换图形

图7.223 更改图层不透明度

PS 18 以同样的方法将【椭圆1 拷贝5】图层复制，并更改其颜色及不透明度，如图7.224所示。

图7.224 复制图层并更改不同颜色及不透明度

PS 19 在画布中按住Ctrl键将包装正面所有图形及文字选中，如图7.225所示。

图7.225 选中图形及文字

PS 20 执行菜单栏中的【图层】|【新建】|【从图层建立组】，在弹出的对话框中将其【名称】更改为【包装正面】，完成之后单击【确定】按钮，此时将生成一个【包装正面】组，如图7.226所示。

图7.226 将图层编组

PS 21 以同样的方法在画布中按住Ctrl键将画布中包装背面图案选中，执行菜单栏中的【图层】|【新建】|【从图层建立组】，在弹出的对话框中将其【名称】更改为【包装正面】，完成之后单击【确定】按钮，此时将生成一个【包装背面】组，如图7.227所示。

图7.227 将图层编组

PS 22 选择工具箱中的【横排文字工具】 T ，在画布中左上角位置添加文字，这样就完成了包装平面效果制作，最终效果如图7.228所示。

图7.228 添加文字及最终效果

7.4.2 包装立体效果

PS 01 执行菜单栏中的【文件】|【新建】命令，在弹出的对话框中设置【宽度】为10厘米，【高度】为13厘米，【分辨率】为300像素/英寸，【颜色模式】为RGB颜色，新建一个空白画布，如图7.229所示。

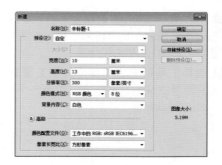

图7.229 新建画布

PS 02 选择工具箱中的【渐变工具】 ■ ，在选项栏中单击【点按可编辑渐变】按钮，在弹出的对话框中设置渐变颜色从白色至浅黄色（R:244，G:240，B:202），设置完成之后单击【确定】按钮，再单击【径向渐变】 ■ 按钮。

PS 03 在画布从中心向边缘位置拖动，为画布填充渐变，如图7.230所示。

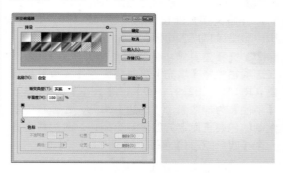

图7.230 设置并填充渐变

PS 04 将刚才所制作的包装平面图拖至新建画布中，选中【包装正面】组，执行菜单栏中的【图层】|【合并组】命令，将当前组合并，此时将生成一个【包装正面】图层，如图7.231所示。

图7.231 添加图像及合并组

PS 05 选中【包装正面】图层，在画布中按Ctrl+T组合键对其执行自由变换命令，将光标移至出现的变形框上单击鼠标右键，从弹出的快捷菜单中选择【扭曲命令】，将图形扭曲，完成之后按Enter键确认，如图7.232所示。

图7.232 变换图形并添加图像

PS 06 选中【包装背面】组，执行菜单栏中的【图层】|【合并组】命令，将当前组合并，此时将生成一个【包装背面】图层，如图7.233所示。

PS 07 选中【包装背面】图层，在画布中将图形变换，完成之后按Enter键确认，如图7.234所示。

图7.233 合并组　　图7.234 变换图形

PS 08 选择工具箱中的【矩形工具】，在选项栏中将【填充】更改为浅灰色（R:240，G:240，B:240），【描边】为无，在画布中绘制一个矩形，此时将生成一个【矩形1】图层，如图7.235所示。

PS 09 选中【矩形1】图层，在画布中按Ctrl+T组合键对其执行自由变换命令，将光标移至出现的变形框上单击鼠标右键，从弹出的快捷菜单中选择【扭曲】命令，将图形变换，完成之后按Enter键确认，如图7.236所示。

PS 10 在【图层】面板中，选中【矩形1】图层，单击面板底部的【添加图层样式】按钮，在菜单中选择【渐变叠加】命令，在弹出的对话框中将【不透明度】更改为90%，设置渐变颜色从灰色（R:238，G:238，B:238）到浅灰色（R:250，G:250，B:250），【角度】更改为

74度，设置完成之后单击【确定】按钮，如图7.237所示。

图7.235 绘制图形　　图7.236 变换图形

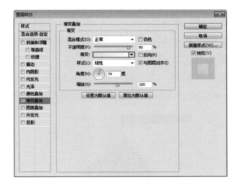

图7.237 设置渐变叠加

PS 11 选择工具箱中的【矩形工具】，在选项栏中将【填充】更改为紫色（R:190，G:4，B:102），【描边】为无，【描边】为无，在画布中绘制一个矩形，此时将生成一个【矩形2】图层，如图7.238所示。

PS 12 选中【矩形2】图层，在画布中按Ctrl+T组合键对其执行自由变换命令，将光标移至出现的变形框上单击鼠标右键，从弹出的快捷菜单中选择【扭曲】命令，将图形变换，完成之后按Enter键确认，如图7.239所示。

图7.238 绘制图形　　图7.239 变换图形

221

PS 13 单击面板底部的【创建新图层】 按钮，新建一个【图层1】图层，如图7.240所示。

PS 14 选择工具箱中的【钢笔工具】 ，在包装左侧空隙位置绘制一个封闭路径，如图7.241所示。

 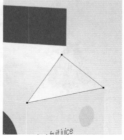

图7.240 新建图层　　　图7.241 绘制路径

PS 15 在画布中按Ctrl+Enter组合键将所绘制的路径转换为选区，选中【图层2】图层，在画布中将选区填充为紫色（R:190，G:4，B:102），完成之后按Ctrl+D组合键将选区取消，如图7.242所示。

图7.242 填充颜色

PS 16 在【图层】面板中，选中【图层2】图层，单击面板底部的【添加图层样式】 按钮，在菜单中选择【渐变叠加】命令，在弹出的对话框中将【不透明度】更改为90%，设置渐变颜色从深紫色（R:113，G:0，B:60）到紫色（R:190，G:4，B:102），【角度】更改为-39度，【缩放】为34%，设置完成之后单击【确定】按钮，如图7.243所示。

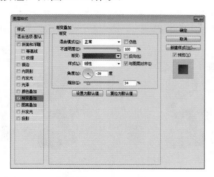

图7.243 设置渐变叠加

PS 17 单击面板底部的【创建新图层】 按钮，新建一个【图层3】图层，如图7.244所示。

PS 18 选择工具箱中的【钢笔工具】 ，在包装左侧空隙位置再次绘制一个封闭路径，如图7.245所示。

图7.244 新建图层　　　图7.245 绘制路径

PS 19 在画布中按Ctrl+Enter组合键将所绘制的路径转换为选区，选中【图层3】图层，在画布中将选区填充为深灰色（R:89，G:89，B:89），完成之后按Ctrl+D组合键将选区取消，如图7.246所示。

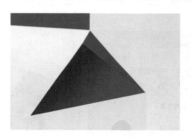

图7.246 填充颜色

PS 20 选择工具箱中的【椭圆工具】 ，在选项栏中将【填充】更改为浅灰色（R:238，G:238，B:238），【描边】为无，在包装上方位置绘制一个椭圆，此时将生成一个【椭圆1】图层，如图7.247所示。

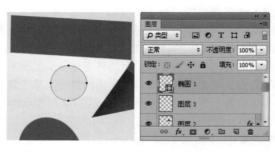

图7.247 绘制图形

PS 21 选中【椭圆1】图形，在画布中按Ctrl+T组合键对其执行自由变换，将光标移至出现的变形框上单击鼠标右键，从弹出的快捷菜单中选择【扭曲】命令，将椭圆扭曲，完居之后按Enter键

确认，如图7.248所示。

图7.248 变换图形

PS 22 选中【椭圆1】图层，单击面板底部的【添加图层样式】 *fx* 按钮，在菜单中选择【渐变叠加】命令，在弹出的对话框中将【不透明度】更改为40%，设置渐变颜色从深灰色（R:83，G:91，B:94）到白色到深灰色（R:83，G:91，B:94），到白色再到深灰色（R:83，G:91，B:94），【角度】更改为-142度，如图7.249所示。

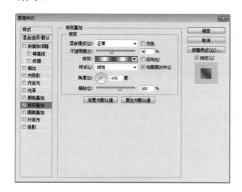

图7.249 设置渐变叠加

PS 23 勾选【投影】复选框，将【不透明度】更改为30%，【角度】更改为117度，【距离】更改为5像素，【大小】更改为10像素，设置完成之后单击【确定】按钮，如图7.250所示。

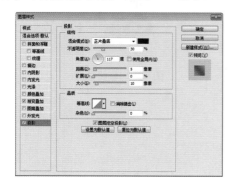

图7.250 设置投影

PS 24 选中【椭圆1】图层，将其拖至面板底部的【创建新图层】 按钮上，复制一个【椭圆1拷贝】图层，在图层样式名称上按住鼠标不松拖动面板底部的【删除图层】 按钮上，将其图层样式删除，如图7.251所示。

图7.251 复制图层并删除图层样式

PS 25 选中【椭圆1 拷贝】图层，在画布中按Ctrl+T组合键对其执行自由变换，将光标移至出现的变换框上单击鼠标右键，从弹出的快捷菜单中选择【扭曲】命令，将椭圆扭曲，完居之后按Enter键确认，如图7.252所示。

图7.252 变换图形

PS 26 单击面板底部的【创建新图层】 按钮，新建一个【图层4】图层，如图7.253所示。

PS 27 选择工具箱中的【画笔工具】 ，在画布中单击鼠标右键，在弹出的面板中选择一个圆角笔触，将【大小】更改为3像素，【硬度】更改为0%，如图7.254所示。

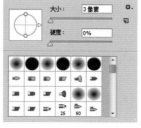

图7.253 新建图层　　　　图7.254 设置笔触

PS 28 将前景色设置为灰色（R:217，G:217，B:217），选中【图层4】图层，在画布中的包装边缘位置某个起点单击，再按住Shift键在下个点单击，为图像添加棱角质感效果，如图7.255所示。

PS 29 选中【图层4】图层，将其图层【不透明度】更改为70%，如图7.256所示。

图7.255 添加效果　图7.256 更改图层不透明度

PS 30 单击面板底部的【创建新图层】按钮，新建一个【图层5】图层，如图7.257所示。

PS 31 选择工具箱中的【多边形套索工具】，在包装底部位置绘制一个不规则选区，如图7.258所示。

图7.257 新建图层　　　图7.258 绘制选区

PS 32 选中【图层5】图层，在画布中将选区填充为黑色，填充完成之后按Ctrl+D组合键将选区取消，如图7.259所示。

图7.259 新建图层并填充选区

PS 33 选中【图层5】图层，将其移至【背景】图层上方，如图7.260所示。

PS 34 选中【图层5】图层，执行菜单栏中的【滤镜】|【模糊】|【高斯模糊】命令，在弹出的对话框中将【半径】更改为4像素，设置完成之后单击【确定】按钮，如图7.261所示。

图7.260 更改图层顺序　　　图7.261 高斯模糊

PS 35 选择工具箱中的【横排文字工具】，在画布左上角位置添加文字，这样就完成了包装立体效果制作，最终效果如图7.262所示。

图7.262 最终效果

第 **8** 章　网站硬广设计

内容摘要

越来越多的商家开通电子商务网站，网购成了越来越多的人购物的首选，那么网站硬广就显得更加重要了。所谓网站硬广，是指广告设计者利用图案2色彩、文字等要素，通过创意组合把企业要传达的信息发布在网页上，引导读者阅读广告，从而进入商铺进行购物，所以网站硬广在电子商务中占有非常重要的地位。本章通过几个典型的实例，详细讲解了网站硬广的设计方法和技巧。

教学目标

- 了解网站硬广的特点
- 掌握家电促销硬广的设计方法
- 掌握进口牛肉硬广的设计方法
- 掌握手机硬广的设计方法
- 掌握电暖气硬广的设计方法

8.1　家电促销硬广设计

📷 设计构思

- 新建画布利用【渐变工具】为画布设置黄色系背景效果。
- 利用【矩形工具】在画布中绘制图形并利用复制变换命令为画布添加放射状特效背景。
- 绘制图形并在部分图形上添加文字。利用【钢笔工具】绘制不规则图形，在图形上添加文字并将文字变形。最后添加素材图像并为部分素材图像添加阴影效果完成最终效果制作。
- 本例主要讲解的是家电促销广告制作，在制作过程中着重强调了视觉冲击感，所以在背景方面采用了放射状图形来做铺垫，在所添加的文字下方位置绘制圆形图形与放射状背景相呼应，利用【钢笔工具】在圆形周围绘制不规则图形则点缀了主题目信息并且使整体信息量更加丰富。

难易程度：★★★☆☆
调用素材：配套光盘\附增及素材\调用素材\第8章\家电促销
最终文件：配套光盘\附增及素材\源文件\第8章\家电促销硬广设计.psd
视频位置：配套光盘\movie\8.1 家电促销硬广设计.avi

家电促销硬广设计最终效果如图8.1所示。

图8.1 家电促销硬广设计最终效果

操作步骤

8.1.1 制作背景

PS 01 执行菜单栏中的【文件】|【新建】命令，在弹出的对话框中设置【宽度】为14厘米，【高度】为7厘米，【分辨率】为300像素/英寸，【颜色模式】为RGB颜色，新建一个空白画布，如图8.2所示。

图8.2 新建画布

PS 02 选择工具箱中的【渐变工具】，在选项栏中单击【点按可编辑渐变】按钮，在弹出的对话框中将渐变颜色更改为稍浅的黄色（R:255，G:236，B:142）到黄色（R:255，G:188，B:91），设置完成之后单击【确定】按钮，再单击选项栏中的【径向渐变】按钮，如图8.3所示。

图8.3 设置渐变

PS 03 在画布中从中间靠底部位置向上拖动，为画布填充渐变，如图8.4所示。

图8.4 填充渐变

PS 04 选择工具箱中的【矩形工具】 ，在选项栏中将【填充】更改为白色，【描边】为无，在画布中绘制一个矩形，此时将生成一个【矩形1】图层，如图8.5所示。

图8.5 绘制图形

PS 05 选中【矩形1】图层，在画布中按Ctrl+T组合键对其执行自由变换，将光标移至变形框中单击鼠标右键，从弹出的快捷菜单中选择【透视】命令，将光标移至变形框右下角向里侧拖动，使图形形成一种透视效果，完成之后按Enter键确认，如图8.6所示。

图8.6 变换图形

PS 06 选中【矩形1】图层，执行菜单栏中的【图层】|【栅格化】|【形状】命令，将当前图形栅格化，如图8.7所示。

图8.7 栅格化

PS 07 在【图层】面板中，按住Ctrl键单击【矩形1】图层缩览图，将其载入选区，在画布中按Ctrl+Alt+T组合键对其执行复制变换命令，当出现变形框以后将变形框中心点拖至右侧，然后将图形顺时针稍微旋转，完成之后按Enter键确认，如图8.8所示。

图8.8 复制变换

PS 08 在画布中按住Ctrl+Alt+Shift组合键的同时按T键多次，重复执行复制变换命令，完成之后按Ctrl+D组合键将选区取消，如图8.9所示。

图8.9 重复执行复制变换

PS 09 选中【矩形1】图层，在画布中按Ctrl+T组合键对其执行自由变换，当出现变形框以后按住Alt+Shift组合键将图形等比放大使其大小超过画布并稍微旋转，完成之后按Enter键确认，如图8.10所示。

图8.10 变换图形

PS 10 在【图层】面板中，选中【矩形1】图层，单击面板底部的【添加图层蒙版】 按钮，为其图层添加图层蒙版，如图8.11所示。

PS 11 选择工具箱中的【渐变工具】 ，在选项栏中单击【点按可编辑渐变】按钮，在弹出的对话框中选择【黑白渐变】，设置完成之后单击【确定】按钮，再单击选项栏中的【径向渐变】

227

■按钮，如图8.12所示。

图8.11 添加图层蒙版　　　图8.12 设置渐变

PS 12 单击【矩形1】图层蒙版缩览图，在画布中的图形上从中间向边缘方向拖动，将部分图形隐藏，如图8.13所示。

图8.13 隐藏图形

PS 13 选中【矩形】图层，将其图层【不透明度】更改为30%，如图8.14所示。

图8.14 更改图层不透明度

PS 14 选择工具箱中的【矩形工具】■，在选项栏中将【填充】更改为白色，【描边】为无，在画布靠底部边缘绘制一个矩形，此时将生成一个【矩形2】图层，如图8.15所示。

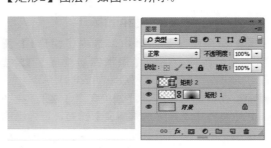

图8.15 绘制图形

PS 15 在【图层】面板中，选中【矩形2】图层，单击面板底部的【添加图层样式】*fx*按钮，在菜单中选择【渐变叠加】命令，在弹出的对话框中将渐变颜色更改为橙色（R:252，G:116，B:4）到稍浅的橙色（R:254，G:150，B:29），设置完成之后单击【确定】按钮，如图8.16所示。

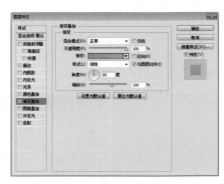

图8.16 设置渐变叠加

8.1.2 绘制图形并添加文字

PS 01 选择工具箱中的【椭圆工具】●，在选项栏中将【填充】更改为白色，【描边】为无，在画布中间位置按住Alt+Shift组合键以中心为起点绘制一个正圆，此时将生成一个【椭圆1】图层，如图8.17所示。

图8.17 绘制图形

PS 02 同时选中【椭圆1】和【背景】图层，单击选项栏中的【水平居中对齐】■按钮，将图形与背景对齐，如图8.18所示。

图8.18 对齐图形

PS 03 在【矩形2】图层上单击鼠标右键,从弹出的快捷菜单中选择【拷贝图层样式】命令,在【椭圆1】图层上单击鼠标右键,从弹出的快捷菜单中选择【粘贴图层样式】命令,如图8.19所示。

图8.19 拷贝并粘贴图层样式

PS 04 在【图层】面板中,双击【椭圆1】图层样式名称,在弹出的对话框中将渐变颜色更改为稍浅的蓝色(R:166,G:216,B:241)到蓝色(R:55,G:153,B:216),【缩放】更改为145,设置完成之后单击【确定】按钮,如图8.20所示。

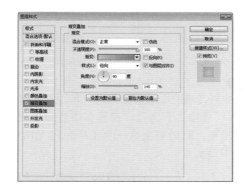

图8.20 设置渐变叠加

PS 05 选择工具箱中的【矩形工具】,在选项栏中将【填充】更改为黄色(R:255,G:229,B:0),【描边】为无,在画布中刚才所绘制的椭圆图形上方位置绘制一个矩形,此时将生成一个【矩形3】图层,如图8.21所示。

图8.21 绘制图形

PS 06 在【图层】面板中,选中【矩形3】图层,将其拖至面板底部的【创建新图层】按钮上,复制一个【矩形3拷贝】图层,如图8.22所示。

PS 07 选中【矩形3 拷贝】图层,选择工具箱中的【矩形工具】,在选项栏中将【填充】更改为蓝色(R:29,G:95,B:147),然后在画布中按Ctrl+T组合键对其执行自由变换,当出现变形框以后将图形适当缩小,完成之后按Enter键确认,如图8.23所示。

图8.22 复制图层　　　　图8.23 变换图形

PS 08 选择工具箱中的【横排文字工具】T,在刚才所绘制的图形上添加文字,如图8.24所示。

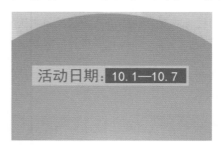

图8.24 添加文字

PS 09 同时选中【矩形3】、【矩形3 拷贝】及【活动日期…】图层,执行菜单栏中的【图层】|【合并图层】命令,将图层合并,此时将生成一个【活动日期…】图层,如图8.25所示。

图8.25 合并图层

PS 10 选中【活动日期…】图层，在画布中按Ctrl+T组合键对其执行自由变换命令，在出现的变形框中单击鼠标右键，从弹出的快捷菜单中选择【斜切】命令，将光标移至变形框顶部位置向右侧拖动，将图形变换，完成之后按Enter键确认，如图8.26所示。

图8.26 变换图形

PS 11 选择工具箱中的【横排文字工具】 **T**，在画布中间的椭圆图形上再次添加文字，如图8.27所示。

PS 12 选中【超级惠】图层，在画布中按Ctrl+T组合键对其执行自由变换命令，在出现的变形框中单击鼠标右键，从弹出的快捷菜单中选择【斜切】命令，将光标移至变形框顶部位置向右侧拖动，将文字变换，完成之后按Enter键确认，再以同样的方法将下方的几个文字进行变换，如图8.28所示。

图8.27 添加文字　　　图8.28 变换文字

PS 13 选择工具箱中的【多边形套索工具】 ，在画布中沿着刚才所添加的部分文字边缘绘制一个不规则选区，如图8.29所示。然后创建一个新的图层【图层1】，如图8.30所示。

图8.29 绘制选区　　　图8.30 新建图层

PS 14 选中【图层】图层，在画布中将选区填充为蓝色（R:29，G:95，B:147），填充完成之后按Ctrl+D组合键将选区取消，再选中【图层1】图层，将其向下移至【椭圆1】图层上方，如图8.31所示。

图8.31 填充颜色并更改图层顺序

PS 15 选择工具箱中的【矩形工具】 ，在选项栏中将【填充】更改为橙色（R:252，G:103，B:0），【描边】为无，在画布中适当位置绘制一个矩形，此时将生成一个【矩形3】图层，如图8.32所示。

图8.32 绘制图形

PS 16 选择工具箱中的【矩形工具】 ，在选项栏中将【填充】更改为黑色，【描边】为无，在刚才所绘制的图形旁边位置按住Shift键绘制一个矩形，此时将生成一个【矩形4】图层，如图8.33所示。

图8.33 绘制图形

PS 17 选中【矩形4】图层，在画布中按Ctrl+T组合键对其执行自由变换，当出现变形框以后在选项栏中【旋转】后面的文本框中输入45度，完成之后按Enter键确认，如图8.34所示。

图8.34 变换图形

PS 18 选择工具箱中的【直接选择工具】，选中矩形左侧锚点，按Delete键将其删除，如图8.35所示。

图8.35 删除锚点

PS 19 在【图层】面板中，按住Ctrl键单击【矩形4】图层缩览图，将其载入选区，执行菜单栏中的【编辑】|【定义画笔预设】命令，在弹出的对话框中将【名称】更改为【锯齿】，完成之后单击【确定】按钮，如图8.36所示。

图8.36 设置定义画笔预设

PS 20 在【图层】面板中，选中【矩形4】图层，拖至面板底部的【删除图层】按钮上，将其删除，如图8.37所示。

PS 21 在【图层】面板中，单击面板底部的【创建新图层】按钮，新建一个【图层2】图层，如图8.38所示。

图8.37 删除图层　　　图8.38 新建图层

PS 22 选择工具箱中的【画笔工具】，执行菜单栏中的【窗口】|【画笔】命令，在弹出的面板中选中刚才所定义的【锯齿】笔触，将【大小】更改为15像素，勾选【间距】复选框，将其更改为140%，然后勾选【平滑】复选框，如图8.39所示。

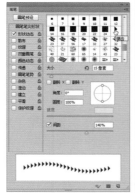

图8.39 设置画笔笔尖形状勾选平滑

PS 23 将前景色更改为黑色，选中【图层2】图层，在画布中刚才所绘制的【矩形3】图形左上角单击并按住Shift键在左下角再次单击绘制图形，如图8.40所示。

图8.40 绘制图形

231

PS 24 在【图层】面板中，选中【矩形3】图层，单击面板底部的【添加图层蒙版】 按钮，为其图层添加图层蒙版，如图8.41所示。

图8.41 添加图层蒙版

PS 25 在【图层】面板中，按住Ctrl键单击【图层2】图层缩览图，将其载入选区，如图8.42所示。

图8.42 载入选区

PS 26 单击【矩形3】图层蒙版缩览图，在画布中将选区填充为黑色，将部分图形隐藏，完成之后按Ctrl+D组合键将选区取消，再选中【图层2】图层，拖至面板底部的【删除图层】 按钮上将其删除，如图8.43所示。

图8.43 删除图层

PS 27 选中【矩形3】图层，在画布中按Ctrl+T组合键对其执行自由变换命令，在出现的变形框中单击鼠标右键，从弹出的快捷菜单中选择【旋转90度（逆时针）】命令，完成之后按Enter键确认，再将其移至画布左侧顶部位置，如图8.44所示。

图8.44 变换图形

PS 28 选择工具箱中的【横排文字工具】 ，在刚才所绘制的图形上添加文字，颜色为黄色（R:250，G:243，B:171）如图8.45所示。

PS 29 选中【醉美金秋】图层，在画布中按Ctrl+T组合键对其执行自由变换命令，在出现的变形框中单击鼠标右键，从弹出的快捷菜单中选择【斜切】命令，将光标移至变形框顶部向右侧拖动将文字变换，完成之后按Enter键确认，如图8.46所示。

图8.45 添加文字　　　　图8.46 变换文字

PS 30 在【图层】面板中，选中【醉美金秋】图层，执行菜单栏中的【图层】|【栅格化】|【文字】命令，将当前图形栅格化，如图8.47所示。

图8.47 栅格化文字

PS 31 选择工具箱中的【钢笔工具】 ，在刚才所添加的文字位置绘制一个弧形封闭路径，以选中部分文字，绘制完成之后按Ctrl+Enter组合键将路径转换为选区，如图8.48所示。

图8.48 绘制路径并转换选区

PS 32 在【图层】面板中，选中【醉美金秋】图层，单击面板上方的【锁定透明像素】 按钮，将当前图层中的透明像素锁定，在画布中将图层填充为黄色（R:255，G:229，B:0），填充完成之后按Ctrl+D组合键将选区取消，在【图层】面板中再次单击【锁定透明像素】 按钮将其解除锁定，如图8.49所示。

图8.49 锁定透明像素并填充颜色

PS 33 选择工具箱中的【钢笔工具】 ，在画布中椭圆左侧位置绘制一个不规则封闭路径，如图8.50所示。

图8.50 绘制路径

PS 34 在画布中按Ctrl+Enter组合键将刚才所绘制的封闭路径转换成选区，然后在【图层】面板中，单击面板底部的【创建新图层】 按钮，新建一个【图层2】图层，如图8.51所示。

图8.51 转换选区并新建图层

PS 35 选中【图层2】图层，在画布中将选区填充为红色（R:218，G:0，B:36），填充完成之后按Ctrl+D组合键将选区取消，如图8.52所示。

图8.52 填充颜色

PS 36 选择工具箱中的【钢笔工具】 ，在刚才所绘制的图形上再次绘制一个不规则封闭路径，如图8.53所示。

图8.53 绘制路径

PS 37 在画布中按Ctrl+Enter组合键将刚才所绘制的封闭路径转换成选区，然后在【图层】面板中，单击面板底部的【创建新图层】 按钮，新建一个【图层3】图层，如图8.54所示。

图8.54 转换选区并新建图层

233

PS 38 选中【图层3】图层，在画布中将选区填充为白色，填充完成之后按Ctrl+D组合键将选区取消，如图8.55所示。

图8.55 填充颜色

PS 39 在【图层】面板中，选中【图层3】图层，单击面板底部的【添加图层样式】 **fx** 按钮，在菜单中选择【渐变叠加】命令，在弹出的对话框中将渐变颜色更改为灰色（R:188，G:188，B:188）到灰色（R:50，G:50，B:50），【角度】更改为17度，设置完成之后单击【确定】按钮，如图8.56所示。

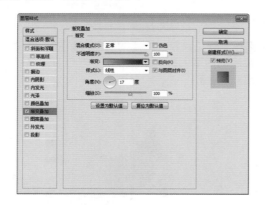

图8.56 设置渐变叠加

PS 40 选择工具箱中的【横排文字工具】 **T** ，在刚才所绘制的图形上添加文字，如图8.57所示。

图8.57 添加文字

PS 41 在【图层】面板中，选中【￥10券】图层，执行菜单栏中的【图层】|【栅格化】|【文字】命令，将当前图形栅格化，如图8.58所示。

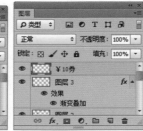

图8.58 栅格化文字

PS 42 选中【￥10券】图层，在画布中按Ctrl+T组合键对其执行自由变换命令，在出现的变形框中单击鼠标右键，从弹出的快捷菜单中选择【变形】命令，将光标移至变形框不同的控制点将文字变形，完成之后按Enter键确认，如图8.59所示。

图8.59 变换文字

PS 43 在【图层】面板中，选中【图层2】图层，将其拖至面板底部的【创建新图层】 按钮上，复制一个【图层2 拷贝】图层，如图8.60所示。

PS 44 在【图层】面板中，选中【图层2】图层，单击面板上方的【锁定透明像素】 按钮，将当前图层中的透明像素锁定，在画布中将图层填充为黑色，填充完成之后再次单击此按钮将其解除锁定，如图8.61所示。

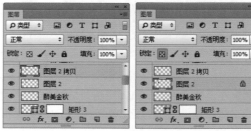
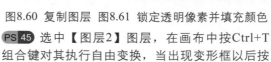

图8.60 复制图层 图8.61 锁定透明像素并填充颜色

PS 45 选中【图层2】图层，在画布中按Ctrl+T组合键对其执行自由变换，当出现变形框以后按住Alt+Shift组合键将图形等比缩小，完成之后按Enter键确认，再将图形向下稍微移动，如图8.62所示。

图8.62 变换图形

PS 46 选中【图层2】图层，执行菜单栏中的【滤镜】|【模糊】|【高斯模糊】命令，在弹出的对话框中将【半径】更改为8像素，设置完成之后单击【确定】按钮，如图8.63所示。

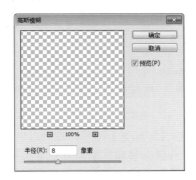

图8.63 设置高斯模糊

PS 47 选择工具箱中的【钢笔工具】，在刚才所绘制的图形下方位置再次绘制一个不规则封闭路径，如图8.64所示。

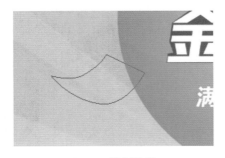

图8.64 绘制路径

PS 48 在画布中按Ctrl+Enter组合键将刚才所绘制的封闭路径转换成选区，然后在【图层】面板中，单击面板底部的【创建新图层】按钮，新建一个【图层4】图层，如图8.65所示。

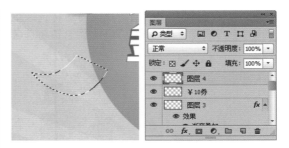

图8.65 转换选区并新建图层

PS 49 选中【图层4】图层，在画布中将选区填充为绿色（R:63，G:192，B:14），填充完成之后按Ctrl+D组合键将选区取消，如图8.66所示。

图8.66 填充颜色

PS 50 选择工具箱中的【钢笔工具】，在刚才所绘制的图形上再次绘制一个不规则封闭路径，如图8.67所示。

图8.67 绘制路径

PS 51 在画布中按Ctrl+Enter组合键将刚才所绘制的封闭路径转换成选区，然后在【图层】面板中，单击面板底部的【创建新图层】按钮，新建一个【图层5】图层，如图8.68所示。

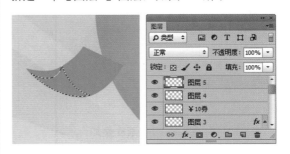

图8.68 转换选区并新建图层

PS 52 选中【图层5】图层，在画布中将选区填充为白色，填充完成之后按Ctrl+D组合键将选区取消，如图8.69所示。

图8.69 填充颜色

PS 53 在【图层3】图层上单击鼠标右键，从弹出的快捷菜单中选择【拷贝图层样式】命令，在【图层5】图层上单击鼠标右键，从弹出的快捷菜单中选择【粘贴图层样式】命令，如图8.70所示。

图8.70 拷贝并粘贴图层样式

PS 54 在【图层】面板中，双击【图层5】图层样式名称，在弹出的对话框中将【角度】更改为65，完成之后单击【确定】按钮，如图8.71所示。

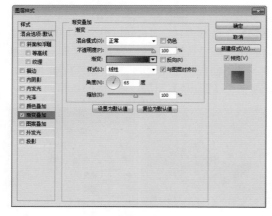

图8.71 设置渐变叠加

PS 55 选择工具箱中的【横排文字工具】 T ，在刚才所绘制的图形上添加文字，如图8.72所示。

图8.72 添加文字

PS 56 在【图层】面板中，选中【￥50券】图层，执行菜单栏中的【图层】|【栅格化】|【文字】命令，将当前图形栅格化，如图8.73所示。

图8.73 栅格化文字

PS 57 选中【￥50券】图层，在画布中按Ctrl+T组合键对其执行自由变换命令，在出现的变形框中单击鼠标右键，从弹出的快捷菜单中选择【变形】命令，将光标移至变形框不同的控制点将文字变形，完成之后按Enter键确认，如图8.74所示。

图8.74 变换文字

PS 58 在【图层】面板中，选中【￥50券】图层，将其向下移至【图层5】图层下方，如图8.75所示。

图8.75　更改图层顺序

PS 59 在【图层】面板中，选中【图层4】图层，将其拖至面板底部的【创建新图层】按钮上，复制一个【图层4 拷贝】图层，如图8.76所示。

PS 60 在【图层】面板中，选中【图层4】图层，单击面板上方的【锁定透明像素】按钮，将当前图层中的透明像素锁定，在画布中将图层填充为黑色，填充完成之后再次单击此按钮将其解除锁定，如图8.77所示。

图8.76　复制图层　图8.77　锁定透明像素并填充颜色

PS 61 选中【图层4】图层，在画布中按Ctrl+T组合键对其执行自由变换，当出现变形框以后按住Alt+Shift组合键将图形等比缩小，完成之后按Enter键确认，再将图形向右侧稍微移动，如图8.78所示。

图8.78　变换图形

PS 62 选中【图层4】图层，按Ctrl+F组合键对图形执行高斯模糊命令，如图8.79所示。

图8.79　添加高斯模糊效果

PS 63 以刚才绘制图形同样的方法在画布中间椭圆右侧位置绘制不规则图形，如图8.80所示。

图8.80　绘制图形

8.1.3　添加素材图像

PS 01 执行菜单栏中的【文件】|【打开】命令，在弹出的对话框中选择配套光盘中的【调用素材\第8章\家电促销\城市.psd】文件，将打开的素材拖入画布中靠左侧位置并适当缩小，如图8.81所示。

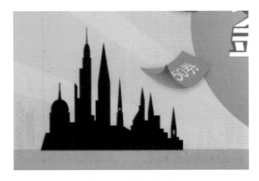

图8.81　添加素材

PS 02 在【图层】面板中，选中【城市】图层，单击面板上方的【锁定透明像素】按钮，将当前图层中的透明像素锁定，在画布中将图层填充为橙色（R:252，G:103，B:0），填充完成之后再次单击此按钮将其解除锁定，如图8.82所示。

237

图8.82 锁定透明像素并填充颜色

PS 03 选中【城市】图层，将其图层【不透明度】更改为30%，如图8.83所示。

图8.83 更改图层不透明度

PS 04 执行菜单栏中的【文件】|【打开】命令，在弹出的对话框中选择配套光盘中的【调用素材\第8章\家电促销\城市2.psd】文件，将打开的素材拖入画布中靠右侧位置并适当缩小，如图8.84所示。

PS 05 选中【城市2】图层，在画布中按Ctrl+T组合键对其执行自由变换命令，将光标移至出现的变形框上单击鼠标右键，从弹出的快捷菜单中选择【水平翻转】命令，完成之后按Enter键确认，如图8.85所示。

图8.84 添加素材　　图8.85 变换图形

PS 06 在【图层】面板中，选中【城市2】图层，单击面板上方的【锁定透明像素】 按钮，将当前图层中的透明像素锁定，在画布中将

图层填充为橙色（R:252，G:103，B:0），填充完成之后再次单击此按钮将其解除锁定，如图8.86所示。

图8.86 锁定透明像素并填充颜色

PS 07 选中【城市】图层，将其图层【不透明度】更改为30%，如图8.87所示。

图8.87 更改图层不透明度

PS 08 执行菜单栏中的【文件】|【打开】命令，在弹出的对话框中选择配套光盘中的【调用素材\第8章\家电促销\电暖扇.psd、电饭煲.psd、豆浆机.psd、煮茶.psd、空气净化器.psd】文件，将打开的素材拖入画布中左右两侧位置并适当缩小，如图8.88所示。

图8.88 添加素材

PS 09 选择工具箱中的【钢笔工具】，在画布左侧中刚才所添加的素材图像底部位置绘制一个封闭路径，如图8.89所示。

图8.89 绘制路径

PS 10 在画布中按Ctrl+Enter组合键将刚才所绘制的封闭路径转换成选区，然后在【图层】面板中，单击面板底部的【创建新图层】按钮，新建一个【图层10】图层，如图8.90所示。

图8.90 转换选区并新建图层

PS 11 选中【图层10】图层，在画布中将选区填充为黑色，填充完成之后按Ctrl+D组合键将选区取消，如图8.91所示。

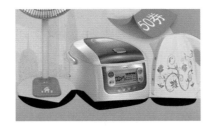

图8.91 填充颜色

PS 12 在【图层】面板中，选中【图层10】图层，将其向下移至所有素材图像所在的图层下方，如图8.92所示。

图8.92 更改图层顺序

PS 13 选中【图层10】图层，执行菜单栏中的【滤镜】|【模糊】|【高斯模糊】命令，在弹出的对话框中将【半径】更改为5像素，设置完成之后单击【确定】按钮，如图8.93所示。

图8.93 设置高斯模糊

PS 14 选择工具箱中的【钢笔工具】，在画布右侧中刚才所添加的素材图像底部位置绘制一个封闭路径，如图8.94所示。

图8.94 绘制路径

PS 15 在画布中按Ctrl+Enter组合键将刚才所绘制的封闭路径转换成选区，然后在【图层】面板中，单击面板底部的【创建新图层】按钮，新建一个【图层11】图层，如图8.95所示。

图8.95 转换选区并新建图层

PS 16 选中【图层11】图层，在画布中将选区填充为黑色，填充完成之后按Ctrl+D组合键将选区取消，以刚才同样的方法在【图层】面板中将图形移至所添加的素材所在的图层下方，如图8.96所示。

239

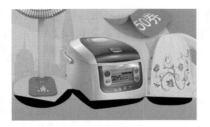

图8.96 填充颜色并更改图层顺序

PS 17 选中【图层11】图层，按Ctrl+F组合键为其添加高斯模糊效果，如图8.97所示。

图8.97 设置高斯模糊

PS 18 选择工具箱中的【椭圆工具】 ⬭ ，在选项栏中将【填充】更改为黑色，【描边】为无，在画布中间所绘制的椭圆图形底部位置绘制一个扁长的椭圆图形，此时将生成一个【椭圆2】图层，如图8.98所示。

图8.98 绘制图形

PS 19 在【图层】面板中，选中【椭圆2】图层，执行菜单栏中的【图层】|【栅格化】|【形状】命令，将当前图形栅格化，如图8.99所示。

图8.99 栅格化图层

PS 20 在画布中按Ctrl+Alt+F组合键打开【高斯模糊】对话框，将【半径】更改为3像素，完成之后单击【确定】按钮，如图8.100所示。

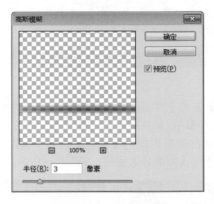

图8.100 设置高斯模糊

PS 21 在【图层】面板中，选中【椭圆2】图层，将其向下移至【椭圆1】图层下方，将其【不透明度】更改为30%，如图8.101所示。

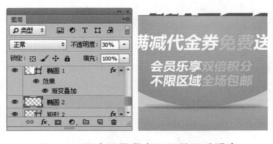

图8.101 更改图层顺序及图层不透明度

PS 22 选择工具箱中的【横排文字工具】 T ，在画布中间底部位置添加文字，这样就完成了效果制作，最终效果如图8.102所示。

图8.102 添加文字及最终效果

240

8.2 进口牛肉硬广设计

设计构思

● 新建画布利用【渐变工具】为画布制作蓝色系渐变背景效果。添加调用素材制作背景效果为广告的主题做铺垫。

● 绘制不规则图形并添加文字信息。最后添加相关调用素材及文字信息完成最终效果制作。

● 本例主要讲解的是进口牛肉广告制作，通过精美的实物图像体现了产品的新鲜、品质，在背景中添加世界地图、肥牛、地球等素材图像则是强调了进口品质，通过为广告文字添加黄色系渐变叠加图层样式效果更是体现了产品的尊贵，在色彩方面采用了蓝色主色调和黄色系的搭配比较符合整体的广告信息。

难易程度：★★★☆☆
调用素材：配套光盘\附增及素材\调用素材\第8章\进口牛肉
最终文件：配套光盘\附增及素材\源文件\第8章\进口牛肉硬广设计.psd
视频位置：配套光盘\movie\8.2 进口牛肉硬广设计.avi

进口牛肉硬广设计最终效果如图8.103所示。

图8.103 进口牛肉硬广设计最终效果

操作步骤

8.2.1 制作背景

PS 01 执行菜单栏中的【文件】|【新建】命令，在弹出的对话框中设置【宽度】为10厘米，【高度】为6厘米，【分辨率】为300像素/英寸，【颜色模式】为RGB颜色，新建一个空白画布，如图8.104所示。

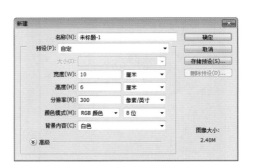

图8.104 新建画布

PS 02 选择工具箱中的【渐变工具】■，在选项栏中单击【点按可编辑渐变】按钮，在弹出的对话框中将渐变颜色更改为稍浅的蓝色（R:64，G:168，B:255）到蓝色（R:30，G:138，B:229），设置完成之后单击【确定】按钮，再单击选项栏中的【线性渐变】■按钮，如图8.105所示。

图8.105 设置渐变

PS 03 在画布中从底部位置向上拖动，为画布填充渐变，如图8.106所示。

图8.106 填充渐变

PS 04 执行菜单栏中的【文件】|【打开】命令，在弹出的对话框中选择配套光盘中的【调用素材\第8章\进口牛肉\世界地图.psd】文件，将打开的素材拖入画布中，如图8.107所示。

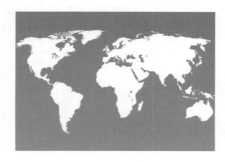

图8.107 添加素材

PS 05 在【图层】面板中，选中【世界地图】图层，将其图层混合模式设置为【叠加】，【不透明度】更改为20%，如图8.108所示。

图8.108 设置图层混合模式

PS 06 选择工具箱中的【矩形工具】■，在选项栏中将【填充】更改为蓝色（R:23，G:132，B:223），【描边】为稍深的蓝色（R:13，G:121，B:211），【大小】为0.8点，在画布靠底部边缘绘制一个宽度比画布稍大的矩形，此时将生成一个【矩形1】图层，如图8.109所示。

图8.109 绘制图形

8.2.2 添加素材图像及文字

PS 01 执行菜单栏中的【文件】|【打开】命令，在弹出的对话框中选择配套光盘中的【调用素材\第8章\进口牛肉\肥牛.psd】文件，将打开的素材拖入画布中靠左侧位置并适当缩小，如图8.110所示。

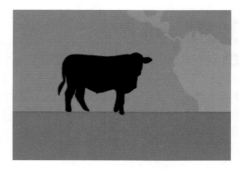

图8.110 添加素材

PS 02 在【图层】面板中，选中【肥牛】图层，单击面板上方的【锁定透明像素】 ⊠ 按钮，将当前图层中的透明像素锁定，在画布中将图层填充为深黄色（R:113，G:80，B:16），填充完成之后再次单击此按钮将其解除锁定，如图8.111所示。

图8.111 锁定透明像素并填充颜色

PS 03 选中【肥牛】图层，将其图层【不透明度】更改为30%，如图8.112所示。

图8.112 更改图层不透明度

PS 04 执行菜单栏中的【文件】|【打开】命令，在弹出的对话框中选择配套光盘中的【调用素材\第8章\进口牛肉\地球.psd】文件，将打开的素材拖入画布中靠左下角位置并适当缩小，如图8.113所示。

图8.113 添加素材

PS 05 执行菜单栏中的【文件】|【打开】命令，在弹出的对话框中选择配套光盘中的【调用素材\第8章\进口牛肉\建筑.psd】文件，在打开的素材文档中选中【建筑】组，将其拖入画布中地球附近位置并适当缩小，如图8.114所示。

PS 06 在【图层】面板中，选中【建筑】组，将其展开，选中【建筑】图层，在画布中按Ctrl+T组合键对其执行自由变换，当出现变形框以后将图形适当旋转并与地球边缘对齐，完成之后按Enter键确认，以同样的方法将其他几个图层中的图形变换并与地球边缘对齐，如图8.115所示。

图8.114 添加素材　图8.115 变换图形

PS 07 在【图层】面板中，选中【建筑】组，将其向下移至【地球】图层下方，如图8.116所示。

图8.116 更改图层顺序

PS 08 选择工具箱中的【多边形套索工具】 ▽ ，在画布中刚才所添加的地球素材图像上方绘制一个不规则选区，如图8.117所示。

PS 09 在【图层】面板中，单击面板底部的【创建新图层】 ⬜ 按钮，新建一个【图层1】图层，如图8.118所示。

图8.117 绘制选区　　图8.118 新建图层

243

PS 10 选中【图层1】图层，在画布中将选区填充为蓝色（R:25，G:118，B:196），填充完成之后按Ctrl+D组合键将选区取消，如图8.119所示。

图8.119 填充颜色

PS 11 选择工具箱中的【多边形套索工具】🔲，在刚才所绘制的图形上方位置再次绘制一个不规则选区，按住Shift键在刚才绘制的图形下方位置再次绘制选区，如图8.120所示。

图8.120 绘制选区

PS 12 在【图层】面板中，单击面板底部的【创建新图层】🔲按钮，新建一个【图层2】图层，如图8.121所示。

PS 13 选中【图层2】图层，在画布中将选区填充为蓝色（R:22，G:105，B:175），填充完成之后按Ctrl+D组合键将选区取消，如图8.122所示。

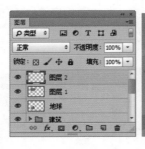 

图8.121 新建图层　　图8.122 填充颜色

PS 14 在【图层】面板中，选中【图层2】图层，将其向下移至【图层1】图层下方，如图8.123所示。

图8.123 更改图层顺序

PS 15 选择工具箱中的【横排文字工具】T，在刚才所绘制的图形上添加文字，如图8.124所示。

图8.124 添加文字

PS 16 在【图层】面板中，选中【尊贵…】图层，单击面板底部的【添加图层样式】fx按钮，在菜单中选择【渐变叠加】命令，在弹出的对话框中将渐变颜色更改为浅黄色（R:247，G:233，B:135）到黄色（R:239，G:209，B:0）到浅黄色（R:247，G:233，B:135）到黄色（R:239，G:209，B:0）到浅黄色（R:247，G:233，B:135），如图8.125所示。

图8.125 设置渐变颜色

PS 17 将【角度】更改为0度，如图8.126所示。

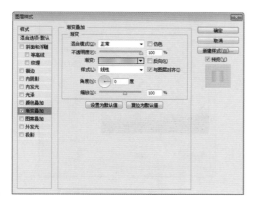

图8.126 设置渐变叠加

PS 18 勾选【投影】复选框，将【不透明度】更改为50%，取消【使用全局光】复选框，【角度】更改为90度，【距离】更改为3像素，【大小】更改为5像素，设置完成之后单击【确定】按钮，如图8.127所示。

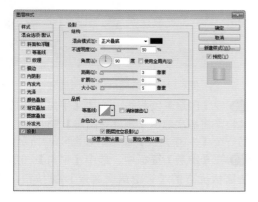

图8.127 设置投影

PS 19 在【尊贵…】图层上单击鼠标右键，从弹出的快捷菜单中选择【拷贝图层样式】命令，在【澳洲…】图层上单击鼠标右键，从弹出的快捷菜单中选择【粘贴图层样式】命令，如图8.128所示。

图8.128 拷贝并粘贴图层样式

PS 20 在【图层】面板中，选中【澳洲…】图层名称下方的【投影】图层样式名称拖至面板底部

的【删除图层】🗑 按钮上，将其图层样式删除，如图8.129所示。

图8.129 删除图层样式

PS 21 执行菜单栏中的【文件】|【打开】命令，在弹出的对话框中选择配套光盘中的【调用素材\第8章\进口牛肉\牛肉.psd、菜叶.psd、菜叶2.psd】文件，将打开的素材拖入画布中靠右侧位置并适当缩小，在【图层】面板中，将【菜叶】和【菜叶2】图层移至【牛肉】图层下方，如图8.130所示。

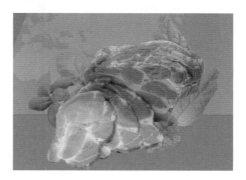

图8.130 添加素材

提示 ❓

在添加菜叶和牛肉素材图像的时候需要注意它们的图层前后顺序。

PS 22 选择工具箱中的【钢笔工具】🖋，在刚才所添加的部分素材图像边缘位置绘制一个不规则封闭路径，如图8.131所示。

图8.131 绘制路径

PS 23 在画布中按Ctrl+Enter组合键将刚才所绘制的封闭路径转换成选区，然后在【图层】面板中，单击面板底部的【创建新图层】按钮，新建一个【图层3】图层，如图8.132所示。

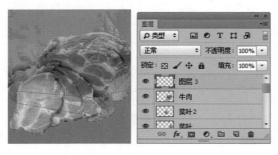

图8.132 转换选区并新建图层

PS 24 选中【图层3】图层，在画布中将选区填充为黑色，填充完成之后按Ctrl+D组合键将选区取消，如图8.133所示。

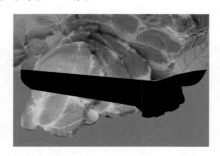

图8.133 填充颜色

PS 25 在【图层】面板中，选中【图层3】图层，将其向下移至【菜叶】图层下方，如图8.134所示。

图8.134 更改图层顺序

PS 26 选中【图层3】图层，执行菜单栏中的【滤镜】|【模糊】|【高斯模糊】命令，在弹出的对话框中将【半径】更改为5像素，设置完成之后单击【确定】按钮，如图8.135所示。

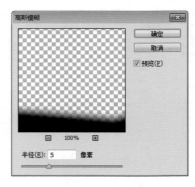

图8.135 设置高斯模糊

PS 27 选中【图层3】图层，将其图层【不透明度】更改为80%，如图8.136所示。

图8.136 更改图层不透明度

PS 28 在【图层】面板中，选中【牛肉】图层，将其拖至面板底部的【创建新图层】按钮上，复制一个【牛肉 拷贝】图层，如图8.137所示。

PS 29 在【图层】面板中，选中【牛肉】图层，单击面板上方的【锁定透明像素】按钮，将当前图层中的透明像素锁定，在画布中将图层填充为黑色，填充完成之后再次单击此按钮将其解除锁定，如图8.138所示。

图8.137 复制图层 图8.138 锁定透明像素并填充颜色

PS 30 选中【牛肉】图层，在画布中按Alt+Ctrl+F键为其添加高斯模糊效果，如图8.139所示。

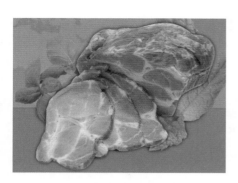

图8.139 添加高斯模糊效果

PS 31 在【图层】面板中，选中【牛肉】图层，单击面板底部的【添加图层蒙版】 ◻ 按钮，为其图层添加图层蒙版，如图8.140所示。

PS 32 选择工具箱中的【画笔工具】 ✎，在画布中单击鼠标右键，在弹出的面板中，选择一种圆角笔触，将【大小】更改为130像素，【硬度】更改为0%，如图8.141所示。

 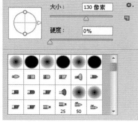

图8.140 添加图层蒙版　　图8.141 设置笔触

PS 33 单击【牛肉】图层蒙版缩览图，在画布中其图形部分位置涂抹，将图形隐藏，如图8.142所示。

图8.142 隐藏部分图形

PS 34 选择工具箱中的【横排文字工具】 T，在刚才所添加的素材图像上方添加文字，如图8.143所示。

图8.143 添加文字

PS 35 选择工具箱中的【圆角矩形工具】 ◻，在选项栏中将【填充】更改为白色，【描边】为无，【半径】为5像素，在刚才所添加的文字后面绘制一个圆角矩形，此时将生成一个【圆角矩形1】图层，如图8.144所示。

图8.144 绘制图形

PS 36 在【图层】面板中，选中【圆角矩形1】图层，在其图层名称上单击鼠标右键，从弹出的快捷菜单中选择【粘贴图层样式】命令，如图8.145所示。

图8.145 粘贴图层样式

PS 37 双击【圆角矩形1】图层样式名称，在弹出的对话框中将渐变颜色更改为浅黄色（R:247，G:233，B:135）到黄色（R:239，G:209，B:0），【角度】更改为90度，设置完成之后单击【确定】按钮，如图8.146所示。

247

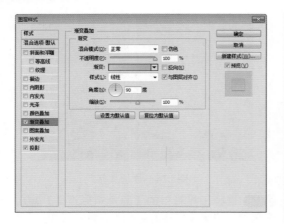

图8.146 修改颜色及角度

PS 38 选中【投影】复选框，将【不透明度】更改为30%，【距离】更改为2像素，【大小】更改为3像素，设置完成之后单击【确定】按钮，如图8.147所示。

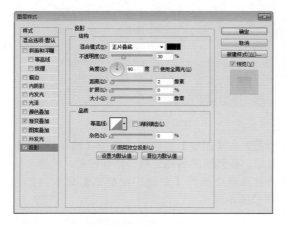

图8.147 设置投影

PS 39 选择工具箱中的【矩形工具】，在选项栏中将【填充】更改为无，【描边】为蓝色（R:45，G:150，B:240），【大小】更改为0.5点，刚才所绘制的圆角图形上按住Alt+Shift组合键绘制一个矩形，此时将生成一个【矩形2】图层，如图8.148所示。

图8.148 绘制图形

PS 40 选中【矩形2】图层，在画布中按Ctrl+T组合键对其执行自由变换，当出现变形框以后在选项栏中【旋转】后面的文本框中输入45度，完成之后按Enter键确认，如图8.149所示。

图8.149 变换图形

PS 41 选择工具箱中的【直接选择工具】，选中矩形左侧锚点，按Delete键将其删除，如图8.150所示。

图8.150 删除锚点

PS 42 选中【矩形2】图层，在画布中按Ctrl+T组合键对其执行自由变换，当出现变形框以后按住Alt+Shift组合键将图形等比缩小，完成之后按Enter键确认再将其适当移动，如图8.151所示。

PS 43 同时选中【矩形2】及【圆角矩形1】图层，单击选项栏中的【垂直居中对齐】按钮，将图形对齐，如图8.152所示。

图8.151 变换图形　　图8.152 对齐图形

PS 44 选择工具箱中的【横排文字工具】T，在圆角矩形1图形上添加文字，如图8.153所示。

图8.153 添加文字

PS 45 选择工具箱中的【多边形套索工具】 🔲，在画布中靠左下角位置绘制一个不规则选区，如图8.154所示。

PS 46 在【图层】面板中，单击面板底部的【创建新图层】 🔲 按钮，新建一个【图层4】图层，如图8.155所示。

图8.154 绘制选区　　　图8.155 新建图层

PS 47 选中【图层4】图层，在画布中将选区填充为蓝色（R:25，G:118，B:196），填充完成之后按Ctrl+D组合键将选区取消，如图8.156所示。

图8.156 填充颜色

PS 48 选中【图层4】图层，执行菜单栏中的【滤镜】|【扭曲】|【波纹】命令，在弹出的对话框中将【数量】更改为100%，【大小】更改为中，设置完成之后单击【确定】按钮，如图8.157所示。

图8.157 设置波纹

PS 49 以同样的方法在画布左下角位置再次绘制3个同样的不规则图形，并为图形添加滤镜效果，如图8.158所示。

图8.158 绘制图形

PS 50 同时选中【图层4】及刚创建的几个图形图层，执行菜单栏中的【图层】|【新建】|【从图层建立组】，在弹出的对话框中将【名称】更改为【图形】，完成之后单击【确定】按钮，此时将生成一个【图形】组，如图8.159所示。

图8.159 从图层新建组

PS 51 在【图层】面板中，选中【图形】图层，将其图层混合模式设置为【正版叠底】，【不透明度】更改为20%，如图8.160所示。

图8.160 设置图层混合模式

PS 52 选择工具箱中的【横排文字工具】T，在画布中左下角位置添加文字，如图8.161所示。

PS 53 选中【进口…】图层，在画布中按Ctrl+T组合键对其执行自由变换命令，在出现的变形框中单击鼠标右键，从弹出的快捷菜单中选择【斜切】命令，将光标移至变形框顶部向右侧拖动将文字变换，完成之后按Enter键确认，如图8.162所示。

PS 54 执行菜单栏中的【文件】|【打开】命令，在弹出的对话框中选择配套光盘中的【调用素材\第8章\进口牛肉\logo.psd】文件，将打开的素材拖入画布左上角位置并适当缩小，这样就完成了效果制作，最终效果如图8.163所示。

图8.163 添加素材及最终效果

图8.161 添加文字

图8.162 变换文字

8.3 手机硬广设计

设计构思

- 新建画布为背景填充颜色并添加素材图像。利用【直线工具】在画布中绘制线段制作平面效果。
- 添加素材图像并为其制作倒影效果再将部分素材图像变形。最后添加相关文字完成最终效果制作。
- 本例主要讲解的是手机广告制作，本广告的特点是清新、前卫、时尚，由于广告中的手机是针对年轻用户群体，所以在广告的色彩及信息量上尽量体现出简约，而西方建筑及人物剪影素材图像的添加更是为广告增添了几分时尚与前卫的气息，整体的配色相当符合主题目信息且吸引人。

难易程度：★★★☆☆
调用素材：配套光盘\附增及素材\调用素材\第8章\手机硬广
最终文件：配套光盘\附增及素材\源文件\第8章\手机硬广设计.psd
视频位置：配套光盘\movie\8.3 手机硬广设计.avi

手机硬广设计最终效果如图8.164所示。

图8.164 手机硬广设计最终效果

 操作步骤

8.3.1 制作背景

PS 01 执行菜单栏中的【文件】|【新建】命令，在弹出的对话框中设置【宽度】为10厘米，【高度】为6厘米，【分辨率】为300像素/英寸，【颜色模式】为RGB颜色，新建一个空白画布，如图8.165所示。

图8.165 新建画布

PS 02 将画布填充为粉红色（R:255，G:80，B:147），如图8.166所示。

图8.166 填充颜色

PS 03 执行菜单栏中的【文件】|【打开】命令，在弹出的对话框中选择配套光盘中的【调用素材\第8章\手机硬广\城市.jpg】文件，将打开的素材拖入画布中靠右侧位置并适当缩小，其图层名称将自动更改为【图层1】，如图8.167所示。

图8.167 添加素材

PS 04 在【图层】面板中，选中【图层1】图层，将其图层混合模式设置为【正片叠底】，【不透明度】更改为50%，如图8.168所示。

图8.168 设置图层混合模式并更改图层不透明度

PS 05 选中【图层1】图层，执行菜单栏中的【图像】|【调整】|【色阶】命令，在弹出的对话框中

251

将其数值更改为（16，1.19，235），设置完成之后单击【确定】按钮，如图8.169所示。

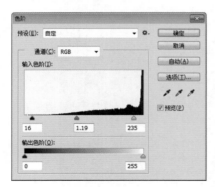

图8.169 设置色阶

PS 06 选择工具箱中的【直线工具】，在选项栏中将【填充】更改为紫色（R:224，G:45，B:113），【描边】为无，【粗细】为2像素，在画布中适当位置绘制一条倾斜的线段，此时将生成一个【形状1】图层，如图8.170所示。

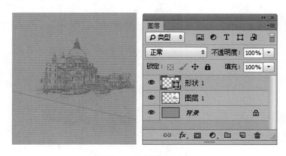

图8.170 绘制图形

PS 07 以同样的方法在画布中刚才所绘制的线段旁边位置再次绘制3条线段，此时将生成【形状2】、【形状3】、【形状4】图层，如图8.171所示。

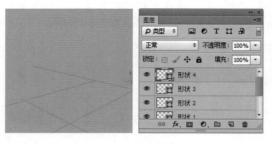

图8.171 绘制图形

8.3.2 添加素材

PS 01 执行菜单栏中的【文件】|【打开】命令，在弹出的对话框中选择配套光盘中的【调用素材\第8章\手机硬广\手机2.psd】文件，将打开的素材拖入画布中靠左侧位置并适当缩小，如图8.172所示。

PS 02 选中【手机2】图层，在画布中按Ctrl+T组合键对其执行自由变换命令，在出现的变形框中单击鼠标右键，从弹出的快捷菜单中选择【旋转90度（顺时针）】命令，再按住Alt+Shift组合键将图像等比缩小完成之后按Enter键确认，如图8.173所示。

图8.172 添加素材   图8.173 变换图像

PS 03 在【图层】面板中，选中【手机2】图层，将其拖至面板底部的【创建新图层】按钮上，复制一个【手机2拷贝】图层，如图8.174所示。

PS 04 选中【手机2拷贝】图层，在画布中按Ctrl+T组合键对其执行自由变换命令，在出现的变形框中单击鼠标右键，从弹出的快捷菜单中选择【垂直翻转】命令，完成之后按Enter键确认，再按住Shift键将图像向下垂直移动，如图8.175所示。

图8.174 复制图层   图8.175 变换图像

PS 05 在【图层】面板中，选中【手机2拷贝】图层，单击面板底部的【添加图层蒙版】按钮，为其图层添加图层蒙版，如图8.176所示。

PS 06 选择工具箱中的【渐变工具】，在选项栏中单击【点按可编辑渐变】按钮，在弹出的对话框中选择【黑白渐变】，设置完成之后单击【确定】按钮，再单击选项栏中的【线性渐变】

█按钮，如图8.177所示。

图8.176　添加图层蒙版　　　图8.177　设置渐变

PS 07 单击【手机2 拷贝】图层蒙版缩览图，在画布中其图像上按住Shift键从下至上拖动，将部分图像隐藏为手机制作倒影效果，如图8.178所示。

图8.178　隐藏部分图像

PS 08 执行菜单栏中的【文件】|【打开】命令，在弹出的对话框中选择配套光盘中的【调用素材\第8章\手机硬广\手机.psd】文件，将打开的素材拖入画布中适当位置并适当缩小，如图8.179所示。

PS 09 在【图层】面板中，选中【手机】图层，将其拖至面板底部的【创建新图层】█按钮上，复制一个【手机 拷贝】图层，如图8.180所示。

图8.179　添加素材　　　　图8.180　复制图层

PS 10 以刚才同样的方法将复制的手机图像复制并翻转后添加图层蒙版并利用【渐变工具】█为手机制作出倒影效果，如图8.181所示。

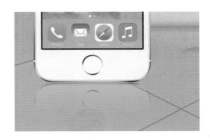

图8.181　制作倒影效果

PS 11 执行菜单栏中的【文件】|【打开】命令，在弹出的对话框中选择配套光盘中的【调用素材\第8章\手机硬广\手机3.psd】文件，将打开的素材拖入画布中适当位置并缩小，如图8.182所示。

图8.182　添加素材

提示

在添加素材图像的时候可以根据素材图像之间的间距及位置将周围图像或图形适当移动。

PS 12 选中【手机3】图层，在画布中按Ctrl+T组合键对其执行自由变换命令，在出现的变形框中单击鼠标右键，从弹出的快捷菜单中选择【扭曲】命令，将光标移至变形框控制点拖动将图像变换，完成之后按Enter键确认，如图8.183所示。

PS 13 在【图层】面板中，选中【手机3】图层，将其拖至面板底部的【创建新图层】█按钮上，复制一个【手机3拷贝】图层，如图8.184所示。

图8.183　变换图像　　　　图8.184　复制图层

PS 14 选中【手机3】图层，在画布中将图像向下稍微移动，再按Ctrl+T组合键对其执行自由变换，当出现变形框以后按住Alt+Shift组合键将图形等比缩小，完成之后按Enter键确认，如图8.185所示。

图8.185 变换图像

PS 15 选中【手机3】图层，执行菜单栏中的【滤镜】|【模糊】|【高斯模糊】命令，在弹出的对话框中将【半径】更改为5像素，设置完成之后单击【确定】按钮，如图8.186所示。

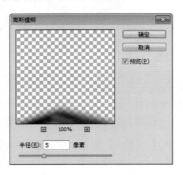

图8.186 设置高斯模糊

PS 16 选中【手机3】图层，将其图层【不透明度】更改为50%，如图8.187所示。

图8.187 更改图层不透明度

PS 17 在【图层】面板中，选中【手机3 拷贝】图层，将其拖至面板底部的【创建新图层】按钮上，复制一个【手机3 拷贝2】图层，如图8.188所示。

PS 18 在【图层】面板中，选中【手机3 拷贝】图层，单击面板上方的【锁定透明像素】按钮，将当前图层中的透明像素锁定，在画布中将图层填充为黑色，填充完成之后再次单击此按钮将其解除锁定，如图8.189所示。

图8.188 复制图层 图8.189 锁定透明像素并填充颜色

PS 19 选中【手机3 拷贝】图层，按Ctrl+Alt+F组合键打开【高斯模糊】对话框，将【半径】更改为6像素，设置完成之后单击【确定】按钮，如图8.190所示。

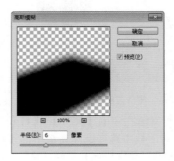

图8.190 设置高斯模糊

PS 20 在【图层】面板中，选中【手机3 拷贝】图层，单击面板底部的【添加图层蒙版】按钮，为其图层添加图层蒙版，如图8.191所示。

PS 21 选择工具箱中的【渐变工具】，在选项栏中单击【点按可编辑渐变】按钮，在弹出的对话框中选择【黑白渐变】，设置完成之后单击【确定】按钮，再单击选项栏中的【线性渐变】按钮，如图8.192所示。

图8.191 添加图层蒙版 图8.192 设置渐变

PS 22 单击【手机3 拷贝】图层蒙版缩览图，在画布中其图形上从上至下拖动，将部分图形隐藏，如图8.193所示。

图8.193 隐藏图形

8.3.3 绘制图形并添加文字

PS 01 选择工具箱中的【矩形工具】▭，在选项栏中将【填充】更改为紫色（R:225，G:46，B:114），【描边】为无，在画布左下角绘制一个矩形，此时将生成一个【矩形1】图层，如图8.194所示。

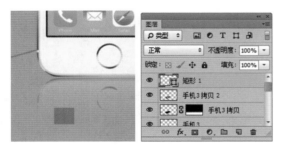

图8.194 绘制图形

PS 02 在【图层】面板中，选中【矩形1】图层，将其拖至面板底部的【创建新图层】▣按钮上，复制一个【矩形1拷贝】图层，如图8.195所示。

PS 03 选中【矩形1拷贝】图层，在画布中将其向右侧移至所绘制的线段交叉位置，然后按Ctrl+T组合键对其执行自由变换命令，在出现的变形框中单击鼠标右键，从弹出的快捷菜单中选择【扭曲】命令，将光标移至变形框上将图形变换并将图形的两边分别与线段对齐，完成之后按Enter键确认，如图8.196所示。

图8.195 复制图层　　　图8.196 变换图形

PS 04 选择工具箱中的【矩形工具】▭，在选项栏中将【填充】更改为紫色（R:225，G:46，B:114），【描边】为无，在画布靠右侧位置绘制一个矩形，此时将生成一个【矩形2】图层，选中【矩形2】图层，将其拖至面板底部的【创建新图层】▣按钮上，复制一个【矩形2拷贝】图层，如图8.197所示。

PS 05 选中【矩形2】图层，在画布中按Ctrl+T组合键对其执行自由变换命令，在出现的变形框中单击鼠标右键，从弹出的快捷菜单中选择【扭曲】命令，将光标移至变形框上将图形变换并将图形的两边分别与线段对齐，完成之后按Enter键确认，如图8.198所示。

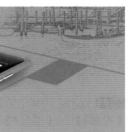

图8.197 绘制及复制图形　　图8.198 变换图形

PS 06 选中【矩形2 拷贝】图层，在画布中将图形移至画布右侧线段边缘位置，再对其图形进行扭曲变换，如图8.199所示。

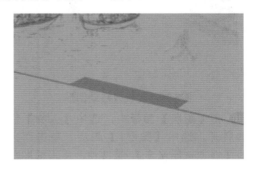

图8.199 变换图形

PS 07 执行菜单栏中的【文件】|【打开】命令，在弹出的对话框中选择配套光盘中的【调用素材\第8章\手机硬广\人物.psd】文件，将打开的素材拖入画布中靠右下角位置并适当缩小，如图8.200所示。

PS 08 在【图层】面板中，选中【人物】组，将其展开，选中【图层1】图层，在画布中按Ctrl+T组合键对图形进行变换，当出现变形框以后按住Alt+Shift组合键将图形等比缩小并适当移动，完成之后按Enter键确认，如图8.201所示。

图8.200 添加素材

图8.201 变换图形

PS 09 以刚才同样的方法，分别选中【图层2】、【图层3】、【图层4】图层，在画布中将图形适当缩小并移至不同位置，如图8.202所示。

图8.202 变换及移动图形

PS 10 在【图层】面板中，选中【人物】组，将其展开，选中【图层1】图层，单击面板上方的【锁定透明像素】██按钮，将当前图层中的透明像素锁定，在画布中将图层填充为紫色（R:225，G:46，B:114），填充完成之后再次单击此按钮将其解除锁定，如图8.203所示。

图8.203 锁定透明像素并填充颜色

PS 11 以同样的方法分别选中【图层2】、【图层3】、【图层4】图层，将其图层中的图形颜色填充为紫色（R:225，G:46，B:114），如图8.204所示。

图8.204 填充颜色

PS 12 选择工具箱中的【横排文字工具】 T ，在画布右下角位置添加文字，如图8.205所示。

PS 13 选择工具箱中的【钢笔工具】 ，在画布右上角位置绘制一个云朵状封闭路径，如图8.206所示。

图8.205 添加文字　　　图8.206 绘制路径

PS 14 在画布中按Ctrl+Enter组合键将刚才所绘制的封闭路径转换成选区，然后在【图层】面板中，单击面板底部的【创建新图层】 按钮，新建一个【图层5】图层，如图8.207所示。

图8.207 转换选区并新建图层

PS 15 选中【图层5】图层，在画布中将选区填充为白色，填充完成之后按Ctrl+D组合键将选区取消，如图8.208所示。

PS 16 选择工具箱中的【钢笔工具】 ，在刚才所绘制的图形下方位置再次绘制一个云朵状封闭路径，如图8.209所示。

图8.208 填充颜色　　图8.209 绘制路径

PS 17 在画布中按Ctrl+Enter组合键将刚才所绘制的封闭路径转换成选区，然后在【图层】面板中，单击面板底部的【创建新图层】⬜按钮，新建一个【图层6】图层，如图8.210所示。

图8.210 转换选区并新建图层

PS 18 选中【图层6】图层，在画布中将选区填充为白色，填充完成之后按Ctrl+D组合键将选区取消，如图8.211所示。

图8.211 填充颜色

PS 19 在【图层】面板中，同时选中【图层5】和【图层6】图层，将其图层【不透明度】更改为60%，如图8.212所示。

技巧

在【图层】面板中，可以选中多个图层更改图层不透明度。

图8.212 更改图层不透明度

PS 20 选择工具箱中的【横排文字工具】T，在画布靠上方适当位置添加文字，如图8.213所示。

PS 21 选择工具箱中的【自定形状工具】，在画布中单击鼠标右键，在弹出的面板中选中【红心形卡】，如图8.214所示。

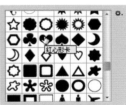

图8.213 添加文字　　图8.214 设置形状

PS 22 在选项栏中将【填充】更改为紫色（R:224，G:45，B:113），【描边】为无，在刚才所添加的文字右侧位置绘制一个图形，此时将生成一个【形状5】图层，如图8.215所示。

图8.215 绘制图形

PS 23 选中【形状5】图层，在画布中按Ctrl+T组合键对其执行自由变换，当出现变形框以后将图形适当旋转，完成之后按Enter键确认，如图8.216所示。

PS 24 在【图层】面板中，选中【形状5】图层，将其拖至面板底部的【创建新图层】⬜按钮上，复制一个【形状5拷贝】图层，如图8.217所示。

图8.216 变换图形　　　　图8.217 复制图层

图8.220 添加锚点　　　　图8.221 转换锚点

PS 25 选中【形状5 拷贝】图层，在画布中按Ctrl+T组合键对其执行自由变换，当出现变形框以后按住Alt+Shift组合键将图形等比缩小，再将图形向下适当移动并旋转，完成之后按Enter键确认，如图8.218所示。

PS 29 选择工具箱中的【直接选择工具】，选中刚才转换的节点，将其向左下角方向拖动，再按住Ctrl键向左下角位置拖动两边的控制杆，将图形变换，如图8.222所示。

图8.218 变换图形

图8.222 变换图形

PS 26 选择工具箱中的【椭圆工具】，在选项栏中将【填充】更改为黄色（R:255，G:255，B:0），【描边】为无，在刚才所添加的文字和手机图像之间的位置按住Shift键绘制一个正圆，此时将生成一个【椭圆1】图层，如图8.219所示。

PS 30 在【图层】面板中，选中【椭圆1】图层，执行菜单栏中的【图层】|【栅格化】|【形状】命令，将当前图形栅格化，如图8.223所示。

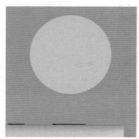 

图8.219 绘制图形

图8.223 栅格化图层

PS 27 选择工具箱中的【添加锚点工具】，在刚才所添加的椭圆左下角位置单击，添加3个锚点，如图8.220所示。

PS 31 选择工具箱中的【钢笔工具】，在刚才所绘制的椭圆图形上绘制一个不规则椭圆封闭路径，如图8.224所示。

PS 28 选择工具箱中的【转换点工具】单击刚才所添加的3个锚点的中间锚点，将其转换成节点，如图8.221所示。

PS 32 在画布中按Ctrl+Enter组合键将刚才所绘制的封闭路径转换成选区，如图8.225所示。

图8.224 绘制路径　　图8.225 转换选区

图8.226 锁定透明像素并填充颜色

PS 33 在【图层】面板中，选中【椭圆1】图层，单击面板上方的【锁定透明像素】■按钮，将当前图层中的透明像素锁定，在画布中将图层填充为黄色（R:241，G:241，B:0），填充完成之后按Ctrl+D组合键将选区取消，在【图层】面板中再次单击【锁定透明像素】■按钮解除锁定，如图8.226所示。

PS 34 选择工具箱中的【横排文字工具】**T**，在刚才所绘制的椭圆图形上添加文字，这样就完成了效果制作，最终效果如图8.227所示。

图8.227 添加文字及最终效果

8.4 / 电暖气硬广设计

📷 设计构思

- 新建画布后新建图层并添加滤镜，然后填充渐变效果为广告页面制作出富有质感背景效果。添加相关调用素材，并将素材变换制作出拟物化的立体效果。
- 在画布中添加调用素材图像并为所添加的素材图像制作倒影效果。利用【多边形工具】并利用图层样式在画布中添加促销标签效果。
- 在画布中添加文字并将文字复制后制作倒影效果。利用【矩形工具】在画布中绘制相关图形并利用【钢笔工具】为所绘制的图形添加阴影效果。最后在所绘制的图形上添加相关文字完成最终效果制作。
- 本例主要讲解的是电暖气广告的制作，广告的主视觉内容丰富而不花哨，使用户在第一时间内得到广告上的信息，在促销以及产品信息上都尽量采用简洁的信息表达方式，在配色方面大量采用暖色系与产品的功能相联系。

难易程度：★★★☆☆
调用素材：配套光盘\附增及素材\调用素材\第8章\电暖气硬广
最终文件：配套光盘\附增及素材\源文件\第8章\电暖气硬广设计.psd
视频位置：配套光盘\movie\8.4 电暖气硬广设计.avi

电暖气硬广设计最终效果如图8.228所示。

图8.228 电暖气硬广设计最终效果

 操作步骤

8.4.1 制作背景

PS 01 执行菜单栏中的【文件】|【新建】命令，在弹出的对话框中设置【宽度】为14厘米，【高度】为7厘米，【分辨率】为300像素/英寸，【颜色模式】为RGB颜色，新建一个空白画布，如图8.229所示。

图8.229 新建画布

PS 02 单击面板底部的【创建新图层】 按钮，新建一个【图层1】图层，如图8.230所示。

图8.230 新建图层

PS 03 选中【图层1】图层，在画布中将其填充为白色，如图8.231所示。

PS 04 选择【图层1】图层，执行菜单栏中的【滤镜】|【杂色】|【添加杂色】命令，在弹出的对话框中将【数量】更改为1%，分别选中【高斯分布】单选按钮和【单色】复选框，设置完成之后单击【确定】按钮，如图8.232所示。

图8.231 填充颜色　　图8.232 设置添加杂色

PS 05 在【图层】面板中，选中【图层1】图层，单击面板底部的【添加图层样式】fx 按钮，在菜单中选择【渐变叠加】命令，在弹出的对话框中将【混合模式】更改为【正片叠底】，更改渐变颜色从橙色（R:251，G:182，B:1）到深橙色（R:223，G:125，B:0），【样式】更改为径向，【缩放】更改为150%，设置完成之后单击【确定】按钮，如图8.233所示。

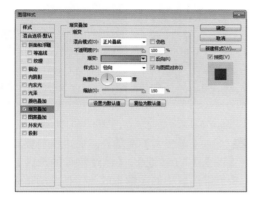

图8.233 设置渐变叠加

PS 06 执行菜单栏中的【文件】|【打开】命令，在弹出的对话框中选择配套光盘中的【调用素材\第8章\电暖器硬广\木地板.jpg】文件，将打开的素材拖入画布中适当缩小并移至靠底部位置，其图层名称将自动更名为【图层2】，如图8.234所示。

图8.234 添加素材

PS 07 在【图层】面板中，选中【图层2】图层，将其拖至面板底部的【创建新图层】按钮上，复制一个【图层2 拷贝】图层，如图8.235所示。

图8.235 复制图层

PS 08 选中【图层2】图层，在画布中按Ctrl+T组合键对其执行自由变换，将光标移至出现的变形框上单击鼠标右键，从弹出的快捷菜单中选择【透视】命令，将图形变换，之后再将其上下缩小，左右拉长，完成之后按Enter键确认，如图8.236所示。

图8.236 变换图形

PS 09 选中【图层2 拷贝】图层，在画布中按Ctrl+T组合键对其执行自由变换，将图形上下缩短，左右拉长使其长度与【图层2】图层中的图形一样，并将其高度缩小，完成之后按Enter键确认，如图8.237所示。

图8.237 变换及对齐图形

PS 10 在【图层】面板中，选中【图层2】图层，单击面板底部的【添加图层样式】fx 按钮，在菜单中选择【渐变叠加】命令，在弹出的对话框中将【混合模式】更改为【正片叠底】，更改渐变颜色从白色到深黄色（R:184，G:134，B:92），设置完成之后单击【确定】按钮，如图8.238所示。

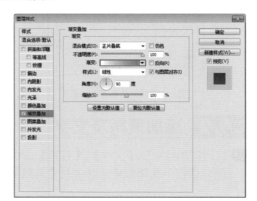

图8.238 设置渐变叠加

PS **11** 选择工具箱中的【多边形套索工具】 ，在画布中图层2中的图形位置绘制一个不规则选区，如图8.239所示。

图8.239 绘制选区

PS **12** 单击面板底部的【创建新图层】 按钮，新建一个【图层3】图层，如图8.240所示。

PS **13** 选中【图层3】图层，在画布中将选区填充为黑色，填充完成之后按Ctrl+D组合键将选区取消，再选中【图层3】图层，将其移至【图层2】下方，如图8.241所示。

图8.240 新建图层　　　图8.241 填充颜色

PS **14** 选中【图层3】图层，执行菜单栏中的【滤镜】|【模糊】|【高斯模糊】命令，在弹出的对话框中将【半径】更改为10像素，设置完成之后单击【确定】按钮，如图8.242所示。

图8.242 设置高斯模糊

8.4.2　添加素材及文字

PS **01** 执行菜单栏中的【文件】|【打开】命令，在弹出的对话框中选择配套光盘中的【调用素材\第8章\电暖器硬广\电暖气.psd】文件，将打开的素材拖入画布中靠右侧位置，如图8.243所示。

PS **02** 选择工具箱中的【多边形套索工具】 ，在刚才所添加的素材图像底部滚轮位置绘制一个不规则选区以将滚轮图像选中，如图8.244所示。

图8.243 添加素材　　　图8.244 绘制选区

PS **03** 选中【电暖气】图层在画布中执行菜单栏中的【图层】|【新建】|【通过拷贝的选区】命令，将当前选区中的图像生成一个独立的【图层4】图层，如图8.245所示。

PS **04** 选中【图层4】图层，在画布中按Ctrl+T组合键对其执行自由变换命令，将光标移至出现的变形框上单击鼠标右键，从弹出的快捷菜单中选择【垂直翻转】命令，完成之后按Enter键确认，如图8.246所示。

图8.245 通过拷贝的图层　　　图8.246 变换图像

PS **05** 在【图层】面板中，选中【图层4】图层，单击面板底部的【添加图层蒙版】 按钮，为其图层添加图层蒙版，如图8.247所示。

PS **06** 选择工具箱中的【渐变工具】 ，在选项栏中单击【点按可编辑渐变】按钮，在弹出的对话框中选择【黑白渐变】，设置完成之后单击【确定】按钮，再单击选项栏中的【线性渐变】 按钮，如图8.248所示。

图8.247 添加图层蒙版　　图8.248 设置渐变

PS 07 单击【图层4】图层蒙版缩览图，在画布中其图形上从下至上拖动，将多余图像隐藏制作倒影效果，如图8.249所示。

图8.249 添加倒影

PS 08 选择工具箱中的【多边形套索工具】，在刚才所添加的素材图像底部另外一个滚轮位置绘制不规则选区以将滚轮图像选中，如图8.250所示。

图8.250 绘制选区

PS 09 选中【电暖气】图层，以刚才同样的方法执行菜单栏中的【图层】|【新建】|【通过拷贝的选区】命令，将当前选区中的图像生成一个独立的【图层5】图层，如图8.251所示。

PS 10 选中【图层5】图层，在画布中按Ctrl+T组合键对其执行自由变换命令，将光标移至出现的变形框上单击鼠标右键，从弹出的快捷菜单中选择【垂直翻转】命令，完成之后按Enter键确认，

如图8.252所示。

图8.251 通过拷贝的图层　　图8.252 变换图像

PS 11 以刚才同样的方法对为图像制作倒影效果，完成之后再选中图像中最后一个滚轮图像以同样的方法为其制作倒影效果，如图8.253所示。

图8.253 制作倒影

提示

在对滚轮图像进行变形的时候可适当斜切以对应素材图像上的图像，使所制作的倒影效果更加自然。

PS 12 选择工具箱中的【多边形套索工具】，在刚才所添加的素材图像底部位置绘制一个不规则选区，如图8.254所示。

PS 13 单击面板底部的【创建新图层】按钮，新建一个【图层7】图层，如图8.255所示。

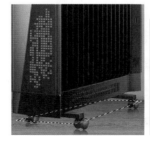

图8.254 绘制选区　　图8.255 新建图层

PS 14 选中【图层7】图层，在画布中将选区填充为黑色，填充完成之后按Ctrl+D组合键将选区

取消，如图8.256所示。

PS 15 选中【图层7】图层，将其向下移至【电暖气】图层下方，如图8.257所示。

图8.256 填充颜色　　图8.257 更改图层顺序

PS 16 选中【图层7】图层，执行菜单栏中的【滤镜】|【模糊】|【高斯模糊】命令，在弹出的对话框中将【半径】更改为9像素，设置完成之后单击【确定】按钮，如图8.258所示。

图8.258 设置高斯模糊

PS 17 选中【图层7】图层，将其图层【不透明度】更改为70%，如图8.259所示。

264

图8.259 更改图层不透明度

PS 18 选择工具箱中的【多边形工具】，在选项栏中将【填充】更改为白色，【描边】为无，单击选项栏中的⚙按钮，在弹出的面板中勾选【星形】复选框，将【缩进边依据】更改为10%，如图8.260所示，将【边】更改为25。

图8.260 设置选项

PS 19 在画布中电暖气左上角位置按住Shift键绘制一个图形，此时将生成一个【多边形1】图层，如图8.261所示。

图8.261 绘制图形

PS 20 在【图层】面板中，选中【多边形1】图层，单击面板底部的【添加图层样式】*fx*按钮，在菜单中选择【渐变叠加】命令，在弹出的对话框中将渐变颜色更改为橙色（R:249，G:124，B:14）到深橙色（R:227，G:16，B:5），如图8.262所示。

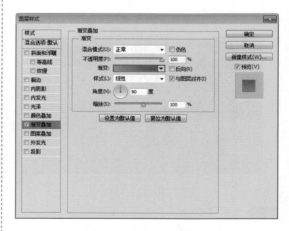

图8.262 设置渐变叠加

PS 21 选择工具箱中的【横排文字工具】**T**，在刚才所绘制的图形上添加文字，如图8.263所示。

图8.263 添加文字

PS 22 选择工具箱中的【圆角矩形工具】 ⬭，在选项栏中将【填充】更改为白色，【描边】为无，【半径】为10像素，在画布靠顶部位置绘制一个矩形，此时将生成一个【圆角矩形1】图层，如图8.264所示。

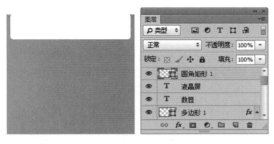

图8.264 绘制图形

PS 23 在【图层】面板中，选中【圆角矩形1】图层，单击面板底部的【添加图层样式】 **fx** 按钮，在菜单中选择【渐变叠加】命令，在弹出的对话框中将渐变颜色更改为黄色（R:254，G:242，B:0）到深橙色（R:255，G:198，B:0），如图8.265所示。

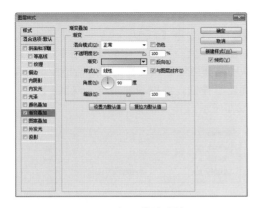

图8.265 设置渐变叠加

PS 24 勾选【投影】复选框，将【不透明度】更改为30%，【角度】更改为90度，【距离】更改为3像素，【大小】更改为10像素，设置完成之

后单击【确定】按钮，如图8.266所示。

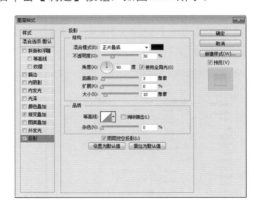

图8.266 设置投影

PS 25 选择工具箱中的【横排文字工具】 **T**，在刚才所绘制的矩形位置添加文字，如图8.267所示。

图8.267 添加文字

PS 26 在【图层】面板中，选中【业界首创】文字图层，单击面板底部的【添加图层样式】 **fx** 按钮，在菜单中选择【斜面和浮雕】命令，在弹出的对话框中将【样式】更改为【浮雕效果】，【深度】更改为1%，【大小】更改为4像素，如图8.268所示。

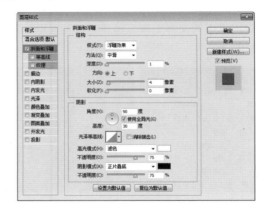

图8.268 设置斜面和浮雕

265

PS 27 勾选【投影】复选框，将【不透明度】更改为30%，【角度】更改为90度，【距离】更改为2像素，【大小】更改为2像素，设置完成之后单击【确定】按钮，如图8.269所示。

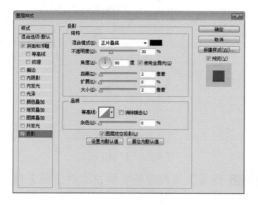

图8.269 设置投影

PS 28 选择工具箱中的【横排文字工具】T，在刚才所添加的文字下方位置再次添加文字，如图8.270所示。

图8.270 添加文字

PS 29 在【图层】面板中，选中【超暖…】及【金牌…】文字图层，将其拖至面板底部的【创建新图层】按钮上，复制一个【超暖… 拷贝】及【金牌… 拷贝】文字图层，在画布中将拷贝图层中的文字更改为稍浅的灰色（R:240，G:240，B:240），如图8.271所示。

图8.271 复制图层及更改颜色

PS 30 在【图层】面板中，分别选中【超暖… 拷贝】图层及【金牌… 拷贝】图层单击面板底部的【添加图层蒙版】按钮，为其图层添加图层蒙版，如图8.272所示。

PS 31 选择工具箱中的【矩形选框工具】，在画布中【超暖 拷贝】文字上绘制一个矩形选区，按住Shift键在【金牌..拷贝】文字上绘制矩形如图8.273所示。

图8.272 添加图层蒙版　　　图8.273 绘制选区

PS 32 分别单击【超暖… 拷贝】及【金牌..拷贝】图层蒙版缩览图，在画布中将选区填充为黑色，将多余文字部分隐藏，完成之后按Ctrl+D组合键将选区取消，如图8.274所示。

图8.274 隐藏部分文字

PS 33 同时选中【超暖… 拷贝】及【金牌..拷贝】图层，执行菜单栏中的【图层】|【新建】|【从图层建立组】，在弹出的对话框中直接单击【确定】按钮，此时将生成一个【组1】组，如图8.275所示。

图8.275 从图层新建组

PS 34 在【图层】面板中，选中【组1】，将其拖至面板底部的【创建新图层】按钮上，复制一个【组1 拷贝】，如图8.276所示。

PS 35 选中【组1 拷贝】组，执行菜单栏中的【图层】|【合并组】命令，将当前组合并，此时将生成一个【组1拷贝】图层，如图8.277所示。

图8.276 复制图层　　　图8.277 合并组

PS 36 选中【组1 拷贝】图层，按Ctrl+T组合键对其执行自由变换命令，在出现的变形框中单击鼠标右键，从弹出的快捷菜单中选择【垂直翻转】命令，完成之后按Enter键确认，再按住Shift键向下移动，如图8.278所示。

PS 37 选择工具箱中的【渐变工具】，在选项栏中单击【点按可编辑渐变】按钮，在弹出的对话框中选择【黑白渐变】，设置完成之后单击【确定】按钮，再单击选项栏中的【线性渐变】按钮，如图8.279所示。

图8.278 变换图形　　　图8.279 设置渐变

PS 38 在【图层】面板中，选中【组1 拷贝】图层，单击面板底部的【添加图层蒙版】按钮，为其图层添加图层蒙版，如图8.280所示。

图8.280 添加图层蒙版

PS 39 单击【组1 拷贝2】图层蒙版，在画布中其图形上从下至上拖动，将多余图像隐藏制作倒影效果，如图8.281所示。

图8.281 隐藏图形

PS 40 选择工具箱中的【横排文字工具】，在画布中适当位置添加文字，如图8.282所示。

图8.282 添加文字

PS 41 执行菜单栏中的【文件】|【打开】命令，在弹出的对话框中选择配套光盘中的【调用素材\第8章\电暖器硬广\加湿器.psd】文件，将打开的素材拖入画布中刚才所添加的文字下方并适当缩小，如图8.283所示。

PS 42 在【图层】面板中，选中【加湿气】图层，将其拖至面板底部的【创建新图层】按钮上，复制一个【加湿气 拷贝】图层，如图8.284所示。

图8.283 添加素材　　　图8.284 复制图层

PS 43 选中【加湿气 拷贝】图层，在画布中按Ctrl+T组合键对其执行自由变换命令，将光标移至出现的变形框上单击鼠标右键，从弹出的快捷菜单中选择【垂直翻转】命令，完成之后按Enter键确认，如图8.285所示。

图8.285 变换图形

PS 44 在【图层】面板中，选中【加湿气 拷贝】图层，单击面板底部的【添加图层蒙版】按钮，为其图层添加图层蒙版，如图8.286所示。

PS 45 选择工具箱中的【渐变工具】，在选项栏中单击【点按可编辑渐变】按钮，在弹出的对话框中选择【黑白渐变】，设置完成之后单击【确定】按钮，再单击选项栏中的【线性渐变】按钮，如图8.287所示。

图8.286 添加图层蒙版　　　图8.287 设置渐变

PS 46 单击【加湿气 拷贝】图层蒙版缩览图，在画布中其图形上从下至上拖动，将多余图像隐藏制作倒影效果，如图8.288所示。

图8.288 隐藏图像

PS 47 选择工具箱中的【椭圆工具】，在选项栏中将【填充】更改为白色，【描边】为无，在刚才所添加的素材图像附近位置按住Shift键绘制一个正圆，此时将生成一个【椭圆1】图层，如图8.289所示。

PS 48 选择工具箱中的【矩形工具】，在选项栏中将【填充】更改为白色，【描边】为无，单击选项栏中的【路径操作】按钮，在弹出的选项中选择【合并形状】在刚才所绘制的椭圆图形左下角位置绘制一个矩形，如图8.290所示。

图8.289 绘制图形　　　图8.290 合并形状

PS 49 在【多边形1】图层上单击鼠标右键，从弹出的快捷菜单中选择【拷贝图层样式】命令，在【椭圆1】图层上单击鼠标右键，从弹出的快捷菜单中选择【粘贴图层样式】命令，如图8.291所示。

图8.291 拷贝并粘贴图层样式

PS 50 双击【椭圆1】图层样式名称，在弹出的对话框中勾选【反向】复选框，完成之后单击【确定】按钮，如图8.292所示。

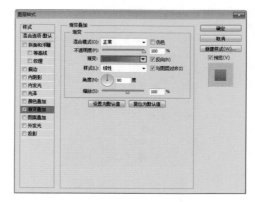

图8.292 设置渐变叠加

PS 51 选择工具箱中的【横排文字工具】 T ，在椭圆1图形上添加文字，如图8.293所示。

图8.293 添加文字

PS 52 选择工具箱中的【圆角矩形工具】，在选项栏中将【填充】更改为白色，【描边】为无，【半径】为3像素，在刚才所添加的素材图像右侧位置绘制一个圆角矩形，此时将生成一个【圆角矩形2】图层，如图8.294所示。

图8.294 绘制图形

PS 53 选择工具箱中的【矩形工具】，在选项栏中将其【填充】更改为白色，【描边】为无，在画布中任意位置按住Shift键绘制一个矩形，此时将生成一个【矩形3】图层，如图8.295所示。

图8.295 绘制矩形

PS 54 选中【矩形1】图层，执行菜单栏中的【图层】|【栅格化】|【形状】命令，将当前图形栅格化，如图8.296所示。

图8.296 栅格化图形

PS 55 选中【矩形1】图层，在画布中按Ctrl+T组合键对其执行自由变换命令，在选项栏中的【旋转】的文本框中输入-45度，然后在画布中按住Alt键将其上下缩小，完成之后按Enter键确认，如图8.297所示。

图8.297 变换图形

PS 56 选择工具箱中的【矩形选框工具】，选中【矩形1】图层，在画布中绘制选区选中部分图形，按Delete键将多余图形删除，删除完成之后按Ctrl+D组合键将选区取消，如图8.298所示。

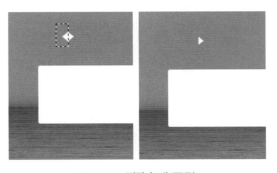

图8.298 删除部分图形

PS 57 在【图层】面板中，按住Ctrl键单击【矩形1】图层将其载入选区，执行菜单栏中的【编辑】|【定义画笔预设】命令，在出现的对话框中将【名称】更改为【锯齿】，完成之后单击【确定】按钮，完成之后按Ctrl+D组合键将选区取消，如图8.299所示。

图8.299 定义画笔预设

PS 58 选中【矩形1】图层，在画布中按Ctrl+A组合键将图层中的小三角图形选中，按Delete键将其删除，完成之后按Ctrl+D组合键将选区取消，如图8.300所示。

图8.300 删除图形

PS 59 选择工具箱中的【画笔工具】，执行菜单栏中的【窗口】|【画笔】命令，在弹出的面板中选择刚才所定义的【锯齿】笔触，勾选【间距】复选框，将其数值更改为135%，设置完成之后关闭面板，如图8.301所示。

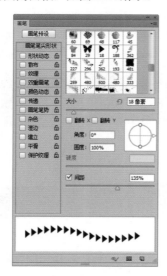

图8.301 设置间距

PS 60 选中【矩形1】图层，将前景色更改为黑色，在画布中圆角矩形的左上角位置单击，再按住Shift键在左下角位置再次单击，如图8.302所示。

图8.302 绘制图形

PS 61 在【图层】面板中，选中【圆角矩形2】图层，单击面板底部的【添加图层蒙版】按钮，为其图层添加图层蒙版，如图8.303所示。

图8.303 添加图层蒙版

PS 62 在【图层】面板中，按住Ctrl键单击【矩形1】图层缩览图，将其载入选区，如图8.304所示。

PS 63 单击【圆角矩形2】图层蒙版缩览图，在画布中将选区填充为黑色，将其图形中多余部分隐藏，完成之后按Ctrl+D组合键将选区取消，如图8.305所示。

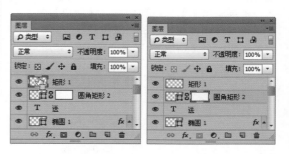

图8.304 载入选区　　　图8.305 填充颜色

PS 64 在【图层】面板中，选中【矩形1】图层，拖至面板底部的【删除图层】按钮上，将其删除，如图8.306所示。

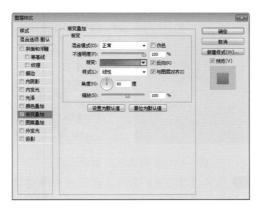

图8.306 删除图层

PS 65 在【图层】面板中，选中【圆角矩形2】图层，将其拖至面板底部的【创建新图层】按钮上，复制一个【圆角矩形2 拷贝】图层，如图8.307所示。

图8.307 复制图层

PS 66 选中【圆角矩形2 拷贝】图层，在其图层名称上单击鼠标右键，从弹出的快捷菜单中选择【粘贴图层样式】命令，如图8.308所示。

图8.308 粘贴图层样式

PS 67 双击【圆角矩形2 拷贝】图层样式名称，在弹出的对话框中勾选【反向】复选框，完成之后单击【确定】按钮，如图8.309所示。

图8.309 设置渐变叠加

PS 68 选中【圆角矩形2】图层，将【填充】更改为深红色（R:212，G:29，B:23），分别按一次键盘上的向右及向上键，将图形移动一个像素距离，如图8.310所示。

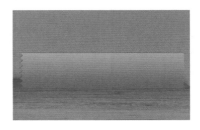

图8.310 移动图形

PS 69 选择工具箱中的【钢笔工具】，沿着圆角矩形底部位置绘制一个封闭路径，如图8.311所示。

图8.311 绘制路径

PS 70 在画布中按Ctrl+Enter组合键将刚才所绘制的封闭路径转换成选区，然后在【图层】面板中，单击面板底部的【创建新图层】按钮，新建一个【图层8】图层，如图8.312所示。

图8.312 转换选区并新建图层

PS 71 选中【图层8】图层，在画布中将选区填充为黑色，填充完成之后按Ctrl+D组合键将选区取消，如图8.313所示。

图8.313 填充颜色

PS 72 选中【图层8】图层，执行菜单栏中的【滤镜】|【模糊】|【高斯模糊】命令，在弹出的对话框中将【半径】更改为3像素，设置完成之后单击【确定】按钮，如图8.314所示。

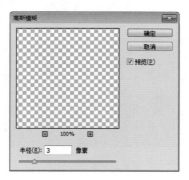

图8.314 设置高斯模糊

PS 73 选择工具箱中的【横排文字工具】T，在矩形上添加文字，如图8.315所示。

图8.315 添加文字

PS 74 选择工具箱中的【矩形工具】，在选项栏中将【填充】更改为白色，【描边】为无，【半径】为10像素，在刚才所添加的文字右侧位置绘制一个矩形，此时将生成一个【圆角矩形3】图层，如图8.316所示。

图8.316 绘制图形

PS 75 在【圆角矩形3】图层上单击鼠标右键，从弹出的快捷菜单中选择【粘贴图层样式】命令，如图8.317所示。

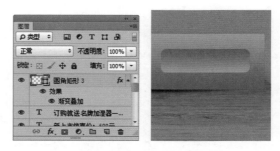

图8.317 粘贴图层样式

PS 76 在【图层】面板中，双击【圆角矩形3】图层样式名称，在弹出的对话框中将渐变颜色更改为深黄色（R:254，G:188，B: 6）到黄色（R:250，G:229，B:136），设置完成之后单击【确定】按钮，如图8.318所示。

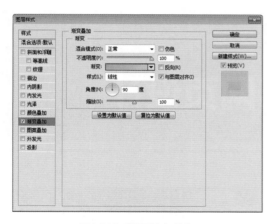

图8.318 设置渐变叠加

PS 77 在【图层】面板中，选中【圆角矩形3】图层，将其拖至面板底部的【创建新图层】按钮上，复制一个【圆角矩形3 拷贝】图层，如图8.319所示。

图8.319 复制图层

PS 78 在【图层】面板中，双击【圆角矩形3 拷贝】图层样式名称，在弹出的对话框中勾选【反向】复选框，完成之后单击【确定】按钮，如图8.320所示。

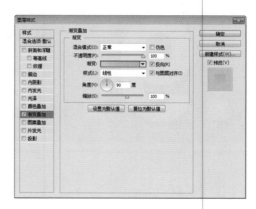

图8.320 设置渐变叠加

PS 79 选中双击【圆角矩形3 拷贝】图层，在画布中向下稍微移动，如图8.321所示。

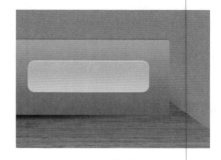

图8.321 移动图形

PS 80 选择工具箱中的【横排文字工具】 T，分别在刚才所绘制的圆角矩形上添加文字，这样就完成了效果制作，最终效果如图8.322所示。

图8.322 添加文字及最终效果

273

第9章 商务网页设计

内容摘要

随着互联网的普及与发展，网站已逐渐成为企业形象宣传、产品展示推广、信息沟通的最方便快捷的互动平台。根据网站的不同用途，可将网站划分个人网站、较完善企业网站、中型专业网站、交互型电子商务网站。一个好的网站，不仅能够给人良好的视觉享受，更是一种理念，信息和功能的传达。互联网提供了天下大同的机会，同时也让这个虚拟世界充斥着数不清的商业站点、垃圾站点，大多数站点缺乏灵魂、主旨，东一榔头西一棒子，松散、混乱，原因就在于缺乏策划设计。通过本章的学习，掌握几种常见网站主页的制作方法和技巧。

教学目标

- 了解网页设计的作用
- 掌握化妆品网页的设计方法
- 掌握视频网页的设计方法

9.1 化妆品网页设计

📷 设计构思

- 新建画布后利用【渐变工具】为画布填充紫色系的渐变效果。利用【钢笔工具】在画布中绘制不规则图形并为图形添加效果后复制。

- 在画布中添加相关文字及调用素材图像。利用【钢笔工具】及【画笔工具】在画布中所添加的素材附近制作特效点缀。

- 利用【图形工具】绘制图形并添加质感为其添加相关元素。最后再次添加相关素材以及绘制图形并将部分图形对齐，完成最终效果制作。

- 本例主要讲解的是化妆品网页制作，在制作本网页的时候绘制图形为化妆品展示一个虚拟的舞台效果突出了主视觉图像，并利用相关工具为所添加的化妆品素材图像添加特效使整个画布更富有生机感，整体色调采用较时尚、高贵、神秘的女性化紫色，整个网页效果不凡，使人过目不忘。

难易程度：★★☆☆☆
调用素材：配套光盘\附增及素材\调用素材\第9章\化妆品网页
最终文件：配套光盘\附增及素材\源文件\第9章\化妆品网页设计.psd
视频位置：配套光盘\movie\9.1 化妆品网页设计.avi

化妆品网页设计最终效果如图9.1所示。

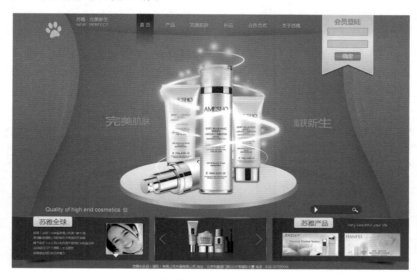

图9.1 化妆品网页设计最终效果

操作步骤

9.1.1 制作网页背景

PS 01 执行菜单栏中的【文件】|【新建】命令，在弹出的对话框中设置【宽度】为1200像素，【高度】为800像素，【分辨率】为72像素/英寸，【颜色模式】为RGB颜色，新建一个空白画布，如图9.2所示。

图9.2 新建画布

PS 02 选择工具箱中的【渐变工具】，在选项栏中单击【点按可编辑渐变】按钮，在弹出的对话框中将渐变颜色更改为紫色（R:208，G:64，B:159）到深紫色（R:159，G:28，B:99），设置完成之后单击【确定】按钮，再单击选项栏中的【径向渐变】按钮，如图9.3所示。

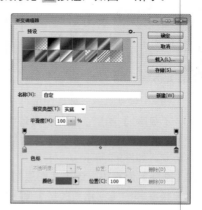

图9.3 设置渐变

PS 03 在画布中从中间向边缘方向拖动，为画布填充渐变，如图9.4所示。

275

图9.4 填充渐变

PS 04 选择工具箱中的【钢笔工具】✎，在画布靠右侧位置附近绘制一个封闭路径，如图9.5所示。

图9.5 绘制路径

PS 05 在画布中按Ctrl+Enter组合键将刚才所绘制的封闭路径转换成选区，然后在【图层】面板中，单击面板底部的【创建新图层】🔲按钮，新建一个【图层1】图层，如图9.6所示。

图9.6 转换选区并新建图层

PS 06 选中【图层1】图层，选择工具箱中的【渐变工具】▣，从选区中间向边缘方向拖动，为选区填充渐变，如图9.7所示。

PS 07 在【图层】面板中，选中【图层1】图层，将其拖至面板底部的【创建新图层】🔲按钮上，复制一个【图层1拷贝】图层，如图9.8所示。

图9.7 填充渐变　　　图9.8 复制图层

PS 08 在【图层】面板中，选中【图层1】图层，单击面板上方的【锁定透明像素】按钮，将其图层填充为黑色，填充完成之后再次单击此按钮将其解除锁定，如图9.9所示。

图9.9 锁定透明像素并填充颜色

PS 09 选中【图层1】图层，执行菜单栏中的【滤镜】|【模糊】|【高斯模糊】命令，在弹出的对话框中将【半径】更改为20像素，设置完成之后单击【确定】按钮，如图9.10所示。

PS 10 在【图层】面板中，选中【图层1】图层，单击面板底部的【添加图层蒙版】🔲按钮，为其图层添加图层蒙版，如图9.11所示。

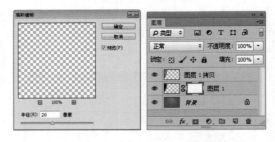

图9.10 设置高斯模糊　　图9.11 添加图层蒙版

PS 11 选择工具箱中的【画笔工具】✎，在画布中单击鼠标右键，在弹出的面板中，选择一种圆角笔触，将【大小】更改为200像素，【硬度】更改为0%，如图9.12所示。

276

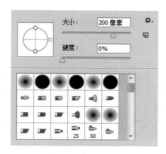

图9.12 设置笔触

PS 12 单击【图层1】图层蒙版缩览图,将前景色更改为黑色,在画布中其图形上部分区域涂抹将多余的图形部分隐藏,如图9.13所示。

图9.13 隐藏图形

PS 13 选中【图层1】图层,将其图层【不透明度】更改为70%,如图9.14所示。

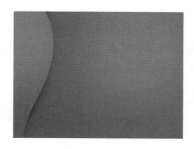

图9.14 更改图层不透明度

PS 14 选择工具箱中的【钢笔工具】 ,在刚才所绘制的图形上绘制一个弧形封闭路径,如图9.15所示。

图9.15 绘制路径

PS 15 在画布中按Ctrl+Enter组合键将刚才所绘制的封闭路径转换成选区,然后在【图层】面板中,单击面板底部的【创建新图层】 按钮,新建一个【图层2】图层,如图9.16所示。

图9.16 转换选区并新建图层

PS 16 选中【图层2】图层,在画布中将选区填充为稍浅的紫色(R:228,G:76,B:175),填充完成之后按Ctrl+D组合键将选区取消,如图9.17所示。

图9.17 填充颜色

PS 17 在【图层】面板中,选中【图层2】图层,单击面板底部的【添加图层蒙版】 按钮,为其图层添加图层蒙版,如图9.18所示。

图9.18 添加图层蒙版

PS 18 选择工具箱中的【画笔工具】 ,在画布中单击鼠标右键,在弹出的面板中,选择一种圆角笔触,将【大小】更改为150像素,【硬度】更改为0%,如图9.19所示。

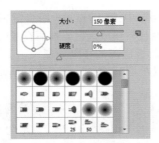

图9.19 设置笔触

PS 19 单击【图层2】图层蒙版缩览图，将前景色更改为黑色，在画布中其图形上部分区域涂抹将多余的图形部分隐藏，如图9.20所示。

图9.20 隐藏图形

PS 20 在【图层】面板中，选中【图层2】图层，将其拖至面板底部的【创建新图层】 ⬚ 按钮上，复制一个【图层2 拷贝】图层，如图9.21所示。

PS 21 选中【图层2 拷贝】图层，在画布中按住Shift键向左稍微移动，如图9.22所示。

图9.21 复制图层 图9.22 移动图形

PS 22 选中【矩形2 拷贝】图层，将其图层【不透明度】更改为50%，如图9.23所示。

PS 23 同时选中除【背景】图层之外的所有图层，执行菜单栏中的【图层】|【新建】|【从图层建立组】，在弹出的对话框中将【名称】更改为左侧，完成之后单击【确定】按钮，此时将生成一个【左侧】组，如图9.24所示。

图9.23 更改图层不透明度

图9.24 从图层新建组

PS 24 选中【左侧】组，将其图层【不透明度】更改为70%，如图9.25所示。

图9.25 更改组不透明度

PS 25 在【图层】面板中，选中【左侧】组，将其拖至面板底部的【创建新图层】 ⬚ 按钮上，复制一个【左侧 拷贝】组，如图9.26所示。

图9.26 复制组

PS 26 选中【左侧 拷贝】组，在画布中按Ctrl+T组合键对其执行自由变换命令，将光标移至出现的变形框上单击鼠标右键，从弹出的快捷菜单中选择【水平翻转】命令，完成之后按Enter键确认，再按住Shift键向右平移并与画布对齐，如图9.27所示。

图9.27 变换图形

PS 27 选择工具箱中的【钢笔工具】 ，在画布中靠底部位置绘制一个半弧形封闭路径，如图9.28所示。

图9.28 绘制路径

PS 28 在画布中按Ctrl+Enter组合键将刚才所绘制的封闭路径转换成选区，然后在【图层】面板中，单击面板底部的【创建新图层】 按钮，新建一个【图层3】图层，如图9.29所示。

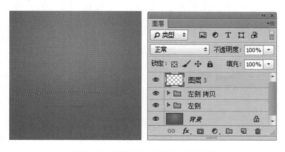

图9.29 转换选区并新建图层

PS 29 选中【图层3】图层，在画布中将选区填充为黑色，填充完成之后按Ctrl+D组合键将选区取消，如图9.30所示。

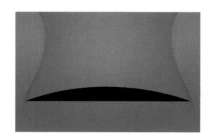

图9.30 填充颜色

PS 30 在【图层】面板中，选中【图层3】图层，单击面板底部的【添加图层蒙版】 按钮，为其图层添加图层蒙版，如图9.31所示。

PS 31 选择工具箱中的【渐变工具】 ，在选项栏中单击【点按可编辑渐变】按钮，在弹出的对话框中选择【黑白渐变】，设置完成之后单击【确定】按钮，再单击选项栏中的【线性渐变】 按钮，如图9.32所示。

图9.31 添加图层蒙版　　图9.32 设置渐变

PS 32 单击【图层3】图层蒙版缩览图，在画布中按住Shift键从下至上拖动，将多余图形部分隐藏，如图9.33所示。

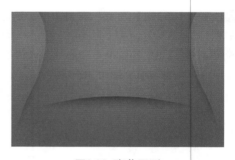

图9.33 隐藏图形

PS 33 选中【图层3】图层，将其图层【不透明度】更改为20%，如图9.34所示。

图9.34 更改图层不透明度

PS 34 选择工具箱中的【钢笔工具】 ，在画布中靠顶部位置再次绘制一个稍有些弧度的封闭路径，如图9.35所示。

279

图9.35 绘制路径

PS 35 在画布中按Ctrl+Enter组合键将刚才所绘制的封闭路径转换成选区，然后在【图层】面板中，单击面板底部的【创建新图层】按钮，新建一个【图层4】图层，如图9.36所示。

图9.36 转换选区并新建图层

PS 36 选中【图层4】图层，在画布中将选区填充为深红色（R:67，G:11，B:42），填充完成之后按Ctrl+D组合键将选区取消，如图9.37所示。

图9.37 填充颜色

PS 37 在【图层】面板中，选中【图层4】图层，单击面板底部的【添加图层蒙版】按钮，为其图层添加图层蒙版，如图9.38所示。

PS 38 选择工具箱中的【渐变工具】，在选项栏中单击【点按可编辑渐变】按钮，在弹出的对话框中选择【黑白渐变】，设置完成之后单击【确定】按钮，再单击选项栏中的【线性渐变】按钮，如图9.39所示。

图9.38 添加图层蒙版　　　　图9.39 设置渐变

PS 39 在【图层】面板中，单击【图层4】图层蒙版缩览图，在画布中从上至下拖动，将图形多余部分隐藏，如图9.40所示。

图9.40 拖动并隐藏部分图形

PS 40 选中【图层4】图层，将其图层【不透明度】更改为70%，如图9.41所示。

图9.41 更改图层不透明度

9.1.2 添加文字及绘制图形

PS 01 选择工具箱中的【横排文字工具】，在画布中靠上顶部位置添加文字，如图9.42所示。

图9.42 添加文字

PS 02 在【图层】面板中，选中【苏雅…】图层，单击面板底部的【添加图层样式】 *fx* 按钮，在菜单中选择【投影】命令，在弹出的对话框中将【不透明度】更改为30%，【距离】为2，【大小】为2，设置完成之后单击【确定】按钮，如图9.43所示。

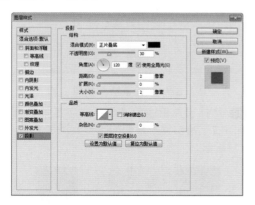

图9.43 设置投影

PS 03 在【苏雅…】图层上单击鼠标右键，从弹出的快捷菜单中选择【拷贝图层样式】命令，分别在【NEW…】、【首页…】图层上单击鼠标右键，从弹出的快捷菜单中选择【粘贴图层样式】命令，如图9.44所示。

图9.44 拷贝并粘贴图层样式

PS 04 选择工具箱中的【矩形工具】，在选项栏中将【填充】更改为深红色（R:78，G:16，B:50），【描边】为无，在画布中靠顶部文字位置绘制一个矩形，此时将生成一个【矩形1】图层，如图9.45所示。

图9.45 绘制图形

PS 05 在【图层】面板中，选中【矩形1】图层，单击面板底部的【添加图层蒙版】 按钮，为其图层添加图层蒙版，如图9.46所示。

PS 06 选择工具箱中的【渐变工具】，在选项栏中单击【点按可编辑渐变】按钮，在弹出的对话框中选择【黑白渐变】，设置完成之后单击【确定】按钮，再单击选项栏中的【线性渐变】按钮，如图9.47所示。

图9.46 添加图层蒙版　　　图9.47 设置渐变

PS 07 在【图层】面板中，单击【矩形1】图层蒙版缩览图，在画布中按住Shift键从下至上拖动，将图形多余部分隐藏，如图9.48所示。

图9.48 隐藏图形

PS 08 选择工具箱中的【矩形工具】，在选项栏中将【填充】更改为深红色（R:78，G:16，B:50），【描边】为无，在画布右上角位置再次绘制一个矩形，此时将生成一个【矩形2】图层，如图9.49所示。

图9.49 绘制图形

281

PS 09 选择工具箱中的【添加锚点工具】，在刚才所绘制的矩形2图形底部中间位置单击为其添加锚点，如图9.50所示。

PS 10 选择工具箱中的【转换点工具】，单击刚才所添加的锚点，将其转换成节点，再选择工具箱中的【直接选择工具】将节点向上拖动，将图形变换，如图9.51所示。

图9.50 添加锚点　　　图9.51 转换锚点

PS 11 在【图层】面板中，选中【矩形2】图层，单击面板底部的【添加图层样式】fx按钮，在菜单中选择【描边】命令，在弹出的对话框中将【大小】更改为2像素，颜色更改为浅粉红色（R:249，G:233，B:238），设置完成之后单击【确定】按钮，如图9.52所示。

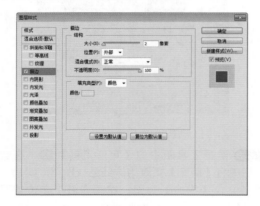

图9.52 设置描边

PS 12 勾选【渐变叠加】复选框，将渐变颜色更改为粉红色（R:246，G:185，B:204）到稍浅粉红色（R:249，G:233，B:238）再到粉红色（R:246，G:185，B:204），设置完成之后单击【确定】按钮，如图9.53所示。

图9.53 设置渐变叠加

PS 13 选择工具箱中的【横排文字工具】T，在画布右上角位置所绘制的图形上添加文字，如图9.54所示。

图9.54 添加文字

PS 14 选择工具箱中的【矩形工具】，在选项栏中将【填充】更改为粉红色（R:246，G:185，B:204），【描边】为无，在刚才所绘制的图形上再次绘制一个矩形，此时将生成一个【矩形3】图层，如图9.55所示。

图9.55 绘制图形

PS 15 在【图层】面板中，选中【矩形3】图层，单击面板底部的【添加图层样式】fx按钮，在菜单中选择【描边】命令，在弹出的对话框中将【大小】更改为1像素，【颜色】更改为紫色（R:198，G:96，B:149），设置完成之后单击【确定】按钮，如图9.56所示。

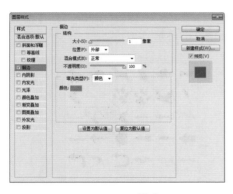

图9.56 设置描边

PS 16 选中【矩形3】图层，在画布中按住Alt+Shift组合键向下拖动，将图形复制，此时将生成一个【矩形3 拷贝】图层，如图9.57所示。

图9.57 复制图形

PS 17 选择工具箱中的【圆角矩形工具】，在选项栏中将【填充】更改为粉红色（R:246，G:185，B:204），【描边】为稍深的紫色（R:169，G:32，B:87），描边【大小】为1点，【半径】为2像素，在刚才所复制的图形下方绘制一个圆角矩形，此时将生成一个【圆角矩形1】图层，如图9.58所示。

图9.58 绘制图形

PS 18 在【矩形3】图层上单击鼠标右键，从弹出的快捷菜单中选择【拷贝图层样式】命令，在【圆角矩形1】图层上单击鼠标右键，从弹出的快捷菜单中选择【粘贴图层样式】命令，如图9.59所示。

图9.59 拷贝并粘贴图层样式

PS 19 在【图层】面板中，双击【圆角矩形1】图层样式名称，在出现的对话框中将取消勾选的【描边】复选框，勾选【渐变叠加】复选框，将渐变颜色更改为紫红色（R:227，G:32，B:181）到稍浅紫红色（R:250，G:99，B:214）再到紫红色（R:227，G:32，B:181），如图9.60所示。

图9.60 更改描边颜色

PS 20 勾选【投影】复选框，将【不透明度】更改为35，【角度】更改为90度，取消勾选【使用全局光】复选框，【距离】更改为1像素，【大小】更改为1像素，完成之后单击【确定】按钮，如图9.61所示。

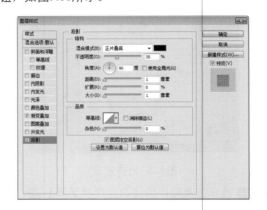

283

图9.61 设置投影

PS 21 选择工具箱中的【横排文字工具】 **T**，在圆角矩形图形上添加文字，如图9.62所示。

图9.62 添加文字

PS 22 双击【矩形2】图层样式名称，在出现的对话框中勾选【投影】复选框，将【角度】更改为90度，完成之后单击【确定】按钮，如图9.63所示。

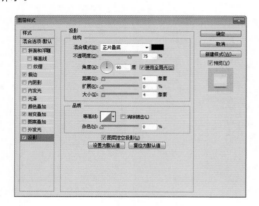

图9.63 设置投影

PS 23 同时选中【会员…】、【矩形3】、【矩形3 拷贝】、【圆角矩形1】、【确定】及【矩形2】图层，单击选项栏中的【水平居中对齐】 按钮，将图形对齐，如图9.64所示。

图9.64 对齐图形

PS 24 选择工具箱中的【自定形状工具】 ，在画布中单击鼠标右键，在出现的面板中选中【爪印（猫）】图形，在选项栏中将【填充】更改为

粉红色（R:246，G:185，B:204），【描边】为无，如图9.65所示。

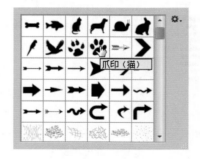

图9.65 设置图形

PS 25 在画布左上角位置按住Shift键绘制一个图形，如图9.66所示。

PS 26 选中刚才所绘制的图形，在画布中按Ctrl+T组合键对其执行自由变换命令，当出现变形框后将其适当旋转，完成之后按Enter键确认，如图9.67所示。

图9.66 绘制图形　　图9.67 变换图形

PS 27 选择工具箱中的【椭圆工具】 ，在选项栏中将【填充】更改为白色，【描边】为无，在画布中绘制一个椭圆，此时将生成一个【椭圆1】图层，如图9.68所示。

图9.68 绘制图形

PS 28 在【图层】面板中，选中【椭圆1】图层，将其拖至面板底部的【创建新图层】 按钮上，复制一个【椭圆1 拷贝】图层，如图9.69所示。

图9.69 复制图层

PS 29 在【图层】面板中，选中【椭圆1】图层，单击面板底部的【添加图层样式】 fx 按钮，在菜单中选择【渐变叠加】命令，在弹出的对话框中将渐变颜色更改为灰色（R:126，G:126，B:126）到稍浅灰色（R:218，G:218，B:218）到灰色（R:126，G:126，B:126）到稍浅灰色（R:218，G:218，B:218）再到灰色（R:126，G:126，B:126），角度更改为0度，设置完成之后单击【确定】按钮，如图9.70所示。

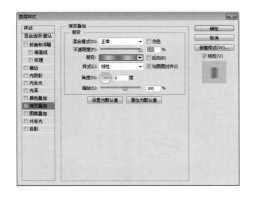

图9.70 设置渐变叠加

PS 30 选中【矩形1 拷贝】图层，在画布中按Ctrl+T组合键对其执行自由变换，当出现变形框以后按住Alt键将其宽度等比缩小，完成之后按Enter键确认，再将图形向上稍微移动，如图9.71所示。

图9.71 变换图形

PS 31 在【椭圆1】图层上单击鼠标右键，从弹出的快捷菜单中选择【拷贝图层样式】命令，在

【椭圆2 拷贝】图层上单击鼠标右键，从弹出的快捷菜单中选择【粘贴图层样式】命令，如图9.72所示。

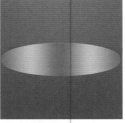

图9.72 拷贝并粘贴图层样式

PS 32 在【图层】面板中，双击【椭圆1 拷贝】图层样式名称，在出现的对话框中将其渐变颜色更改为灰色（R:226，G:226，B:226）到浅灰色（R:246，G:246，B:246），【角度】更改为90度，设置完成之后单击【确定】按钮，如图9.73所示。

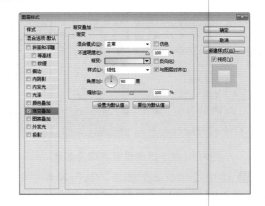

图9.73 设置渐变叠加

9.1.3 添加调用素材

PS 01 执行菜单栏中的【文件】|【打开】命令，在弹出的对话框中选择配套光盘中的【调用素材\第9章\化妆品网页\化妆品.psd】文件，将打开的素材拖入画布中并适当缩小，如图9.74所示。

图9.74 添加素材

PS 02 在【图层】面板中，选中【化妆品】图层，将其拖至面板底部的【创建新图层】按钮上，复制一个【化妆品 拷贝】图层，如图9.75所示。

图9.75 复制图层

PS 03 在【图层】面板中，选中【化妆品】图层，单击面板上方的【锁定透明像素】按钮，将其图层填充为黑色，填充完成之后再次单击此按钮将其解除锁定，如图9.76所示。

图9.76 锁定透明像素并填充颜色

PS 04 选中【化妆品】图层，执行菜单栏中的【滤镜】|【模糊】|【高斯模糊】命令，在弹出的对话框中将【半径】更改为2像素，设置完成之后单击【确定】按钮，如图9.77所示。

PS 05 在【图层】面板中，选中【化妆品】图层，单击面板底部的【添加图层蒙版】按钮，为其图层添加图层蒙版，如图9.78所示。

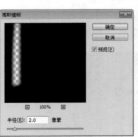

图9.77 设置高斯模糊　　图9.78 添加图层蒙版

PS 06 选择工具箱中的【渐变工具】，在选项栏中单击【点按可编辑渐变】按钮，在弹出的对话框中选择【黑白渐变】，设置完成之后单击【确定】按钮，再单击选项栏中的【线性渐变】按钮，如图9.79所示。

图9.79 设置渐变

PS 07 单击【矩形1】图层蒙版缩览图，在画布中按住Shift键从上至下拖动，将图形多余部分隐藏，如图9.80所示。

图9.80 隐藏图像

PS 08 选择工具箱中的【钢笔工具】，在画布中沿着刚才所绘制的矩形上半部分附近位置绘制一个封闭路径，如图9.81所示。

PS 09 单击面板底部的【创建新图层】按钮，新建一个【图层5】图层，如图9.82所示。

图9.81 绘制路径　　图9.82 新建图层

286

PS 10 选择工具箱中的【画笔工具】，在画布中单击鼠标右键，在弹出的面板中，选择一种圆角笔触，将【大小】更改为15像素，【硬度】更改为0%，如图9.83所示。

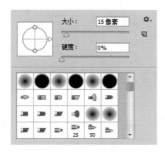

图9.83 设置笔触

PS 11 将前景色更改为白色，选中【图层5】图层，执行菜单栏中的【窗口】|【路径】命令，在出现的【路径】面板中的【工作路径】名称上单击鼠标右键，从弹出的快捷菜单中选择【描边路径】命令，在弹出的对话框中选择【工具】为画笔，勾选【模拟压力】复选框，设置完成之后单击【确定】按钮，如图9.84所示。

图9.84 设置描边路径

PS 12 在【图层】面板中，选中【图层5】图层，将其拖至面板底部的【创建新图层】按钮上，复制一个【图层5 拷贝】图层，如图9.85所示。

PS 13 选中【矩形5 拷贝】图层，在画布中按Ctrl+T组合键对其执行自由变换，当出现变形框以后将图形适当缩小并水平翻转，完成之后按Enter键确认，如图9.86所示。

图9.85 复制图层　　图9.86 变换图形

PS 14 在【图层】面板中，选中【图层5】图层，单击面板底部的【添加图层蒙版】按钮，为其图层添加图层蒙版，如图9.87所示。

PS 15 选择工具箱中的【画笔工具】，在画布中单击鼠标右键，在弹出的面板中，选择一种圆角笔触，将【大小】更改为30像素，【硬度】更改为0%，如图9.88所示。

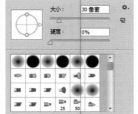

图9.87 添加图层蒙版　　图9.88 设置笔触

PS 16 将前景色更改为黑色，单击【图层5】图层蒙版缩览图，在画布中其图形上部分区域涂抹将部分图形隐藏，如图9.89所示。

图9.89 隐藏图形

PS 17 在【图层】面板中，选中【图层5 拷贝】图层，单击面板底部的【添加图层蒙版】按钮，为其图层添加图层蒙版，如图9.90所示。

PS 18 将前景色更改为黑色，单击【图层5 拷贝】图层蒙版缩览图，在画布中其图形上部分区域涂抹将部分图形隐藏，如图9.91所示。

图9.90 添加图层蒙版　　图9.91 隐藏图形

287

PS 19 在【图层】面板中，选中【图层5】图层，单击面板底部的【添加图层样式】 *fx* 按钮，在菜单中选择【外发光】命令，在弹出的对话框中将【颜色】更改为粉红色（R:249，G:233，B:238），【大小】更改为20像素，设置完成之后单击【确定】按钮，如图9.92所示。

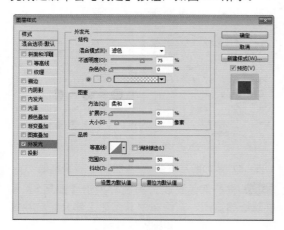

图9.92 设置外发光

PS 20 在【图层5】图层上单击鼠标右键，从弹出的快捷菜单中选择【拷贝图层样式】命令，在【图层5 拷贝】图层上单击鼠标右键，从弹出的快捷菜单中选择【粘贴图层样式】命令，如图9.93所示。

图9.93 拷贝并粘贴图层样式

PS 21 选择工具箱中的【画笔工具】，执行菜单栏中的【窗口】|【画笔】命令，在出现的面板中将【大小】更改为50像素，勾选【间距】复选框，将其数值更改为200%，如图9.94所示。

PS 22 勾选【形状动态】复选框，将【大小抖动】更改为100%，如图9.95所示。

PS 23 单击面板底部的【创建新图层】按钮，新建一个【图层6】图层，如图9.96所示。

PS 24 选中【图层6】图层，将前景色设置为粉色（R:249，G:233，B:238）在画布中化妆品图像位置涂抹，如图9.97所示。

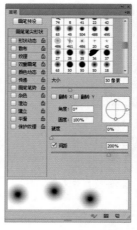 

图9.94 设置画笔笔尖形状　图9.95 设置形状动态

图9.96 新建图层　　　　图9.97 绘制图形

PS 25 在【图层】面板中，选中【图层6】图层，将其拖至面板底部的【创建新图层】按钮上，复制一个【图层6 拷贝】图层，如图9.98所示。

PS 26 选中【图层6】图层，执行菜单栏中的【滤镜】|【模糊】|【高斯模糊】命令，在弹出的对话框中将【半径】更改为20像素，设置完成之后单击【确定】按钮，如图9.99所示。

图9.98 复制图层　　　图9.99 设置高斯模糊

PS 27 选中【图层6】图层，在画布中按Ctrl+T组合键对其执行自由变换，当出现变形框以后按住Shift+Alt组合键将图形适当缩小，完成之后按Enter键确认，如图9.100所示。

288

图9.100 变换图形

PS 28 在【图层】面板中，选中【图层6】图层，单击面板上方的【锁定透明像素】按钮，将其图层填充为浅紫色（R:250，G:134，B:245），填充完成之后再次单击此按钮将其解除锁定，如图9.101所示。

图9.101 填充颜色

PS 29 选择工具箱中的【横排文字工具】T，在画布中靠左侧位置添加文字，如图9.102所示。

图9.102 添加文字

PS 30 选中【完美…】图层，执行菜单栏中的【图层】|【栅格化】|【文字】命令，将当前文字栅格化，如图9.103所示。

图9.103 栅格化文字

PS 31 选中【完美…】图层，在画布中按Ctrl+T组合键对其执行自由变换，将光标移至出现的变形框上单击鼠标右键，从弹出的快捷菜单中选择【透视】命令，将文字变换使其形成一种透视效果，完成之后按Enter键确认，如图9.104所示。

图9.104 变换文字

PS 32 在【图层】面板中，选中【完美肌肤】图层，将其拖至面板底部的【创建新图层】按钮上，复制一个【完美肌肤拷贝】图层，如图9.105所示。

PS 33 在【图层】面板中，选中【完美肌肤】图层，单击面板上方的【锁定透明像素】按钮，将其图层填充为紫色（R:163，G:39，B:107），填充完成之后再次单击此按钮将其解除锁定，如图9.106所示。

图9.105 复制图层　　图9.106 填充颜色

PS 34 选中【完美肌肤】图层，在画布中按Ctrl+T组合键对其执行自由变换，将光标移至出现的变形框上单击鼠标右键，从弹出的快捷菜单中选择【透视】命令，将文字变换使其形成一种透视效果，完成之后按Enter键确认，如图9.107所示。

图9.107 变换文字

289

PS 35 选择工具箱中的【横排文字工具】**T**，在画布靠右侧适当位置添加文字，如图9.108所示。

图9.108 添加文字

PS 36 以刚才同样的方法将文字栅格化并变换制作出透视效果，如图9.109所示。

图9.109 变换文字

PS 37 选择工具箱中的【横排文字工具】**T**，在画布中右下角位置添加文字，如图9.110所示。

图9.110 添加文字

PS 38 选择工具箱中的【自定形状工具】，在画布中单击鼠标右键，在出现的面板中选择【物体】|【皇冠2】图形，在选项栏中将【填充】更改为粉红色（R:246，G:185，B:204），【描边】为无，在刚才所添加的文字右侧位置按住Shift键绘制图形，如图9.111所示。

图9.111 绘制图形

PS 39 选择工具箱中的【圆角矩形工具】，在选项栏中将【填充】更改为白色，【描边】为无，【半径】为20像素，在画布右下角绘制一个圆角矩形，此时将生成一个【圆角矩形1】图层，如图9.112所示。

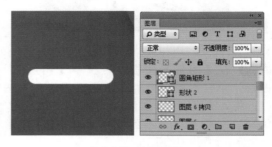

图9.112 绘制图形

PS 40 在【图层】面板中，选中【圆角矩形1】图层，单击面板底部的【添加图层样式】**fx**按钮，在菜单中选择【颜色叠加】命令，在弹出的对话框中将颜色更改为紫色（R:111，G:13，B:73），如图9.113所示。

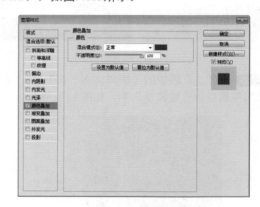

图9.113 设置颜色叠加

PS 41 勾选【投影】复选框，将【混合模式】更改为叠加，【颜色】更改为白色，【角度】更改为90度，取消勾选【使用全局光】复选框，【距离】更改为1像素，设置完成之后单击【确定】按钮，如图9.114所示。

PS 42 选择工具箱中的【自定形状工具】，在画布中单击鼠标右键，在出现的面板中选中【Web】|【搜索】图形，在选项栏中将【填充】更改为白色，【描边】为无，如图9.115所示。

PS 43 在刚才所绘制的圆角矩形图形上按住Shift键绘制图形，如图9.116所示。

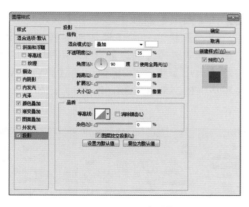

图9.114 设置投影

图9.115 设置形状　　图9.116 绘制图形

PS 44 选择工具箱中的【矩形工具】▣，在选项栏中将【填充】更改为白色，【描边】为无，在画布中绘制一个矩形，如图9.117所示。

PS 45 选中刚才所绘制的矩形，在画布中按Ctrl+T组合键对其执行自由变换，当出现变形框以后在选项栏中的【旋转】文本框中输入45，完成之后按Enter键确认，如图9.118所示。

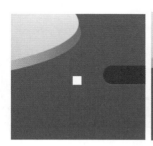 

图9.117 绘制图形　　图9.118 变换图形

PS 46 选择工具箱中的【直接选择工具】▸，选中刚才所绘制的矩形其中一个锚点，按Delete键将其删除，完成之后将其移至刚才所绘制的圆角矩形图形内，如图9.119所示。

图9.119 移动图形

PS 47 选择工具箱中的【圆角矩形工具】▢，在选项栏中将【填充】更改为紫色（R:94，G:12，B:56），【描边】为无，【半径】为5像素，在画布中绘制一个矩形，此时将生成一个【圆角矩形2】图层，如图9.120所示。

图9.120 绘制图形

PS 48 在【图层】面板中，选中【圆角矩形2】图层，单击面板底部的【添加图层样式】fx按钮，在菜单中选择【渐变叠加】命令，在弹出的对话框中将渐变颜色更改为稍浅紫色（R:112，G:23，B:72）到紫色（R:94，G:12，B:56），【角度】更改为180度，设置完成之后单击【确定】按钮，如图9.121所示。

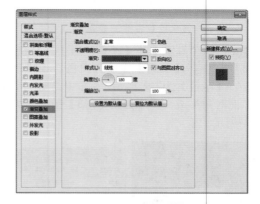

图9.121 设置渐变叠加

PS 49 选择工具箱中的【直线工具】／，在选项栏中将【填充】更改为任意颜色，【描边】为无，【粗细】为1像素，沿着刚才所绘制的圆角矩形顶部边缘位置按住Shift键绘制一个水平线

段，此时将生成一个【形状4】图层，如图9.122
所示。

图9.122 绘制图形

PS 50 在【图层】面板中，选中【形状4】图
层，单击面板底部的【添加图层样式】*fx* 按
钮，在菜单中选择【渐变叠加】命令，在弹出的
对话框中将【不透明度】更改为70%，渐变颜色
更改为紫色（R:94，G:12，B:56）到白色到紫色
（R:94，G:12，B:56）到白色再到紫色（R:94，
G:12，B:56），【角度】更改为0度，设置完成
之后单击【确定】按钮，如图9.123所示。

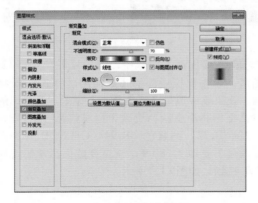

图9.123 设置渐变叠加

PS 51 选择工具箱中的【圆角矩形工具】，
在选项栏中将【填充】更改为白色，【描边】
为无，【半径】为3像素，在画布中绘制一个矩
形，此时将生成一个【圆角矩形3】图层，如图
9.124所示。

图9.124 绘制图形

PS 52 在【图层】面板中，选中【圆角矩形3】
图层，单击面板底部的【添加图层样式】*fx* 按
钮，在菜单中选择【描边】命令，在弹出的对话
框中将【大小】更改为2像素，将【颜色】更改
为浅粉色（R:255，G:238，B:243），如图9.125
所示。

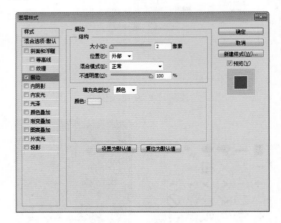

图9.125 设置描边

PS 53 勾选【渐变叠加】复选框，将渐变颜色
更改为浅粉色（R:255，G:238，B:243）到粉色
（R:253，G:209，B:223），【角度】更改为-90
度，如图9.126所示。

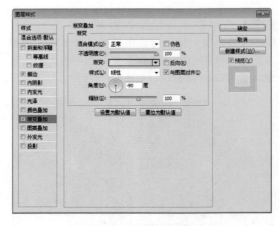

图9.126 设置渐变叠加

PS 54 勾选【投影】复选框，【角度】更改为
90度，【距离】更改为3像素，【大小】更改为
4像素，设置完成之后单击【确定】按钮，如图
9.127所示。

PS 55 选择工具箱中的【横排文字工具】T，
在刚才所绘制的圆角矩形上方及下方添加文字，
如图9.128所示。

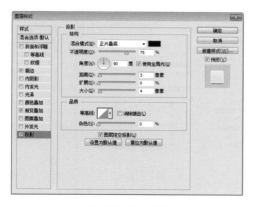

图9.127 设置投影

图9.128 添加文字

PS 56 选择工具箱中的【圆角矩形工具】 ，在选项栏中将【填充】更改为白色，【描边】为无，【半径】为3像素，在刚才所添加的文字右侧位置绘制一个圆角矩形，此时将生成一个【圆角矩形4】图层，如图9.129所示。

图9.129 绘制图形

PS 57 在【图层】面板中，选中【圆角矩形4】图层，将其拖至面板底部的【创建新图层】按钮上，复制一个【圆角矩形4 拷贝】图层，如图9.130所示。

PS 58 选中【圆角矩形4】图层，选择工具箱中的【圆角矩形工具】 ，在选项栏中将【填充】更改为黑色，如图9.131所示。

图9.130 复制图层　　图9.131 更改图形颜色

PS 59 选中【圆角矩形4】图层，执行菜单栏中的【图层】|【栅格化】|【形状】命令，将当前图形栅格化，如图9.132所示。

PS 60 选中【圆角矩形4】图层，在画布中按Ctrl+T组合键对其执行自由变换，当出现变形框以后将光标移至变形框右上角位置向外侧拖动，将图形变换，完成之后按Enter键确认，如图9.133所示。

图9.132 栅格化图形　　图9.133 变换图形

PS 61 选中【圆角矩形4】图层，执行菜单栏中的【滤镜】|【模糊】|【高斯模糊】命令，在弹出的对话框中将【半径】更改为2像素，设置完成之后单击【确定】按钮，如图9.134所示。

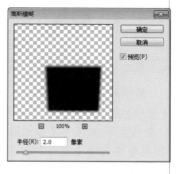

图9.134 设置高斯模糊

PS 62 选中【圆角矩形4】图层，将其图层【不透明度】更改为50%，如图9.135所示。

图9.135 更改图层不透明度

PS 63 执行菜单栏中的【文件】|【打开】命令，在弹出的对话框中选择配套光盘中的【调用素材\第9章\化妆品网页\模特.jpg】文件，将打开的素材拖入画布中左下角圆角矩形图形上并适当缩小，如图9.136所示。

图9.136 添加素材

PS 64 选中【图层7】图层，执行菜单栏中的【图层】|【创建剪切蒙版】命令，为当前图层创建剪切蒙版，将部分图形部分隐藏，如图9.137所示。

图9.137 创建剪切蒙版

PS 65 在【图层】面板中，选中【圆角矩形4 拷贝】图层，单击面板底部的【添加图层样式】*fx* 按钮，在菜单中选择【描边】命令，在弹出的对话框中将【大小】更改为1像素，将【颜色】更改为白色，设置完成之后单击【确定】按钮，如图9.138所示。

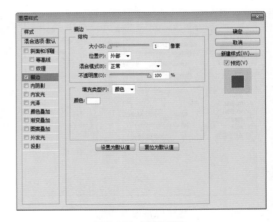

图9.138 设置描边

PS 66 在【图层】面板中，选中【矩形4】图层，将其拖至面板底部的【创建新图层】🖺按钮上，复制一个【矩形4 拷贝】图层，如图9.139所示。

PS 67 选中【矩形4 拷贝】图层，将其移至所有图层最上方，在画布中再将其移至圆角矩形4 拷贝图形下方位置，如图9.140所示。

图9.139 复制图层 　　图9.140 移动图形

PS 68 选中【矩形4 拷贝】图层，按Ctrl+T组合键对其执行自由变换命令，在出现的变形框中单击鼠标右键，从弹出的快捷菜单中选择【旋转90度（顺时针）】命令，完成之后按Enter键确认，再将其稍微移动与圆角矩形底部对齐，如图9.141所示。

图9.141 变换图形

PS 69 选择工具箱中的【钢笔工具】✒，在画布左下角位置绘制一个不规则封闭路径，如图9.142所示。

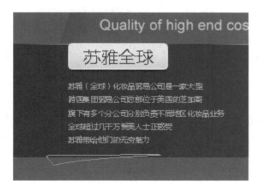

图9.142 绘制路径

PS 70 在画布中按Ctrl+Enter组合键将刚才所绘制的封闭路径转换成选区，然后在【图层】面板中，单击面板底部的【创建新图层】按钮，新建一个【图层8】图层，如图9.143所示。

图9.143 转换选区并新建图层

PS 71 选中【图层8】图层，在画布中将选区填充为黑色，填充完成之后按Ctrl+D组合键将选区取消，如图9.144所示。

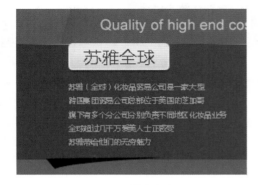

图9.144 填充颜色

PS 72 在【图层】面板中，选中【图层8】图层，将其向下移至【圆角矩形2】图层下方，如图9.145所示。

图9.145 更改图层顺序

PS 73 选中【图层8】图层，执行菜单栏中的【滤镜】|【模糊】|【高斯模糊】命令，在弹出的对话框中将【半径】更改为3像素，设置完成之后单击【确定】按钮，如图9.146所示。

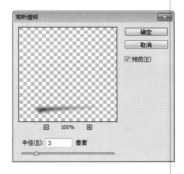

图9.146 设置高斯模糊

PS 74 在【图层】面板中，选中【图层8】图层，单击面板底部的【添加图层蒙版】按钮，为其图层添加图层蒙版，如图9.147所示。

PS 75 选择工具箱中的【渐变工具】，在选项栏中单击【点按可编辑渐变】按钮，在弹出的对话框中选择【黑白渐变】，设置完成之后单击【确定】按钮，再单击选项栏中的【线性渐变】按钮，如图9.148所示。

图9.147 添加图层蒙版　　图9.148 设置渐变

PS 76 单击【图层8】图层蒙版缩览图，在画布中其图形上拖动，将部分图形隐藏，如图9.149所示。

图9.149 隐藏图形

PS 77 同时选中【圆角矩形3】、【形状4】、【圆角矩形2】、【图层8】图层，在画布中按住Alt+Shift组合键向右侧拖至画布右侧边缘位置，将图形复制，此时将生成【圆角矩形3 拷贝】、【形状4拷贝】、【圆角矩形2拷贝】、【图层8拷贝】图层，如图9.150所示。

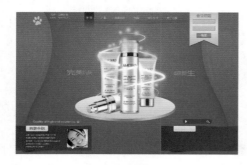

图9.150 复制图形

PS 78 在【图层】面板中，选中【形状4拷贝】、【圆角矩形2拷贝】、【图层8拷贝】图层，在画布中按Ctrl+T组合键对其执行自由变换，将光标移至出现的变形框上单击鼠标右键，从弹出的快捷菜单中选择【水平翻转】命令，完成之后按Enter键确认，如图9.151所示。

图9.151 变换图形

PS 79 选择工具箱中的【横排文字工具】T，在圆角矩形3 拷贝图层中的图形上添加文字，如图9.152所示。

图9.152 添加文字

PS 80 选择工具箱中的【矩形工具】，在选项栏中将【填充】更改为白色，【描边】为无，在画布右下角图形上绘制一个矩形，此时将生成一个【矩形5】图层，如图9.153所示。

图9.153 绘制图形

PS 81 选中【矩形5】图层，在画布中按住Alt+Shift组合键将图形向右侧拖动，此时将生成一个【矩形5 拷贝】图层，将其复制，如图9.154所示。

图9.154 复制图形

PS 82 执行菜单栏中的【文件】|【打开】命令，在弹出的对话框中选择配套光盘中的【调用素材\第9章\化妆品网页\图像1.jpg】文件，将打开的素材拖入画布中右下角位置并适当缩小，此时其图层名称将自动更改为【图层9】，如图9.155所示。

PS 83 在【图层】面板中，选中【图层9】图层，将其移至【矩形5】上方，如图9.156所示。

图9.155 添加素材　　图9.156 更改图层顺序

PS 84 选中【图层9】图层,执行菜单栏中的【图层】|【创建剪切蒙版】命令,为当前图层创建剪切蒙版,将部分图形部分隐藏,如图9.157所示。

图9.157 创建剪切蒙版

提示

当为图像创建剪切蒙版以后可根据所隐藏的图形蒙版比例将图像适当移动。

PS 85 执行菜单栏中的【文件】|【打开】命令,在弹出的对话框中选择配套光盘中的【调用素材\第9章\化妆品网页\图像2.jpg】文件,将打开的素材拖入画布中右下角位置并适当缩小,此时其图层名称将自动更改为【图层10】,如图9.158所示。

PS 86 在【图层】面板中,选中【图层9】图层,将其移至【矩形5 拷贝】上方,如图9.159所示。

图9.158 添加素材　　图9.159 更改图层顺序

PS 87 选中【图层10】图层,执行菜单栏中的【图层】|【创建剪切蒙版】命令,为当前图层创建剪切蒙版,将部分图形部分隐藏,如图9.160所示。

图9.160 创建剪切蒙版

PS 88 选择工具箱中的【横排文字工具】T,在画布右下角适当位置添加文字,如图9.161所示。

图9.161 添加文字

PS 89 同时选中【形状4 拷贝】及【圆角矩形2 拷贝】图层,在画布中按住Alt+Shift组合键向画布中间拖动,将其复制,此时将生成【形状4 拷贝2】及【圆角矩形2 拷贝2】图层,如图9.162所示。

图9.162 复制图形

PS 90 同时选中【形状4 拷贝2】及【圆角矩形2 拷贝2】图层,在画布中按Ctrl+T组合键对其执行自由变换,当出现变形框以后按住Alt键将图形等比缩小宽度,完成之后按Enter键确认,如图9.163所示。

297

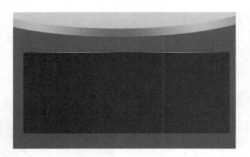

图9.163 变换图形

PS 91 同时选中选中【形状4 拷贝2】、【圆角矩形2 拷贝2】及【背景】图层，单击选项栏中的【水平居中对齐】按钮，将图形与画布对齐，如图9.164所示。

图9.164 对齐图形

PS 92 选择工具箱中的【直线工具】，在选项栏中将【填充】更改为任意颜色，【描边】为无，【粗细】为1像素，沿着画布底部中间矩形左侧边缘位置按住Shift键绘制一个垂直线段，此时将生成一个【形状5】图层，如图9.165所示。

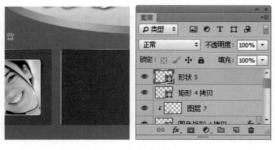

图9.165 绘制图形

PS 93 在【图层】面板中，在【形状4 拷贝】图层上单击鼠标右键，从弹出的快捷菜单中选择【拷贝图层样式】命令，在【形状5】图层上单击鼠标右键，从弹出的快捷菜单中选择【粘贴图层样式】命令，如图9.166所示。

图9.166 拷贝并粘贴图层样式

PS 94 在【图层】面板中，双击【形状5】图层样式名称，在弹出的对话框中将【角度】更改为90度，完成之后单击【确定】按钮，如图9.167所示。

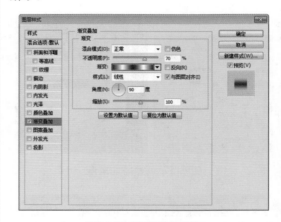

图9.167 设置渐变叠加

PS 95 选中【形状5】图层，在画布中按住Alt+Shift组合键向右侧拖至矩形的右边缘位置，如图9.168所示。

图9.168 复制图形

PS 96 选择工具箱中的【椭圆选框工具】，绘制一个稍扁的椭圆选区，如图9.169所示。

PS 97 单击面板底部的【创建新图层】按钮，新建一个【图层11】图层，如图9.170所示。

图9.169 绘制选区　　　图9.170 新建图层

PS 98 选中【图层11】图层，在画布中将选区填充为白色，填充完成之后按Ctrl+D组合键将选区取消，如图9.171所示。

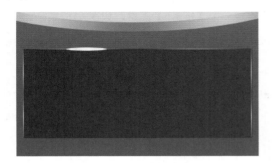

图9.171 填充颜色

PS 99 选中【图层11】图层，在画布中按Ctrl+T组合键对其执行自由变换，当出现变形框以后按住Alt键分别将图形上下及左右放大，完成之后按Enter键确认，如图9.172所示。

PS 100 选中【图层11】图层，执行菜单栏中的【滤镜】|【模糊】|【高斯模糊】命令，在弹出的对话框中将【半径】更改为2像素，设置完成之后单击【确定】按钮，如图9.173所示。

图9.172 变换图形　　图9.173 设置高斯模糊

提示

由于所需要的图形比较扁长，所以可以在填充完颜色之后对图形进行变换。

PS 101 在【图层】面板中，选中【图层11】图层，将其图层混合模式设置为【柔光】，如图9.174所示。

图9.174 设置图层混合模式

PS 102 选中【图层11】图层，在画布中按住Alt+Shift组合键将图形复制，此时将生成一个【图层11 拷贝】图层，选中【矩形11 拷贝】图层，在画布中按Ctrl+T组合键对其执行自由变换，当出现变形框以后按住Alt+Shift组合键将其等比缩小，完成之后按Enter键确认，如图9.175所示。

图9.175 复制并变换图形

PS 103 执行菜单栏中的【文件】|【打开】命令，在弹出的对话框中选择配套光盘中的【调用素材\第9章\化妆品网页\化妆品2.psd】文件，将打开的素材拖入画布中底部位置并适当缩小，如图9.176所示。

PS 104 在【图层】面板中，选中【化妆品2】图层，将其拖至面板底部的【创建新图层】按钮上，复制一个【化妆品2 拷贝】图层，如图9.177所示。

图9.176 添加素材　　　图9.177 复制图像

PS**105** 选中【化妆品2 拷贝】图层，按Ctrl+T组合键对其执行自由变换命令，在出现的变形框中单击鼠标右键，从弹出的快捷菜单中选择【垂直翻转】命令，完成之后按Enter键确认，再按住Shift键将其向下垂直移动一定距离，如图9.178所示。

图9.178 变换图形

PS**106** 选中【化妆品2 拷贝】图层，执行菜单栏中的【滤镜】|【模糊】|【动感模糊】命令，在弹出的对话框中将【角度】更改为90度，【距离】更改为6像素，设置完成之后单击【确定】按钮，如图9.179所示。

PS**107** 在【图层】面板中，选中【化妆品2 拷贝】图层，单击面板底部的【添加图层蒙版】 按钮，为其图层添加图层蒙版，如图9.180所示。

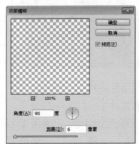

图9.179 设置动感模糊　图9.180 添加图层蒙版

PS**108** 选择工具箱中的【渐变工具】 ，在选项栏中单击【点按可编辑渐变】按钮，在弹出的对话框中选择【黑白渐变】，设置完成之后单击【确定】按钮，再单击选项栏中的【线性渐变】 按钮。

PS**109** 单击【化妆品2 拷贝】图层蒙版缩览图，在画布中按住Shift键从下至上拖动，将图形多余部分隐藏，如图9.181所示。

图9.181 隐藏图像

PS**110** 选择工具箱中的【矩形工具】 ，在选项栏中将【填充】更改为无，【描边】为粉色（R:249，G:203，B:239），【大小】为1点，在画布底部矩形上按住Shift键绘制一个矩形，此时将生成一个【矩形6】图层，如图9.182所示。

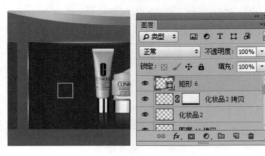

图9.182 绘制图形

PS**111** 选中【矩形6】图层，在画布中按Ctrl+T组合键对其执行自由变换，当出现变形框以后，在选项栏中【旋转】文本框中输入45，将图形旋转完成之后按Enter键确认，如图9.183所示。

PS**112** 选择工具箱中的【直接选择工具】 ，在画布中选中图形右侧锚点，按Delete键将部分图形删除，并将图形稍微移动，如图9.184所示。

图9.183 旋转图形　　图9.184 删除锚点

PS**113** 选中【矩形6】图层，在画布中按住Alt+Shift组合键向画布右侧拖动，将图形复制，此时将生成一个【矩形6 拷贝】图层，如图9.185所示。

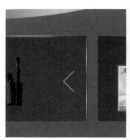

图9.185 复制图形

PS114 选中【矩形6 拷贝】图层，在画布中按Ctrl+T组合键对其执行自由变换命令，将光标移至出现的变形框上单击鼠标右键，从弹出的快捷菜单中选择【水平翻转】命令，完成之后按Enter键确认，如图9.186所示。

图9.186 变换图形

PS115 同时选中【矩形6】及【矩形6 拷贝】图层，执行菜单栏中的【图层】|【新建】|【从图层建立组】，在弹出的对话框中直接单击【确定】按钮，此时将生成一个【组1】，如图9.187所示。

图9.187 从图层新建组

PS116 选择工具箱中的【横排文字工具】T，在画布底部位置添加文字，这样就完成了效果制作，最终效果如图9.188所示。

图9.188 添加文字及最终效果

9.2 视频网页设计

📷 设计构思

- 利用【渐变工具】为画布制作灰白渐变背景。利用【钢笔工具】绘制出不规则的图形，制作出网页信息具有立体感的背景效果。
- 使用【形状工具】绘制出网页的信息和视频栏目并在上方添加文字。利用图层蒙版配合渐变工具为所添加的部分文字制作出平滑的不透明效果。
- 利用绘制栏目立体背景效果的方法在画布底部继续绘制相同的立体感图像，以增加网页整体的科技时尚感。
- 本例主要讲解的是视频网页的制作方法，此网页简洁大方，富有时尚科技感，在设计的过程中在视频栏目位置采用了多个不规则图形所组成的立体背景以突出视频网页的特性，信息简洁明了，资讯触手可及，在网页的底部以同样的方法绘制了单色富有立体感的图形效果与网页上方的多彩立体图形遥向呼应，精致、简洁、科技、时尚是此网页的众多特点。

难易程度：★★☆☆☆
调用素材：配套光盘\附增及素材\调用素材\第9章\视频网页
最终文件：配套光盘\附增及素材\源文件\第9章\视频网页设计.psd
视频位置：配套光盘\movie\9.2 视频网页设计.avi

视频网页设计最终效果如图9.189所示。

图1.189 视频网页设计最终效果

操作步骤

9.2.1 绘制多边形组合

PS 01 执行菜单栏中的【文件】|【新建】命令，在弹出的对话框中设置【宽度】为1200像素，【高度】为900像素，【分辨率】为72像素/英寸，【颜色模式】为RGB颜色，新建一个空白画布，如图9.190所示。

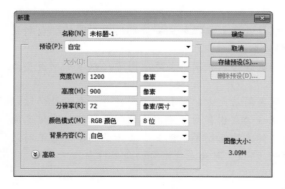

图9.190 新建画布

PS 02 选择工具箱中的【渐变工具】，在选项栏中单击【点按可编辑渐变】按钮，在弹出的对话框中将渐变颜色更改为浅蓝色（R:187，G:200，B:208）到白色，设置完成之后单击【确定】按钮，再单击选项栏中的【线性渐变】按钮，如图9.191所示。

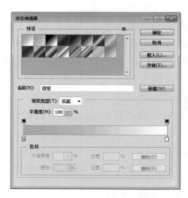

图9.191 设置渐变

PS 03 在画布中从上至下拖动，为画布填充渐变，如图9.192所示。

图9.192 填充渐变

PS 04 选择工具箱中的【钢笔工具】，在选项栏中单击【路径】按钮，在弹出的三个选项中选择【形状】，将【填充】更改为浅红色（R:240，G:124，B:101），【描边】为无，在画布左上角位置绘制一个不规则图形，如图9.193所示。

图9.193 绘制图形

PS 05 使用【钢笔工具】在选项栏中将【填充】更改为浅红色（R:232，G:33，B:51），【描边】为无，在画布中再次绘制图形，如图9.194所示。

PS 06 以同样的方法在选项栏中将【填充】更改为深红色（R:180，G:48，B:54），在刚才所绘制的图形位置再次绘制图形并与之前所绘制的图形对齐，如图9.195所示。

 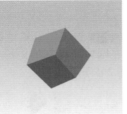

图9.194 绘制图形　　图9.195 绘制其他图形

PS 07 以刚才同样的方法绘制一些不规则图形将其【填充】更改为不同颜色，比如黄绿色（R:201，G:217，B:61）、蓝色（R:2，G:166，

B:230）、橙色（R:255，G:183，B:19）并放在不同位置，如图9.196所示。

图9.196 绘制图形

PS 08 同时选中除【背景】图层之外的所有图层，执行菜单栏中的【图层】|【新建】|【从图层建立组】，在弹出的对话框中直接单击【确定】按钮，此时将生成一个【组1】，如图9.197所示。

图9.197 从图层新建组

技巧

在选择除【背景】图层之外所有图层的时候，可以执行菜单栏中的【选择】|【所有图层】命令，将除【背景】图层之外的所有图层选中，按Ctrl+Alt+A组合键可快速执行此命令。

PS 09 选中【不规则图形】组，执行菜单栏中的【图层】|【合并组】命令，将当前组中所有图层合并，此时将生成一个【不规则图形】图层，如图9.198所示。

PS 10 选中【不规则图形】图层，将其拖至面板底部的【创建新图层】按钮上，复制一个【不规则图形 拷贝】图层，如图9.199所示。

图9.198 合并组　　　图9.199 复制图层

Photoshop CC 案例实战从入门到精通

提示

对多个不同颜色的形状图层进行合并的时候必须先将其编组后再合并，假如直接合并则会统一成一个颜色。

PS 11 在【图层】面板中，选中【不规则图形】图层，单击面板上方的【锁定透明像素】按钮，将当前图层中的透明像素锁定，在画布中将其图形填充为白色，填充完成之后再次单击此按钮解除锁定，如图9.200所示。

图9.200 锁定透明像素并填充颜色

PS 12 选中【不规则图形】图层，执行菜单栏中的【滤镜】|【模糊】|【高斯模糊】命令，在弹出的对话框中将【半径】更改为20像素，设置完成之后单击【确定】按钮，如图9.201所示。

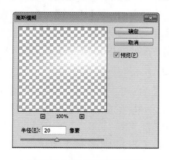

图9.201 设置高斯模糊

PS 13 在【图层】面板中，选中【不规则图形】图层，将其拖至面板底部的【创建新图层】按钮上，复制一个【不规则图形 拷贝2】图层，如图9.202所示。

图9.202 复制图层

9.2.2 添加文字并制作视频窗口

PS 01 选择工具箱中的【矩形工具】，在选项栏中将【填充】更改为白色，【描边】为无，在画布中绘制一个矩形，此时将生成一个【矩形1】图层，如图9.203所示。

图9.203 绘制图形

PS 02 在【图层】面板中，选中【矩形1】图层，单击面板底部的【添加图层样式】按钮，在菜单中选择【渐变叠加】命令，在弹出的对话框中将渐变颜色更改为灰色（R:240，G:240，B:240）到白色，【缩放】更改为80%，设置完成之后单击【确定】按钮，如图9.204所示。

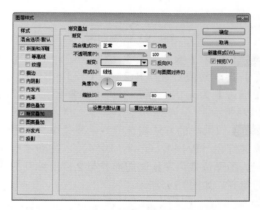

图9.204 设置渐变叠加

PS 03 选择工具箱中的【横排文字工具】，在刚才所绘制的矩形右侧位置添加文字，如图9.205所示。

图9.205 添加文字

PS 04 在【图层】面板中，选中【Thing…】文字图层，单击面板底部的【添加图层样式】*fx*按钮，在菜单中选择【渐变叠加】命令，在弹出的对话框中将渐变颜色更改为红色（R:240，G:124，B:101）到橙色（R:255，G:183，B:19），到蓝色（R:97，G:206，B:244），设置完成之后单击【确定】按钮，如图9.206所示。

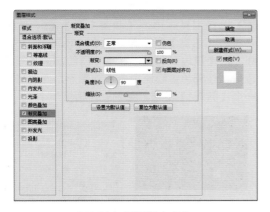

图9.206 设置渐变叠加

PS 05 选中【E.D.E.F】文字图层，执行菜单栏中的【图层】|【栅格化】|【文字】命令，将当前文字栅格化，如图9.207所示。

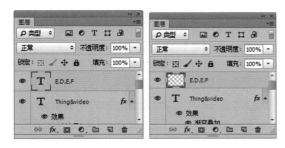

图9.207 栅格化图层

PS 06 在【图层】面板中，选中【E.D.E.F】文字图层，单击面板底部的【添加图层蒙版】按钮，为其图层添加图层蒙版，如图9.208所示。

PS 07 选择工具箱中的【渐变工具】，在选项栏中单击【点按可编辑渐变】按钮，在弹出的对话框中选择【黑白渐变】，设置完成之后单击【确定】按钮，再单击【线性渐变】按钮，如图9.209所示。

图9.208 添加图层蒙版　　　图9.209 设置渐变

PS 08 单击【E.D.E.F】文字图层蒙版缩览图，在画布中按住Shift键从左向右拖动，将多余的文字部分隐藏，如图9.210所示。

图9.210 隐藏部分文字

PS 09 选择工具箱中的【矩形工具】，在选项栏中将【填充】更改为黑色，【描边】为无，在画布中绘制一个矩形，此时将生成一个【矩形2】图层，如图9.211所示。

图9.211 绘制图形

PS 10 选择工具箱中的【圆角矩形工具】，在选项栏中将【填充】更改为深蓝色（R:0，G:35，B:48），【描边】为无，【半径】为4像素，在刚才所绘制的黑色矩形左下角位置绘制一个稍小的圆角矩形，此时将生成一个【圆角矩形1】图层，如图9.212所示。

图9.212 绘制图形

PS 11 选择工具箱中的【矩形工具】■，在刚才所绘制的圆角矩形图形附近按住Shift键绘制一个矩形，此时将生成一个【矩形3】图层，如图9.213所示。

PS 12 选中【矩形3】图层，在画布中按Ctrl+T组合键对其执行自由变换命令，当出现变形框以后在选项栏中的【旋转】后面的文本框中输入45度，之后按住Alt键将其上下稍微等比缩短，完成之后按Enter键确认，如图9.214所示。

图9.213 绘制图形　　图9.214 变换图形

PS 13 选择工具箱中的【删除锚点工具】，在画布中的【矩形3】图层左侧角的位置单击将其锚点删除，再将其移至圆角矩形上，如图9.215所示。

图9.215 删除锚点及移动图形

PS 14 选择工具箱中的【直线工具】／，在选项栏中将【填充】更改为深蓝色（R:0，G:35，B:48），【描边】为无，【粗细】为2像素，在画布中按住Shift键绘制一条水平线段，此时将生成一个【形状1】图层，如图9.216所示。

图9.216 绘制图形

PS 15 选择工具箱中的【椭圆工具】●，在选项栏中将【填充】更改为深蓝色（R:0，G:35，B:48），【描边】为无，在刚才所绘制的直线左侧位置按住Shift键绘制一个正圆图形，此时将生成一个【椭圆1】图层，如图9.217所示。

图9.217 绘制图形

PS 16 在【图层】面板中，选中【椭圆1】图层，单击面板底部的【添加图层样式】fx按钮，在菜单中选择【外发光】命令，在弹出的对话框中将【颜色】更改为蓝色（R:108，G:239，B:255），【大小】为6像素，设置完成之后单击【确定】按钮，如图9.218所示。

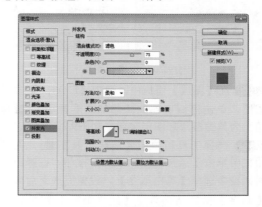

图9.218 设置外发光

PS 17 选择工具箱中的【直线工具】／，在选项栏中将【填充】更改为蓝色（R:97，G:206，B:244），【描边】为无，【粗细】为1像素，在刚才所绘制的深蓝色线段右侧，按住Shift键绘制一条稍短的水平线段，此时将生成一个【形状

2】图层，如图9.219所示。

图9.219　绘制线段

PS 18　选中【形状2】图层，在画布中按住Alt+Shift组合键向下拖动，将其垂直复制3份，如图9.220所示。

图9.220　复制线段

PS 19　选择工具箱中的【自定形状工具】，在画布中单击鼠标右键，从弹出的面板中选择【红心】，在选项栏中将【填充】更改为红色（R:207，G:14，B:23），在黑色矩形右上角位置按住Shift键绘制一个心形，如图9.221所示。

图9.221　绘制图形

PS 20　选择工具箱中的【横排文字工具】，在刚才所绘制的心形图形下方位置添加文字，如图9.222所示。

图9.222　添加文字

PS 21　执行菜单栏中的【文件】|【打开】命令，在弹出的对话框中选择配套光盘中的【调用素材\第9章\视频网页\电影.jpg】文件，将打开的素材拖入画布中黑色矩形上并适当缩小，此时其图层名称将自动更改为【图层1】，如图9.223所示。

图9.223　添加素材

PS 22　同时选中【图层1】和【矩形2】图层，分别单击选项栏中的【垂直居中对齐】按钮和【水平居中对齐】按钮，将图像与图形对齐，如图9.224所示。

图9.224　对齐图形

PS 23　选中【矩形1】图层，将其拖至面板底部的【创建新图层】按钮上，复制一个【矩形1拷贝】图层，如图9.225所示。

图9.225　复制图形

PS 24　选中【矩形1 拷贝】图层，在画布中按Ctrl+T组合键对其执行自由变换命令，将光标移至出现的变形框底部控制点并向上拖动，将其高度缩小，完成之后按Enter键确认，如图9.226所示。

图9.226 变换图形

PS 25 在【图层】面板中，双击【矩形1 拷贝】图层样式名称，在打开的对话框中将渐变颜色更改为深蓝色（R:23，G:28，B:32）到蓝色（R:47，G:69，B:87），【缩放】更改为100%，设置完成之后单击【确定】按钮，如图9.227所示。

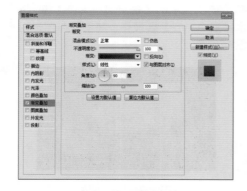

图9.227 设置渐变叠加

PS 26 选中【矩形1】图层，将其拖至面板底部的【创建新图层】🔲按钮上，复制一个【矩形1 拷贝2】图层，如图9.228所示。

PS 27 选中【矩形1 拷贝2】图层，在画布中按Ctrl+T组合键对其执行自由变换命令，将光标移至出现的变形框左侧控制点并向右拖动，将其宽度缩小，完成之后按Enter键确认，如图9.229所示。

图9.228 复制图形　　　图9.229 变换图形

提示

由于经过变换的图形与下方的图形宽度相同，且有相同的渐变叠加效果，所以经过变换后的图形仍然重叠且暂时不可见。

PS 28 在【图层】面板中，双击【矩形1 拷贝2】图层样式名称，在打开的对话框中将渐变颜色更改为蓝色（R:15，G:120，B:168）到浅蓝色（R:128，G:223，B:251），设置完成之后单击【确定】按钮，如图9.230所示。

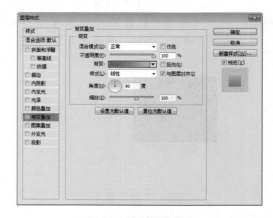

图9.230 设置渐变叠加

PS 29 选中【矩形1 拷贝2】图层，将其拖至面板底部的【创建新图层】🔲按钮上，复制一个【矩形1 拷贝3】图层，选中【矩形1 拷贝3】图层，在画布中按住Shift键向右侧水平移动并与原图形对齐，如图9.231所示。

图9.231 复制及移动图形

PS 30 在【图层】面板中，双击【矩形1 拷贝3】图层样式名称，在打开的对话框中将渐变颜色更改为灰蓝色（R:88，G:107，B:121）到浅灰蓝色（R:176，G:191，B:194），设置完成之后单击【确定】按钮，如图9.232所示。

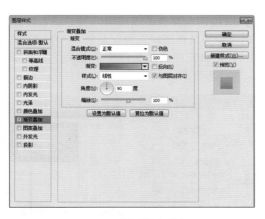

图9.232 设置渐变叠加

PS 31 选择工具箱中的【横排文字工具】**T**，在刚才复制所生成的图形位置以及画布靠下方位置添加文字，如图9.233所示。

图9.233 添加文字

PS 32 选择工具箱中的【矩形工具】，在选项栏中将【填充】更改为蓝色（R:52，G:187，B:234），【描边】为无，在画布中绘制一个矩形，此时将生成一个【矩形4】图层，如图9.234所示。

图9.234 绘制图形

PS 33 在【矩形1】图层上单击鼠标右键，从弹出的快捷菜单中选择【拷贝图层样式】命令，在【矩形4】图层上单击鼠标右键，从弹出的快捷菜单中选择【粘贴图层样式】命令，如图9.235所示。

图9.235 拷贝并粘贴图层样式

PS 34 在【图层】面板中，双击【矩形4】图层样式名称，在打开的对话框中将渐变颜色更改为蓝色（R:88，G:107，B:121）到浅蓝色（R:107，G:217，B:255）再到蓝色（R:88，G:107，B:121），设置完成之后单击【确定】按钮，如图9.236所示。

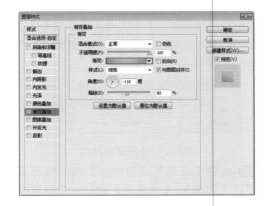

图9.236 设置渐变叠加

PS 35 选择工具箱中的【横排文字工具】**T**，在刚才所绘制的矩形上添加文字，如图9.237所示。

Aliya animation company

AE　Professional animation and video
　　Produced by the animation
　　won a prize for many times

图9.237 添加文字

9.2.3 绘制底部不规则图形

PS 01 选择工具箱中的【钢笔工具】，在选项栏中单击【路径】按钮，在弹出的三个选项中选择【形状】，将【填充】更改为深蓝色（R:32，G:45，B:54），【描边】为无，在画布中绘制一个不规则图形，完成之后以同样的方法再将【填充】更改为深蓝色（R:0，G:35，B:48），继续在不规则图形附近位置再次绘制不规则图形，如图9.238所示。

图9.238 绘制图形

PS 02 选中刚才绘制不规则图形所生成的相关图层，执行菜单栏中的【图层】|【新建】|【从图层建立组】，在弹出的对话框中将【名称】更改为【底部不规则图形】，完成之后单击【确定】按钮，此时将生成一个【底部不规则图形】组，如图9.239所示。

图9.239 从图层新建组

PS 03 选中【底部不规则图形】组，执行菜单栏中的【图层】|【合并组】命令，将当前组合并，此时将生成一个【底部不规则图形】图层，如图9.240所示。

PS 04 选中【底部不规则图形】图层，拖至面板底部的【创建新图层】按钮上将其复制，此时将生成一个【底部不规则图形 拷贝】图层，如图9.241所示。

图9.240 合并组　　图9.241 复制图层

PS 05 在【图层】面板中，选中【底部不规则图形】图层，单击面板上方的【锁定透明像

素】按钮，将当前图层中的透明像素锁定，在画布中将其图形填充为深蓝色（R:0，G:35，B:48），填充完成之后再次单击此按钮解除锁定，如图9.242所示。

图9.242 锁定透明像素并填充颜色

PS 06 选中【底部不规则图形】图层，执行菜单栏中的【滤镜】|【模糊】|【高斯模糊】命令，在弹出的对话框中将【半径】更改为5像素，设置完成之后单击【确定】按钮，如图9.243所示。

图9.243 设置高斯模糊

PS 07 选中【底部不规则图形】图层，将其图层【不透明度】更改为50%，如图9.244所示。

图9.244 更改图层不透明度

PS 08 选择工具箱中的【矩形工具】，在选项栏中将【填充】更改为深蓝色（R:0，G:35，B:48），【描边】为无，在画布靠底部位置绘制一个矩形，此时将生成一个【矩形5】图层，如图9.245所示。

图9.245 绘制图形

PS 09 选中【矩形5】图层，将其图层【不透明度】更改为80%，如图9.246所示。

图9.246 更改图层不透明度

PS 10 执行菜单栏中的【文件】|【打开】命令，在弹出的对话框中选择配套光盘中的【调用素材\第9章\视频网页\RSS.jpg】文件，将打开的素材拖入画布左下角位置并适当缩小，如图9.247所示。

PS 11 选择工具箱中的【横排文字工具】 T，在刚才所添加的素材图像下方添加文字，如图9.248所示。

PS 12 选中【Thing…】文字图层，在画布中按住Alt键向下拖动至靠近面板底部位置，如图9.249所示。

图9.247 添加素材　　　图9.248 添加文字

图9.249 复制文字

PS 13 选择工具箱中的【横排文字工具】 T，在刚才复制生成的文字左侧位置再次添加文字，如图9.250所示。

图9.250 添加文字及最终效果

第10章 手提袋设计

内容摘要

手提袋的便利及装饰作用，使得它成为大部分人出行必带装备，商家更不会不关注这些，所以形形色色的手提袋设计就应运而生了，手提袋不但可以起到广告宣传作用，其精美效果还可以提高公司形象。本章就手提袋的制作进行详细讲解，让读者掌握手提袋的制作技巧。

教学目标

- 了解手提袋设计
- 掌握手提袋设计展开面的制作方法
- 掌握手提袋设计立体效果的制作方法

10.1 金泰嘉华手提袋设计

 设计构思

- 新建画布后利用【渐变工具】为展示包装效果制作一个灰色系的渐变背景。
- 利用【矩形工具】在画布中绘制矩形制作出包装的面，再利用【直线工具】在所绘制的图形上绘制线段并将线段多重复制为包装的面制作出条纹效果，并在上面添加相关文字。
- 在所制作的面左右两侧继续绘制图形并在其图形上添加相关文字完成袋子的平面效果制作。
- 将所绘制的手提袋图形及文字合并及变换制作出立体的手提袋效果并添加调用素材图像。最后为所绘制的手提袋添加阴影及投影效果完成最终效果制作。
- 本例主要讲解的是地产手提袋效果制作，此款手提袋的最大亮点是正面添加了条纹图形使手提袋的时尚感更强，在颜色搭配方面采用了比较上档次的深紫色及棕色的搭配，这样也突出了地产宣传品的特性。

难易程度：★★★★☆
调用素材：配套光盘\附增及素材\调用素材\第10章\金泰嘉华手提袋
最终文件：配套光盘\附增及素材\源文件\第10章\金泰嘉华手提袋平面效果.psd、金泰嘉华手提袋立体效果.psd
视频位置：配套光盘\movie\10.1 金泰嘉华手提袋设计.avi

金泰嘉华手提袋平面、立体效果如图10.1所示。

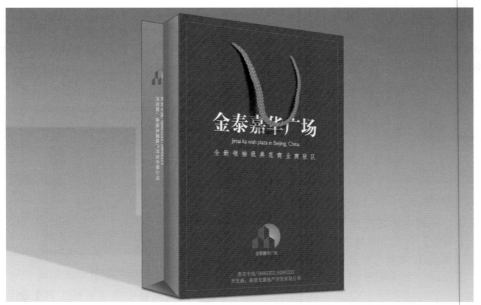

图10.1 金泰嘉华手提袋平面、立体效果

操作步骤

10.1.1 包装平面效果

PS 01 执行菜单栏中的【文件】|【新建】命令，在弹出的对话框中设置【宽度】为10厘米，【高度】为8厘米，【分辨率】为300像素/英寸，【颜色模式】为RGB颜色，新建一个空白画布，如图10.2所示。

图10.2 新建画布

PS 02 选择工具箱中的【渐变工具】■，在选项栏中单击【点按可编辑渐变】按钮，在弹出的对话框中设置渐变颜色从灰色（R:100，G:98，B:97到浅灰色（R:232，G:232，B:232），设置完成之后单击【确定】按钮，再单击【线性渐变】■按钮，如图10.3所示。

PS 03 在画布中从上向下拖动填充渐变，填充效果如图10.4所示。

图10.3 编辑渐变　　　图10.4 填充渐变

PS 04 选择工具箱中的【矩形工具】■，在选项栏中将【填充】更改为深紫色（R:88，G:56，B:67），【描边】为无，在画布中绘制一个矩形，此时将生成一个【矩形1】图层，如图10.5所示。

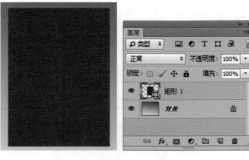

图10.5 绘制图形

PS 05 在【图层】面板中，选中【矩形1】图层，将其拖至面板底部的【创建新图层】 按钮上，复制一个【矩形1 拷贝】图层，如图10.6所示。

PS 06 选中【矩形1 拷贝】图层，在画布中按Ctrl+T组合键对其执行自由变换，当出现变形框以后按住Alt键分别将图形上下及左右向里拖动，将其缩小，完成之后按Enter键确认。

图10.6 复制图形

PS 07 选中【矩形1 拷贝】图层，在选项栏中将【填充】更改为无，【描边】为黄色（R:177，G:133，B:90），【大小】为0.3点，单击后面的【设置形状描边类型】，在弹出的下拉选项中选择第3种描边类型，如图10.7所示。

图10.7 设置描边类型

PS 08 择工具箱中的【直线工具】 ，在选项栏中将【填充】更改为无，【描边】为黄色

（R:177，G:133，B:90），【大小】为0.3点，单击后面的【设置形状描边类型】，在弹出的下拉选项中选择第1种描边类型，在画布中在矩形上绘制一条大于矩形的倾斜直线，此时将生成一个【形状1】图层，如图10.8所示。

图10.8 绘制图形

PS 09 选中【形状1】图层，执行菜单栏中的【图层】|【栅格化】|【形状】命令，将当前图层栅格化，如图10.9所示。

图10.9 栅格化图层

PS 10 在【图层】面板中，按住Ctrl键单击【形状1】图层缩览图，将其载入选区，在画布中按Ctrl+Alt+T组合键对其执行复制变换命令，当出现变形框以后将其向矩形的对角方向稍微移动，完成之后按Enter键确认，如图10.10所示。

图10.10 复制变换

PS 11 在画布中按住Ctrl+Alt+Shift组合键的同时多次按T键将图形多重复制，完成之后按Ctrl+D组合键将选区取消，如图10.11所示。

图10.11 复制变换图形

PS 12 在【图层】面板中，选中【形状1】图层，单击面板底部的【添加图层蒙版】按钮，为其图层添加图层蒙版，如图10.12所示。

图10.12 添加图层蒙版

PS 13 在【图层】面板中，按住Ctrl键单击【矩形1】图层缩览图，将其载入选区，再按Ctrl+Shifti+I组合键将选区反选，如图10.13所示。

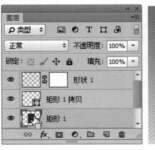

图10.13 载入选区

PS 14 单击【形状1】图层蒙版缩览图，在画布中将选区填充为黑色，将多余图形隐藏，完成之后按Ctrl+D组合键将选区取消，如图10.14所示。

图10.14 隐藏图形

PS 15 选中【形状1】图层，将其图层【不透明度】更改为30%，如图10.15所示。

图10.15 更改图层不透明度

10.1.2 添加文字信息

PS 01 选择工具箱中的【横排文字工具】 **T**，在画布中适当位置添加文字，如图10.16所示。

图10.16 添加并对齐文字

PS 02 执行菜单栏中的【文件】|【打开】命令，在弹出的对话框中选择配套光盘中的【调用素材\第10章\金泰嘉华手提袋\logo.psd】文件，将打开的素材拖入画布中矩形下方位置并适当缩小，如图10.17所示。

图10.17 添加素材

PS 03 选中【logo】图层，执行菜单栏中的【图像】|【调整】|【色相/饱和度】命令，在弹出的对话框中将【饱和度】更改为-20，设置完成之后单击【确定】按钮，如图10.18所示。

图10.18 更改【色相/饱和度】

PS 04 选择工具箱中的【横排文字工具】 **T**，在刚才所添加的素材下方位置添加文字，如图10.19所示。

图10.19 添加文字

PS 05 选择工具箱中的【矩形工具】 ，在选项栏中将【填充】更改为黄色（R:177，G:133，B:90），【描边】为无，在画布中绘制一个矩形，此时将生成一个【矩形2】图层，如图10.20所示。

316

图10.20 绘制图形

PS 06 选中【logo】、【贵宾专线…】、【开发商…】图层，将其复制并将【logo 拷贝】层中的图像缩小，【贵宾专线…拷贝】中的文字、【开发商…拷贝】中的文字顺时针旋转90度后移至刚才所绘制的矩形上，并修改文字颜色，如图10.21所示。

图10.21 复制及变换图像及文字

PS 07 选中【logo 拷贝】、【贵宾专线…拷贝】、【开发商…拷贝】图层，在画布中将其移至右侧矩形上并旋转180度，这样就完成了手提袋的平面效果制作，如图10.22所示。

图10.22 复制图像及文字并变换

10.1.3 包装立体效果

PS 01 执行菜单栏中的【文件】|【新建】命令，在弹出的对话框中设置【宽度】为10厘米，【高度】为8厘米，【分辨率】为300像素/英寸，【颜色模式】为RGB颜色，新建一个空白画布，如图10.23所示。

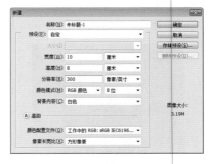

图10.23 新建画布

PS 02 选择工具箱中的【渐变工具】■，在选项栏中单击【点按可编辑渐变】按钮，在弹出的对话框中设置渐变颜色从灰色（R:100，G:98，B:97到浅灰色（R:232，G:232，B:232），设置完成之后单击【确定】按钮，再单击【线性渐变】■按钮，如图10.24所示。

PS 03 在画布中从上向下拖动填充渐变，填充效果如图10.25所示。

图10.24 设置渐变　　　图10.25 填充渐变

PS 04 打开手提袋平面效果文档，在画布中按住Ctrl键将手提袋正面的图形与文字选中，拖至当前画布中，按Ctrl+E组合键将所有图形及文字图层合并，双击其图层名称，更改为【手提袋正面】，如图10.26所示。

图10.26 添加图形及文字

317

PS 05 选中【手提袋正面】图层，在画布中按Ctrl+T组合键对其执行自由变换命令，将光标移至出现的变形框中单击鼠标右键，从弹出的快捷菜单中选择【扭曲】命令，将图形扭曲变形，完成之后按Enter键确认，如图10.27所示。

图10.27 变换图形

PS 06 以刚才同样的方法在手提袋平面效果文档中按住Ctrl键将手提袋侧面的图形与文字选中，拖至当前画布中，按Ctrl+E组合键将所有图形及文字图层合并，双击其图层名称，更改为【手提袋侧面】，如图10.28所示。

图10.28 添加图形及文字

PS 07 选中【手提袋侧面】图层，在画布中按Ctrl+T组合键对其执行自由变换命令，将光标移至出现的变形框中单击鼠标右键，从弹出的快捷菜单中选择【扭曲】命令，将图形扭曲变形，完成之后按Enter键确认，如图10.29所示。

图10.29 变换图形

PS 08 选择工具箱中的【多边形套索工具】，在手提袋侧面图形上方绘制一个不规则选区，如图10.30所示。

PS 09 选中【手提袋侧面】图层，在画布中将选区中的图形删除，完成之后按Ctrl+D组合键将选区取消，如图10.31所示。

图10.30 绘制选区　　　图10.31 删除图形

PS 10 选择工具箱中的【多边形套索工具】，在手提袋侧面图形下方绘制一个不规则选区，如图10.32所示。

PS 11 单击面板底部的【创建新图层】按钮，新建一个【图层1】图层，如图10.33所示。

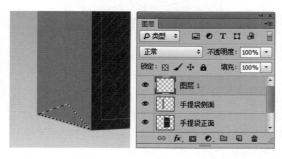

图10.32 绘制选区　　　图10.33 新建图层

PS 12 选中【图层1】图层，在画布中将选区填充为白色，填充完成之后按Ctrl+D组合键将选区取消，如图10.34所示。

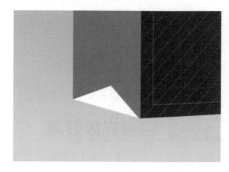

图10.34 填充颜色

PS 13 在【图层】面板中，选中【图层1】图层，单击面板底部的【添加图层样式】**fx**按钮，在菜单中选择【渐变叠加】命令，在弹出的对话框中将渐变颜色更改为黄色（R:177，G:133，B:90）到深黄色（R:112，G:74，B:37），【角度】更改为60度，【缩放】更改为70%，设置完成之后单击【确定】按钮，如图10.35所示。

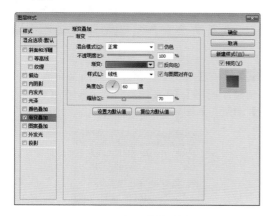

图10.35 设置渐变叠加

PS 14 选择工具箱中的【多边形套索工具】 ，在手提袋侧面图形上绘制一个不规则选区，如图10.36所示。

PS 15 单击面板底部的【创建新图层】 按钮，新建一个【图层2】图层，如图10.37所示。

图10.36 绘制选区　　　图10.37 新建图层

PS 16 在画布中将选区填充为白色，填充完成之后按Ctrl+D组合键将选区取消，如图10.38所示。

PS 17 在【图层1】图层上单击鼠标右键，从弹出的快捷菜单中选择【拷贝图层样式】命令，在【图层2】图层上单击鼠标右键，从弹出的快捷菜单中选择【粘贴图层样式】命令，如图10.39所示。

图10.38 填充颜色

图10.39 拷贝并粘贴图层样式

PS 18 双击【图层2】图层样式名称，在出现的对话框中将渐变颜色更改为黄色（R:177，G:133，B:90）到深黄色（R:141，G:98，B:55），【角度】更改为180度，【缩放】更改为70%，设置完成之后单击【确定】按钮，如图10.40所示。

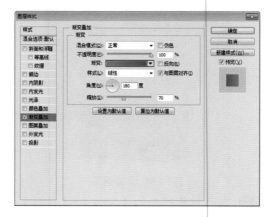

图10.40 设置渐变叠加

PS 19 选择工具箱中的【画笔工具】 ，在画布中单击鼠标右键，在弹出的面板中，选择一种圆角笔触，将【大小】更改为1像素，【硬度】更改为0%，如图10.41所示。

PS 20 单击面板底部的【创建新图层】 按钮，新建一个【图层3】图层，如图10.42所示。

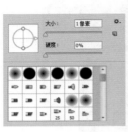

图10.41 设置笔触   图10.42 新建图层

PS 21 选中【图层3】图层，将前景色更改为黑色，在画布中手提袋正面与侧面相接触的上方顶角位置单击，然后在垂直的底部位置再次单击，为手提袋添加棱角效果，如图10.43所示。

图10.43 绘制图形

PS 22 选中【图层3】图层，将前景色更改为深黄色（R:88，G:50，B:14），为手提袋的其他边角位置添加棱角效果，如图10.44所示。

图10.44 添加图形

PS 23 执行菜单栏中的【文件】|【打开】命令，在弹出的对话框中选择配套光盘中的【调用素材\第10章\金泰嘉华手提袋\绳子.psd】文件，将打开的素材拖入画布中并适当缩小。

PS 24 选中【绳子】图层，在画布中按Ctrl+T组合键对其执行自由变换，在出现的变形框中单击鼠标右键，从弹出的快捷菜单中选择【扭曲】命

令，将图像变换，完成之后按Enter键确认，如图10.45所示。

图10.45 变换图像

PS 25 选中【绳子】图层，将其拖至面板底部的【创建新图层】按钮上，复制一个【绳子 拷贝】图层，如图10.46所示。

图10.46 复制图层

PS 26 在【图层】面板中，选中【绳子】图层，单击面板上方的【锁定透明像素】按钮，将当前图层中的透明像素锁定，在画布中将其图形填充为黑色，填充完成之后再次单击此按钮解除锁定，如图10.47所示。

图10.47 锁定图像透明像素并填充颜色

PS 27 选中【绳子】图层，在画布中按Ctrl+T组合键对其执行自由变换命令，将光标移至出现的变形框中单击鼠标右键，从弹出的快捷菜单中选择【扭曲】命令，将图形扭曲变形，完成之后按Enter键确认，如图10.48所示。

图10.48 变换图形

图10.52 隐藏图形

PS 28 选中【绳子】图层，执行菜单栏中的【滤镜】|【模糊】|【高斯模糊】命令，在弹出的对话框中将【半径】更改为2像素，设置完成之后单击【确定】按钮，如图10.49所示。

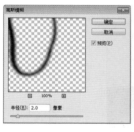

图10.49 设置高斯模糊

PS 29 在【图层】面板中，选中【绳子】图层，单击面板底部的【添加图层蒙版】 按钮，为其图层添加图层蒙版，如图10.50所示。

PS 30 选择工具箱中的【渐变工具】 ，在选项栏中单击【点按可编辑渐变】按钮，在弹出的对话框中选择【黑白渐变】，设置完成之后单击【确定】按钮，再单击【线性渐变】 按钮，如图10.51所示。

图10.50 添加图层蒙版　图10.51 设置渐变

PS 31 单击【绳子】图层蒙版缩览图，在画布中其图形上从下至上拖动，将部分图形隐藏，如图10.52所示。

PS 32 选择工具箱中的【多边形套索工具】 ，在手提袋靠底部位置绘制一个不规则选区，如图10.53所示。

图10.53 绘制选区

PS 33 单击面板底部的【创建新图层】 按钮，新建一个【图层4】图层，如图10.54所示。

PS 34 选中【图层4】图层，在画布中将选区填充为黑色，填充完成之后按Ctrl+D组合键将选区取消，选中【图层4】图层，将其向下移至【背景】图层上方，如图10.55所示。

图10.54 新建图层 图10.55 填充颜色及更改图层顺序

PS 35 选中【图层4】图层，执行菜单栏中的【滤镜】|【模糊】|【高斯模糊】命令，在弹出的对话框中将【半径】更改为2像素，设置完成之后单击【确定】按钮，如图10.56所示。

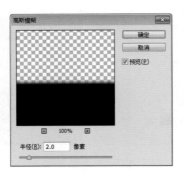

图10.56 设置高斯模糊

PS 36 选中【图层4】图层，将其图层【不透明度】更改为10%，如图10.57所示。

图10.57 更改图层不透明度

PS 37 选择工具箱中的【多边形套索工具】，在手提袋靠底部位置再次绘制一个不规则选区，如图10.58所示。

图10.58 绘制选区

PS 38 单击面板底部的【创建新图层】按钮，新建一个【图层5】图层。

PS 39 选中【图层5】图层，在画布中将选区填充为黑色，填充完成之后按Ctrl+D组合键将选区取消，选中【图层5】图层，将其向下移至【图层4】图层上方，如图10.59所示。

图10.59 填充颜色及更改图层顺序

PS 40 选中【图层5】图层，执行菜单栏中的【滤镜】|【模糊】|【高斯模糊】命令，在弹出的对话框中将【半径】更改为2像素，设置完成之后单击【确定】按钮，如图10.60所示。

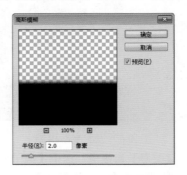

图10.60 设置高斯模糊

PS 41 选中【图层5】图层，将其图层【不透明度】更改为80%，这样就完成了效果制作，最终效果如图10.61所示。

图10.61 更改图层不透明度及最终效果

10.2 / 天洁地产手提袋设计

设计构思

- 新建画布后利用【渐变工具】为展示包装效果制作一个浅灰色到深灰色的渐变背景。使用图形工具绘制出包装的平面效果并添加相对应文字。
- 将平面效果中的图形合并后加以变形制作出手提袋的立体效果。在所制作的立体手提袋上添加真实的手提袋绳子素材增强了袋子的立体感，并为绳子添加阴影效果。
- 为手提袋添加阴影及投影效果及添加相关文字完成效果制作。
- 本例主要讲解的是地产手提袋的效果制作，此款手提袋正面图案采用了地产的logo图并且添加简约的图形及文字体现了地产手提袋的高端。

难易程度：★★★★☆
调用素材：配套光盘\附增及素材\调用素材\第10章\天洁地产手提袋
最终文件：配套光盘\附增及素材\源文件\第10章\天洁地产手提袋平面效果.psd、天洁地产手提袋立体效果.jpg
视频位置：配套光盘\movie\10.2 天洁地产手提袋设计.avi

天洁地产手提袋平面、立体效果如图10.62所示。

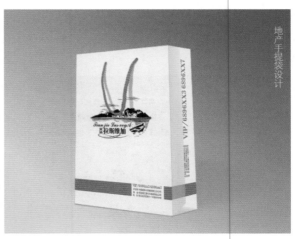

图10.62 天洁地产手提袋平面、立体效果

操作步骤

 包装平面效果

PS 01 执行菜单栏中的【文件】|【新建】命令，在弹出的对话框中设置【宽度】为10厘米，【高度】为8厘米，【分辨率】为300像素/英寸，【颜色模式】为RGB颜色，新建一个空白画布，如图10.63所示。

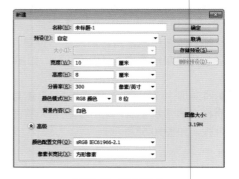

图10.63 新建画布

323

PS 02 选择工具箱中的【渐变工具】█，在选项栏中单击【点按可编辑渐变】按钮，在弹出的对话框中设置渐变颜色从浅灰色（R:232，G:232，B:232）到灰色（R:100，G:98，B:97），设置完成之后单击【确定】按钮，再单击【径向渐变】█按钮，如图10.64所示。

PS 03 在画布中从左下角向右上角位置拖动填充渐变，填充效果如图10.65所示。

图10.64 设置渐变　　　图10.65 填充渐变

PS 04 选择工具箱中的【矩形工具】█，在选项栏中将【填充】更改为浅绿色（R:242，G:251，B:236），【描边】为无，在画布中绘制一个矩形，此时将生成一个【矩形1】图层，如图10.66所示。

图10.66 绘制图形

PS 05 执行菜单栏中的【文件】|【打开】命令，在弹出的对话框中选择配套光盘中的【调用素材\第10章\天洁地产手提袋\logo.jpg】文件，将打开的素材拖入画布中刚才所绘制的图形位置，此时其图层名称将自动更改为【图层1】，如图10.67所示。

PS 06 同时选中【图层1】和【矩形1】图层，单击选项栏中的【水平居中对齐】按钮，将图像与图形对齐，如图10.68所示。

图10.67 添加素材　　　图10.68 对齐图形

PS 07 【图层】面板中，选中【图层1】图层，将其图层混合模式设置为【正片叠底】，如图10.69所示。

图10.69 设置图层混合模式

PS 08 在【图层】面板中，选中【矩形1】图层，将其拖至面板底部的【创建新图层】█按钮上，复制一个【矩形1 拷贝】图层，如图10.70所示。

PS 09 选中【矩形1 拷贝】图层，在画布中按Ctrl+T组合键对其执行自由变换命令，将光标移至出现的变形框上按住Alt键将其上下等比缩小，完成之后按Enter键确认，再按住Shift键向下移至靠近底部位置，在选项栏中将【填充】更改为橙色（R:225，G:102，B:0），如图10.71所示。

图10.70 复制图形　　　图10.71 变换图形

PS 10 选中【矩形1 拷贝】图层，在画布中按Ctrl+T组合键对其执行自由变换命令，将光标移至出现的变形框右侧位置向左缩小，完成之后按Enter键确认，如图10.72所示。

PS 11 选中【矩形1 拷贝】图层，将其拖至面板底部的【创建新图层】 按钮上，复制一个【矩形1 拷贝2】图层，如图10.73所示。

图10.72 变换图形　　　　图10.73 复制图层

PS 12 选中【矩形1 拷贝2】图层，在画布中按Ctrl+T组合键对其执行自由变换命令，将其左右等比缩小，完成之后按Enter键确认，再将其移至矩形1图形左侧边缘位置，如图10.74所示。

图10.74 复制及变换图形

PS 13 选择工具箱中的【横排文字工具】 T ，在两个矩形空隙位置添加文字，如图10.75所示。

图10.75 添加文字

PS 14 在【图层】面板中，选中【矩形1】图层，将其拖至面板底部的【创建新图层】 按钮上，复制一个【矩形1 拷贝3】图层，如图10.76所示。

PS 15 选中【矩形1 拷贝3】图层，在画布中按Ctrl+T组合键对其执行自由变换命令，当出现变形框以后将图形左右缩小，完成之后按Enter键确认，如图10.77所示。

图10.76 复制图形　　　　图10.77 变换图形

PS 16 在【图层】面板中，选中【矩形1 拷贝】图层，将其拖至面板底部的【创建新图层】 按钮上，复制一个【矩形1 拷贝4】图层，如图10.78所示。

PS 17 选中【矩形1 拷贝4】图层，在画布中按Ctrl+T组合键对其执行自由变换命令，当出现变形框以后将图形左右缩小，完成之后按Enter键确认后再将其向右侧移动并与矩形1拷贝3图形对齐，如图10.79所示。

图10.78 复制图形　　　　图10.79 变换图形

PS 18 选择工具箱中的【横排文字工具】 T ，在画布中适当位置再次添加文字，如图10.80所示。

PS 19 选中刚才所添加的文字，按Ctrl+T组合键对其执行自由变换命令，在出现的变形框中单击鼠标右键，从弹出的快捷菜单中选择【旋转90度（顺时针）】命令，完成之后按Enter键确认，如图10.81所示。

图10.80 添加文字　　　　图10.81 旋转文字

提示

当旋转文字之后可适当地更改其大小及间距使版式更加和谐。

PS 20 在画布中左侧面附近位置按住Ctrl键拖动,将其图形及文字选中,执行菜单栏中的【图层】|【新建】|【从图层建立组】,在弹出的对话框中将【名称】更改为【左侧面】,完成之后单击【确定】按钮,此时将生成一个【左侧面】组,如图10.82所示。

图10.82 从图层建立组

PS 21 在【图层】面板中,选中【左侧面】组,将其拖至面板底部的【创建新图层】 ⬜ 按钮上,复制一个【左侧面 拷贝】组,在画布中按住Shift键移至靠左侧位置并将其重命名为【右侧面 拷贝】,如图10.83所示。

图10.83 复制组

PS 22 选中刚才【右侧面 拷贝】组按Ctrl+T组合键对其执行自由变换命令,在出现的变形框中分别单击鼠标右键,从弹出的快捷菜单中选择【旋转180度】命令,完成之后按Enter键确认,如图10.84所示。

图10.84 变换组

PS 23 在【图层】面板中,将【右侧面 拷贝】组展开,分别选中其中的文字及图形图层,在画布中分别移动其位置,这样就完成了手提袋平面效果制作,最终效果如图10.85所示。

图10.85 更改位置及最终效果

PS 24 以刚才同样的方法在画布中按住Ctrl键在手提袋正面图形附近位置拖动,将其选中,执行菜单栏中的【图层】|【新建】|【从图层建立组】,在弹出的对话框中将【名称】更改为【正面】,完成之后单击【确定】按钮,此时将生成一个【正面】组,如图10.86所示。

图10.86 从图层建立组

10.2.2 包装立体效果

PS 01 执行菜单栏中的【文件】|【新建】命令,在弹出的对话框中设置【宽度】为10厘米,【高度】为8厘米,【分辨率】为300像素/英寸,【颜色模式】为RGB颜色,新建一个空白画布,如图10.87所示。

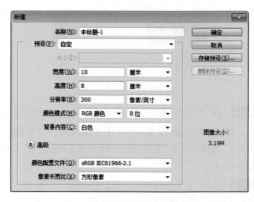

图10.87 新建画布

PS 02 选择工具箱中的【渐变工具】 ■，在选项栏中单击【点按可编辑渐变】按钮，在弹出的对话框中设置渐变颜色从浅灰色（R:232，G:232，B:232）到灰色（R:100，G:98，B:97），设置完成之后单击【确定】按钮，再单击【径向渐变】 ■ 按钮，如图10.88所示。

PS 03 在画布中从左下角向右上角位置拖动填充渐变，填充效果如图10.89所示。

图10.91 复制组　　　图10.92 合并及隐藏组

图10.88 设置渐变　　　图10.89 填充渐变

PS 04 在手提袋平面文档中选中【正面】组，将其拖至当前画布中，如图10.90所示。

图10.90 添加图形

PS 05 选中【正面】组，将其拖至面板底部的【创建新图层】 ■ 按钮上，复制一个【正面 拷贝】组，如图10.91所示。

PS 06 选中【正面 拷贝】组，执行菜单栏中的【图层】|【合并组】命令，将当前组进行合并，此时将生成一个【正面 拷贝】图层，单击【正面】组前面的【隐藏图层】 ● 按钮，将当前组隐藏，如图10.92所示。

PS 07 选中【正面 拷贝】图层，在画布中按Ctrl+T组合键对其执行自由变换命令，将光标移至出现的变形框中单击鼠标右键，从弹出的快捷菜单中选择【扭曲】命令，将图形扭曲变形，完成之后按Enter键确认，如图10.93所示。

图10.93 变换图形

PS 08 在手提袋平面文档中选中【右侧面 拷贝】组，将其拖至当前画布中，如图10.94所示。

图10.94 添加图形

PS 09 选中【右侧面 拷贝】组，将其拖至面板底部的【创建新图层】 ■ 按钮上，复制一个【右侧面 拷贝2】组，如图10.95所示。

PS 10 选中【右侧面 拷贝2】组，执行菜单栏中的【图层】|【合并组】命令，将当前组进行合并，此时将生成一个【右侧面 拷贝2】图层，单击【右侧面 拷贝】组前面的【隐藏图层】 ● 按钮，将当前组隐藏，如图10.96所示。

图10.95 复制组　　图10.96 合并及隐藏组

PS 11 选中【右侧面 拷贝2】图层，在画布中按Ctrl+T组合键对其执行自由变换命令，将光标移至出现的变形框中单击鼠标右键，从弹出的快捷菜单中选择【扭曲】命令，将图形扭曲变形，完成之后按Enter键确认，如图10.97所示。

图10.97 变换图形

PS 12 选择工具箱中的【多边形套索工具】，在手提袋侧面位置绘制一个不规则选区，如图10.98所示。

图10.98 绘制选区

PS 13 单击面板底部的【创建新图层】按钮，新建一个【图层2】图层，选中此图层，在画布中将选区填充为灰色（R:214，G:214，B:214），填充完成之后按Ctrl+D组合键将选区取消，如图10.99所示。

图10.99 新建图层并填充颜色

PS 14 在【图层】面板中，选中【图层2】图层，单击面板底部的【添加图层蒙版】按钮，为其图层添加图层蒙版，如图10.100所示。

PS 15 选择工具箱中的【渐变工具】，在选项栏中单击【点按可编辑渐变】按钮，在弹出的对话框中选择【黑白渐变】，设置完成之后单击【确定】按钮，再单击【线性渐变】按钮，如图10.101所示。

图10.100 添加图层蒙版　　图10.101 设置渐变

PS 16 单击【图层2】图层蒙版缩览图，在画布中其图形上从右至左拖动，将部分图形隐藏，如图10.102所示。

图10.102 隐藏图形

PS 17 选中【图层2】图层，将其图层【不透明度】更改为60%，如图10.103所示。

图10.103 更改图层不透明度

PS 18 选择工具箱中的【多边形套索工具】 ，以刚才同样的方法在手提袋侧面底部位置绘制一个三角形选区，如图10.104所示。

图10.104 绘制选区

PS 19 单击面板底部的【创建新图层】 按钮，新建一个【图层3】图层，选中此图层，在画布中将选区填充为灰色（R:210，G:210，B:210），填充完成之后按Ctrl+D组合键将选区取消，如图10.105所示。

图10.105 新建图层并填充颜色

PS 20 在【图层】面板中，选中【图层3】图层，单击面板底部的【添加图层蒙版】 按钮，为其图层添加图层蒙版，如图10.106所示。

PS 21 选择工具箱中的【渐变工具】 ，在选项栏中单击【点按可编辑渐变】按钮，在弹出的对话框中选择【黑白渐变】，设置完成之后单击【确定】按钮，再单击【线性渐变】 按钮，如图10.107所示。

图10.106 添加图层蒙版　　图10.107 设置渐变

PS 22 单击【图层2】图层蒙版缩览图，在画布中其图形上从右上角至左下角方向拖动，将部分图形隐藏，如图10.108所示。

图10.108 隐藏图形

PS 23 选中【图层3】图层，将其图层【不透明度】更改为60%，如图10.109所示。

图10.109 更改图层不透明度

PS 24 执行菜单栏中的【文件】|【打开】命令，在弹出的对话框中选择配套光盘中的【调用素材\第10章\天洁地产手提袋\绳子.psd】文件，将打开的素材拖入画布中手提袋靠上方位置，如图10.110所示。

Photoshop CC 案例实战从入门到精通

图10.110 添加素材

PS 25 选中【矩形1 拷贝】图层，在画布中按 Ctrl+T组合键对其执行自由变换命令，将光标移至出现的变形框中单击鼠标右键，从弹出的快捷菜单中选择【斜切】命令，将图形变形，并适当缩小，完成之后按Enter键确认，如图10.111所示。

图10.111 变换图形

提示 ❓

在对图形进行变形操作的过程中可适当缩放，并且在需要时将多余的图形删除。

PS 26 选中【绳子】图层，将其拖至面板底部的【创建新图层】按钮上，复制一个【绳子 拷贝】图层，如图10.112所示。

图10.112 复制图层

PS 27 在【图层】面板中，选中【绳子】图层，单击面板上方的【锁定透明像素】按钮，将当前图层中的透明像素锁定，在画布中将其图形填充为深黄色（R:87，G:56，B:13），填充完成之后再次单击此按钮解除锁定，如图10.113所示。

图10.113 锁定图像透明像素并填充颜色

PS 28 选中【绳子】图层，在画布中按Ctrl+T组合键对其执行自由变换命令，将光标移至出现的变形框中单击鼠标右键，从弹出的快捷菜单中选择【扭曲】命令，将图形扭曲变形，完成之后按Enter键确认，如图10.114所示。

图10.114 变换图形

PS 29 选中【绳子】图层，执行菜单栏中的【滤镜】|【模糊】|【高斯模糊】命令，在弹出的对话框中将【半径】更改为1像素，设置完成之后单击【确定】按钮，如图10.115所示。

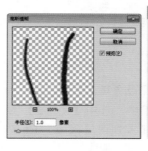

图10.115 设置高斯模糊

PS 30 在【图层】面板中，选中【绳子】图层，单击面板底部的【添加图层蒙版】按钮，为其图层添加图层蒙版，如图10.116所示。

图10.116 添加图层蒙版

PS 31 选择工具箱中的【渐变工具】，在选项栏中单击【点按可编辑渐变】按钮，在弹出的对话框中选择【黑白渐变】，设置完成之后单击【确定】按钮，再单击【线性渐变】按钮。

PS 32 单击【绳子】图层蒙版缩览图，在画布中其图形上从从下至上拖动，将部分图形隐藏，如图10.117所示。

图10.117 隐藏图形

PS 33 选择工具箱中的【画笔工具】，在画布中单击鼠标右键，在弹出的面板中，选择一种圆角笔触，将【大小】更改为1像素，【硬度】更改为50%，如图10.118所示。

PS 34 单击面板底部的【创建新图层】按钮，新建一个【图层4】图层。

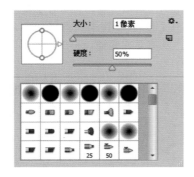

图10.118 设置笔触

PS 35 将前景色设置为灰色（R:185，G:185，B:185），选中【图层4】图层，在画布中手提袋

某个角单击，再按住Shift键在下一个角单击，为其边缘添加质感棱角效果，如图10.119所示。

图10.119 添加效果

PS 36 选中【图层4】图层，将其图层【不透明度】更改为80%，如图10.120所示。

图10.120 更改图层不透明度

PS 37 选择工具箱中的【多边形套索工具】，以刚才同样的方法在手提袋底部位置绘制一个不规则选区，如图10.121所示。

PS 38 单击面板底部的【创建新图层】按钮，新建一个【图层5】图层。

图10.121 绘制选区

PS 39 选中【图层5】图层，在画布中将选区填充为黑色，填充完成之后按Ctrl+D组合键将选区取消，如图10.122所示。

PS 40 选中【图层5】图层，将其移至【背景】图层上方更改其图层顺序。

图10.122 填充颜色

PS 41 选中【图层5】图层，执行菜单栏中的【滤镜】|【模糊】|【高斯模糊】命令，在弹出的对话框中将【半径】更改为2像素，设置完成之后单击【确定】按钮，如图10.123所示。

PS 42 选中【图层5】图层，将其图层【不透明度】更改为60%，如图10.124所示。

图10.123 设置高斯模糊　图10.124 更改图层不透明度

PS 43 选择工具箱中的【多边形套索工具】，以刚才同样的方法在手提袋底部靠左侧位置再次绘制一个不规则选区，如图10.125所示。

PS 44 单击面板底部的【创建新图层】按钮，新建一个【图层6】图层。

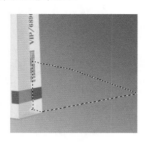

图10.125 绘制选区

PS 45 选中【图层6】图层，在画布中将选区填充为黑色，填充完成之后按Ctrl+D组合键将选区取消，如图10.126所示。

PS 46 选中【图层6】图层，将其移至【图层5】图层上方，更改其图层顺序。

图10.126 填充颜色

PS 47 选中【图层6】图层，执行菜单栏中的【滤镜】|【模糊】|【高斯模糊】命令，在弹出的对话框中将【半径】更改为15像素，设置完成之后单击【确定】按钮，如图10.127所示。

PS 48 选中【图层6】图层，将其图层【不透明度】更改为10%。

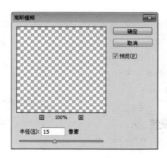

图10.127 设置高斯模糊

PS 49 在【图层】面板中，选中【图层6】图层，单击面板底部的【添加图层蒙版】按钮，为其图层添加图层蒙版。

PS 50 选择工具箱中的【渐变工具】，在选项栏中单击【点按可编辑渐变】按钮，在弹出的对话框中选择【黑白渐变】，设置完成之后单击【确定】按钮，再单击【线性渐变】按钮。

PS 51 单击【图层6】图层蒙版缩览图，在画布中其图形上从右至左拖动，将部分图形隐藏，如图10.128所示。

图10.128 隐藏图形

PS 52 选择工具箱中的【矩形工具】▭，在选项栏中将【填充】更改为橙色（R:225，G:105，B:25），【描边】为无，在画布中左上角位置绘制一个矩形，此时将生成一个【矩形2】图层，如图10.129所示。

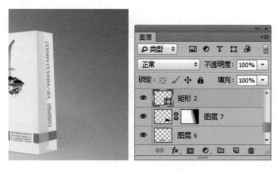

图10.129 绘制图形

PS 53 选择工具箱中的【直排文字工具】，在刚才所绘制的矩形右侧添加文字，这样就完成了手提袋立体效果制作，最终效果如图10.130所示。

图10.130 添加文字及最终效果

第11章 UI界面设计

内容摘要

UI即User Interface（用户界面）的简称。UI设计则是指对软件的人机交互、操作逻辑、界面美观的整体设计。好的UI设计不仅是让软件变得有个性有品位，还要让软件的操作变得舒适、简单、自由、充分体现软件的定位和特点。本章通过几个简单的实例，讲解了UI界面中常用登陆界面的设计方法和技巧。

教学目标

- 了解UI的含义
- 掌握优丽UI界面的设计方法
- 掌握水晶球会员UI界面的设计方法
- 掌握尚雅朵拉UI界面的设计方法

11.1 优丽UI界面设计

设计构思

- 新建画布后填充一种渐变效果。
- 使用矩形工具绘制一个矩形并添加相应的图层样式及更改相关的图层不透明度。
- 添加文字并复制为其添加滤镜效果，最后再绘制图形及添加相关文字完成效果制作。
- 本例主要讲解优丽UI界面设计制作，此界面设计的最大特点是透明玻璃质感纹理的表现，通过该纹理的制作，表现出通透的艺术效果。

难易程度：★★★★☆
调用素材：配套光盘\附增及素材\调用素材\第11章\优丽UI界面
最终文件：配套光盘\附增及素材\源文件\第11章\优丽UI界面设计.psd
视频位置：配套光盘\movie\11.1 优丽UI界面设计.avi

优丽UI界面设计最终效果如图11.1所示。

图11.1 优丽UI界面设计最终效果

 **操作步骤**

11.1.1 制作矩形透明边框

PS 01 执行菜单栏中的【文件】|【新建】命令，在弹出的对话框中设置【宽度】为1200像素，【高度】为800像素，【分辨率】为72像素/英寸，【颜色模式】为RGB颜色，新建一个空白画布，如图11.2所示。

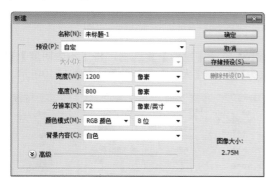

图11.2 新建画布

PS 02 在【图层】面板中，单击面板底部的【创建新图层】🔲按钮，新建【图层1】图层，并将其填充为白色，如图11.3所示。

图11.3 新建图层并填充颜色

PS 03 在【图层】面板中，选中【图层1】，单击面板底部的【添加图层样式】*fx* 按钮，从快捷菜单中选择【渐变叠加】命令，在弹出的对话框中设置渐变颜色从白色到蓝色（R:5，G:114，B:206），【样式】为【线性】，【角度】为90度，设置完成之后单击【确定】按钮，如图11.4所示。

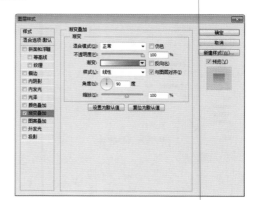

图11.4 添加渐变叠加

335

PS 04 选择工具箱中的【圆角矩形工具】 ▢ ，在选项栏中将【填充】更改为白色，【描边】为无，【半径】为10像素，在画布中中间靠下方的位置，绘制一个圆角矩形图形，此时将成一个【圆角矩形1】图层，如图11.5所示。

图11.5 绘制矩形

PS 05 同时选中【圆角矩形1】和【背景】图层，单击选项栏中的【水平居中对齐】 ⊕ 按钮，将其与画布对齐，如图11.6所示。

图11.6 将图形和背景对齐

PS 06 在【图层】面板中，选中【圆角矩形1】，单击面板底部的【添加图层样式】 *fx* 按钮，从快捷菜单中选择【描边】命令，在弹出的对话框中设置【大小】为15像素，【不透明度】为8%，【颜色】为白色，如图11.7所示。

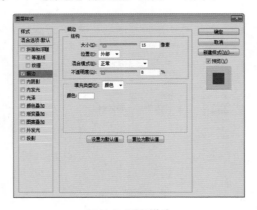

图11.7 设置描边

PS 07 勾选【内发光】复选框，将【不透明度】更改为100%，【大小】为1像素，如图11.8所示。

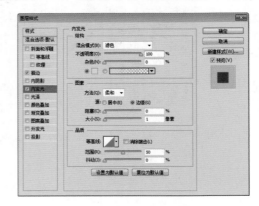

图11.8 设置内发光

PS 08 勾选【外发光】复选框，将【扩展】更改为2%，【大小】为5像素，如图11.9所示。

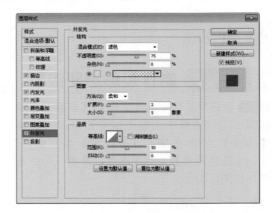

图11.9 设置外发光

PS 09 勾选【投影】复选框，将【不透明度】更改为100%，【大小】为25像素，如图11.10所示。

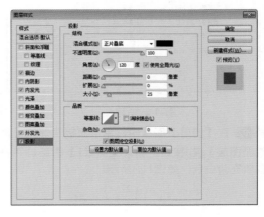

图11.10 设置投影

11.1.2 绘制其他部分

PS 01 选中【圆角矩形1】图层，将其图层【填充】更改为50%，选择工具箱中的【横排文字工具】**T**，如图11.11所示。

图11.11 添加文字并将其与画布对齐

PS 02 选择工具箱中的【矩形工具】，在选项栏中将【填充】更改为白色，【描边】为灰色（R:167，G:167，B:167），【大小】为1点，在刚才所添加的文字后方绘制一个矩形，此时将生成一个【矩形1】图层，如图11.12所示。

图11.12 绘制矩形

PS 03 执行菜单栏中的【视图】|【标尺】命令，此时可以在选项栏下方看到标尺，将光标移至标尺上方按住鼠标左键向画布方向拖动，可以创建参考线，将参考线拖至文字与刚才所绘制的矩形底部的水平位置，以参考线为基准将文字与矩形的水平位置对齐，如图11.13所示。

图11.13 建立参考线并将文字与矩形对齐

提示 ?
按Ctrl+R组合键可快速的调出标尺，执行菜单栏中的【编辑】|【首选项】|【参考线、网格和切片】命令，在弹出的对话框中可以更改参考线的颜色。

PS 04 在【图层】面板中，选中【矩形1】图层，单击面板底部的【添加图层样式】**fx**按钮，从快捷菜单中选择【内阴影】命令，在出现的对话框中将【不透明度】更改为45%，【角度】为90度，【距离】为1像素，【大小】为3像素，设置完成之后单击【确定】按钮，如图11.14所示。

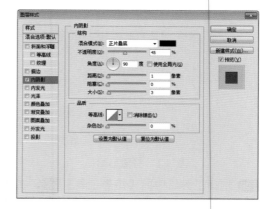

图11.14 设置内阴影

PS 05 选中【矩形1】图层，在画布中按住Alt+Sihft组合键将其向下拖动平移并复制，此时将生成一个【矩形1拷贝】图层，如图11.15所示。

图11.15 将图形复制

PS 06 以上面同样的方法再次添加参考线，在画布中选中【矩形1 拷贝】图形与下方的文字进行水平对齐，如图11.16所示。

337

图11.16 将图形对齐

PS 07 在画布中选中【矩形1 拷贝】图形按Ctrl+T组合键对其执行自由变换命令，当出现变形框以后将光标移至图形右侧位置向左拖动，将其水平缩小，完成之后按Enter键确认，如图11.17所示。

图11.17 将图形缩小

PS 08 选择工具箱中的【矩形工具】，在选项栏中将【填充】更改为白色，【描边】为灰色（R:167，G:167，B:167），【大小】为1点，在画布中的矩形1图形后方按住Shift键绘制一个正方矩形，此时将生成一个【矩形2】图层，选中此图形将其底部与水平参考线对齐，如图11.18所示。

图11.18 绘制图形并对齐

PS 09 在【图层】面板中，选中【矩形1】图层，在其图层名称上单击鼠标右键，从弹出的快捷菜单中选择【拷贝图层样式】命令，将当前图层样式进行拷贝，再选中【矩形2】图层，在其图层名称上单击鼠标右键从弹出的快捷菜单中选择【粘贴图层样式】命令，如图11.19所示。

图11.19 拷贝并粘贴图层样式

PS 10 在【图层】面板中，选中【矩形2】图层，在画布中按住Alt键，将其复制一个【矩形2 拷贝】图形，将其向下移动至【矩形1 拷贝】图形后方，并将其与参考线对齐，如图11.20所示。

图11.20 将图形复制并对齐

PS 11 选择工具箱中的【横排文字工具】T，在刚才所绘制的矩形后方分别输入文字，并将其分别与水平参考线对齐，如图11.21所示。

图11.21 添加文字并对齐

PS 12 选择工具箱中的【直线工具】，在选项栏中将【填充】更改为灰色（R:167，G:167，B:167），在刚才所添加的文字底部边缘绘制一条直线，并适当移动与水平线对齐，如图11.22所示。

图11.22 绘制图形

PS 13 选择工具箱中的【圆角矩形工具】▭，在选项栏中单击选项栏中【填充】后方的【设置形状填充类型】按钮，在弹出的面板中单击上方的【渐变】按钮，设置渐变颜色从深黄色（R:253，G:175，B:2）到橙色（R:229，G:92，B:18），将【描边】设置为深黄色（R:253，G:175，B:2），【半径】为1像素，在画布中绘制一个圆角矩形，此时将生成一个【圆角矩形2】图层，如图11.23所示。

图11.23 绘制图形

PS 14 在【图层】面板中，选中【圆角矩形2】图层，单击面板底部的【添加图层样式】*fx* 按钮，从快捷菜单中选择【内发光】命令，将其【大小】更改为5像素，设置完成之后单击【确定】按钮，如图11.24所示。

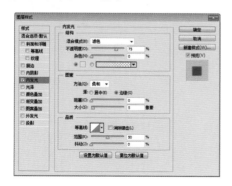

图11.24 设置内发光

PS 15 选择工具箱中的【横排文字工具】T，在刚才所绘制的【圆角矩形2】图形上添加文字，如图11.25所示。

图11.25 添加文字

PS 16 在【图层】面板中，在【圆角矩形2】图层名称上单击鼠标右键，从弹出的快捷菜单中选择【拷贝图层样式】命令，然后在刚才所添加的文字图层上单击鼠标右键，从弹出的快捷菜单中选择【粘贴图层样式】，如图11.26所示。

PS 17 选择工具箱中的【横排文字工具】T，在画布中添加文字，如图11.27所示。

图11.26 拷贝并粘贴图层样式　图11.27 添加文字

PS 18 在【图层】面板中，选择刚才所添加的【后台认证登陆】文字图层，拖至面板底部的【创建新图层】按钮上，将其复制一个【后台认证登陆 拷贝】文字拷贝图层，如图11.28所示。

PS 19 选中【后台认证登陆】文字图层，执行菜单栏中的【图层】|【栅格化】|【文字】命令，将当前图层栅格化，如图11.29所示。

图11.28 将文字图层复制　图11.29 将文字图层栅格化

提示

当需要对当前图层进行栅格化操作的时候，有两种方法：第一种执行菜单栏中的【图层】|【栅格化】命令，针对所需要栅格化的对象，选择子菜单中的命令即可，第二种可以在当前图层名称上单击鼠标右键，从弹出的快捷菜单中选择【栅格化】命令将当前图层栅格化。

PS 20 选择栅格化后的【后台认证登陆】图层，执行菜单栏中的【滤镜】|【模糊】|【高斯模糊】命令，在弹出的对话框中将【半径】更改为5.5，设置完成之后单击【确定】按钮，如图11.30所示。

PS 21 在【图层】面板中，选择刚才所添加的【后台认证登陆】文字图层，拖至面板底部的【创建新图层】 按钮上，将其复制一个【后台认证登陆 拷贝2】图层，如图11.31所示。

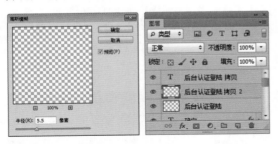

图11.30 设置高斯模糊　　图11.31 复制图层

PS 22 在【图层】面板中，选中【后台认证登陆拷贝】图层，单击面板底部的【添加图层样式】 *fx* 按钮，从快捷菜单中选择【描边】命令，在弹出的对话框中将【大小】更改为2像素，【颜色】为黑色，如图11.32所示。

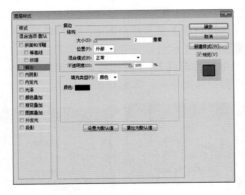

图11.32 设置描边

PS 23 勾选【外发光】复选框，将【扩展】更改为0%，【大小】更改为6像素，设置完成之后单击【确定】按钮，如图11.33所示。

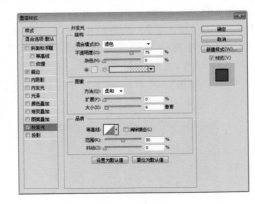

图11.33 设置外发光

PS 24 执行菜单栏中的【文件】|【打开】命令，在弹出的对话框中选择配套光盘中的【调用素材\第11章\优丽UI界面\logo.psd】文件，将打开的图像拖入画布适当位置，这样就完成了制作，最终效果如图11.34所示。

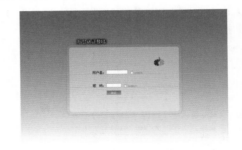

图11.34 最终效果

11.2 水晶球会员UI界面设计

设计构思

- 新建画布以后为画布填充渐变效果。
- 在画布中制作网状图形，并设置其图层混合模式。
- 分别绘制不同的矩形样式并添加相对应的图层样式，最后再次绘制正圆图形并添加图层样式后再添加相关文字，完成效果制作。
- 本例主要讲解水晶球会员UI界面设计，网状背景的应用与透明质感的结合，表现出了水晶的质感理念。

难易程度：★★★★☆
最终文件：配套光盘\附增及素材\源文件\第11章\水晶球会员UI界面设计.psd
视频位置：配套光盘\movie\11.2 水晶球会员UI界面设计.avi

水晶球会员UI界面设计最终效果如图11.35所示。

图11.35 水晶球会员UI界面设计最终效果

操作步骤

11.2.1 制作网状背景

PS 01 执行菜单栏中的【文件】|【新建】命令，在弹出的对话框中设置【宽度】为1000像素，【高度】为600像素，【分辨率】为72像素/英寸，【颜色模式】为RGB颜色，新建一个空白画布，如图11.36所示。

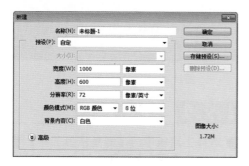

图11.36 新建画布

PS 02 在【图层】面板中，单击面板底部的【创建新图层】按钮，新建【图层1】图层，并将其填充为白色，如图11.37所示。

图11.37 新建图层并填充颜色

PS 03 在【图层】面板中，选中【图层1】，单击面板底部的【添加图层样式】 fx 按钮，从快捷菜单中选择【渐变叠加】命令，在弹出的对话框中设置渐变颜色从青色（R:44，G:255，B:243）到深绿色（R:0，G:67，B:63），将【颜色中点】调整至30%位置，【样式】为【径向】，【角度】为8度，【缩放】为150%，设置完成之后单击【确定】按钮，如图11.38所示。

341

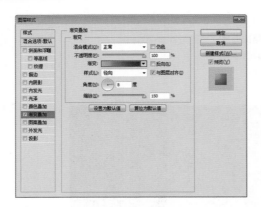

图11.38 设置渐变叠加

PS 04 选择工具箱中的【直线工具】 ∕，在选项栏中将【填充】设置为深青色（R:24，G:180，B:174），【描边】为无，【粗细】为1像素，在画布左上角位置画一条大于画布本身倾斜的直线，此时将生成一个【形状1】图层，如图11.39所示。

图11.39 绘制倾斜直线

提示

由于在绘制直线的时候是沿着画布左上角边缘进行绘制的，所以在上图中不易发现。

PS 05 在【图层】面板中，按Ctrl+Alt+T组合键对其执行复制变换命令，当出现变形框以后将其向画布右下角方向移动一定距离，按Enter键确认，再按Ctrl+Alt+Shift组合键的同时按T键多次执行多重复制命令，直至将整个画布铺满，如图11.40所示。

PS 06 在【图层】面板中，选中【形状1】图层，将其图层混合模式设置为【叠加】并将其图层【不透明度】更改为30%，如图11.41所示。

图11.40 多重复制

图11.41 设置图层混合模式并更改图层不透明度

PS 07 在【图层】面板中，选中【形状1】图层，拖至面板底部的【创建新图层】 □ 按钮上，将其复制一个【形状1 拷贝】图层，选中此图层在画布中按Ctrl+T组合键对其执行自由变换命令，在出现的变形框中上单击鼠标右键从弹出的快捷菜单中选择【水平翻转】命令，按Enter键确认，如图11.42所示。

图11.42 将图层复制并变换

11.2.2 绘制登陆框

PS 01 选择工具箱中的【圆角矩形工具】 □，在选项栏中将【填充】更改为白色，【描边】为无，【半径】为10像素，在画布中适当位置绘制一个圆角矩形，此时将生成一个【圆角矩形1】图层，如图11.43所示。

图11.43 绘制矩形

PS 02 在【图层】面板中，选中【圆角矩形1】图层，单击面板底部的【添加图层样式】fx按钮，从快捷菜单中选择【渐变叠加】命令，在弹出的对话框中设置渐变颜色从白色到半透明再到白色，如图11.44所示，然后设置【样式】为线性，【角度】为90度，【缩放】为111%。

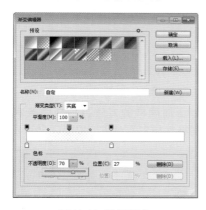

图11.44 设置渐变

PS 03 在【图层】面板中，选中【圆角矩形1】图层，将其图层【填充】更改为0%，图层【不透明度】更改为50%，再将其拖至面板底部的【创建新图层】按钮上复制一个【圆角矩形1拷贝】图层，如图11.45所示。

PS 04 在【图层】面板中，选中【圆角矩形1】图层，单击面板底部的【添加图层蒙版】按钮，为当前图层添加图层蒙版，如图11.46所示。

 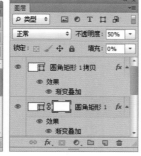

图11.45 更改图层填充以 图11.46 添加图层蒙版
及图层不透明度

PS 05 选择工具箱中的【渐变工具】，在选项栏中单击【点按可编辑渐变】按钮，在弹出的对话框中设置渐变颜色从黑色到白色，单击【圆角矩形1】图层蒙版缩览图，在画布中其图形上从右下角往左上角方向拖动将多余图像擦除，如图11.47所示。

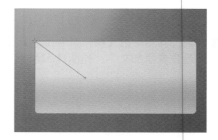

图11.47 擦除多余图像

PS 06 选择工具箱中的【椭圆选框工具】，在图像中的圆角矩形下方绘制一个椭圆选区，如图11.48所示。

图11.48 绘制选区

PS 07 在【图层】面板中，单击面板底部的【创建新图层】按钮，新建一个【图层2】，选中此图层，在画布中将选区填充为黑色，填充完成之后按Ctrl+D组合键将选区取消，如图11.49所示。

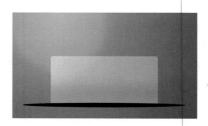

图11.49 填充颜色

PS 08 选中【图层2】，执行菜单栏中的【滤镜】|【模糊】|【高斯模糊】命令，在打开的对话框中将【半径】更改为10像素，设置完成之后单击【确定】按钮，将其图层【不透明度】更改为50%，如图11.50所示。

343

图11.50 添加模糊效果

PS 09 选择工具箱中的【横排文字工具】**T**，在画布中适当位置添加文字，如图11.51所示。

图11.51 添加文字

PS 10 选择工具箱中的【矩形工具】▭，在选项栏中将【填充】更改为白色，【描边】为无，在刚才所添加的文字后方绘制矩形，此时将生成一个【矩形1】图层，如图11.52所示。

图11.52 绘制图形

PS 11 执行菜单栏中的【视图】|【标尺】命令，此时可以在选项栏下方看到标尺，将光标移至标尺上方按住鼠标左键向画布方向拖动，可以创建参考线，将参考线拖至文字与刚才所绘制的矩形底部的水平位置，以参考线为基准将文字与矩形的水平位置对齐，如图11.53所示。

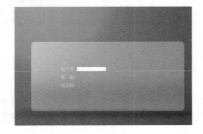

图11.53 将图形与文字对齐

PS 12 在【图层】面板中，选中【矩形1】图层，单击面板底部的【添加图层样式】**fx** 按钮，从快捷菜单中选择【内阴影】命令，在弹出的对话框中将【距离】更改为1像素，【大小】更改为3像素，设置完成之后单击【确定】按钮，再将【矩形1】图层【不透明度】更改为60%，如图11.54所示。

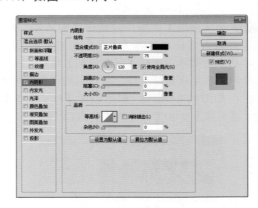

图11.54 设置内阴影

PS 13 以上面同样的方法再创建两条水平参考线，分别将其与文字对齐，如图11.55所示。

图11.55 创建参考线

PS 14 在【图层】面板中选中【矩形1】图层，拖至面板底部的【创建新图层】▢ 按钮上，将其复制两个新的图层---【矩形1 拷贝】和【矩形1 拷贝2】图层，在画布中按住Shift键分别将【矩形1 拷贝】和【矩形1拷贝2】图层向下拖动，将其垂直移动，如图11.56所示。

图11.56 复制图形

PS 15 选中【矩形1 拷贝2】图层，按Ctrl+T组合键对其执行自由变换命令，当出现变形框以后将光标移至变形框右侧按住鼠标左健向左拖动，将其缩小，如图11.57所示。

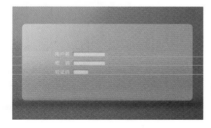

图11.57 将图形缩小

PS 16 选中【矩形1 拷贝2】图层，按住Alt+Shift组合键向右移动，将其水平复制一个【矩形1 拷贝3】图层，如图11.58所示。

图11.58 复制图形

PS 17 选中【矩形1 拷贝3】图层，执行菜单栏中的【滤镜】|【杂色】|【添加杂色】命令，在出现的对话框中将【数量】更改为5%，选中【高斯分布】单选按钮，设置完成之后单击【确定】按钮，如图11.59所示。

图11.59 【添加杂色】对话框

PS 18 选择工具箱中的【横排文字工具】T，在刚才添加过杂色的矩形内添加文字，如图11.60所示。

图11.60 添加文字

PS 19 选中工具箱中的【圆角矩形工具】◻，在选项栏中将【填充】更改为青色（R:0，G:255，B:252），【描边】为无，【半径】为2像素，在画布中绘制一个圆角矩形，此时图层面板中将生成一个【圆角矩形2】图层，如图11.61所示。

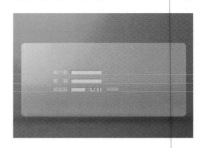

图11.61 绘制图形

PS 20 在【图层】面板中，选中【圆角矩形2】图层，单击面板底部的【添加图层样式】fx按钮，从快捷菜单中选择【渐变叠加】命令，在弹出的对话框中设置【混合模式】为【差值】，【不透明度】为60%，渐变颜色从深青色（R:0，G:195，B:193）到浅青色（R:123，G:255，B:253）单击【渐变编辑器】对话框中的浅青色颜色块上方的透明度色标，将其【不透明度】更改为23%，将【角度】更改为90度，如图11.62所示。

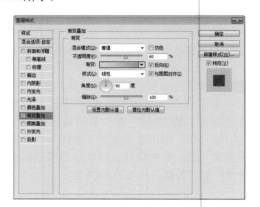

图11.62 设置渐变叠加

345

PS 21 勾选【外发光】复选框，将【扩展】更改为0，【大小】更改为2像素，设置完成之后单击【确定】按钮，如图11.63所示。

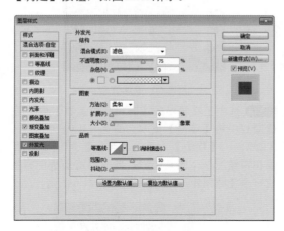

图11.63 设置外发光

PS 22 选中【圆角矩形2】图层，将其图层【不透明度】更改为75%，选择工具箱中的【横排文字工具】**T**，在画布中刚才所绘制的【圆角矩形2】图形上添加文字，再选中文字图层将其图层【不透明度】更改为70%，如图11.64所示。

PS 23 选择工具箱中的【横排文字工具】**T**，在画布中适当位置添加文字，在【图层】面板中选中当前文字单击面板底部的【添加图层蒙版】按钮，为当前文字图层添加图层蒙版，如图11.65所示。

图11.64 更改图层不透明度　图11.65 添加文字并为其
添加图层蒙版

PS 24 选择工具箱中的【渐变工具】■，在选项栏中单击【点按可编辑渐变】按钮，并单击【线性渐变】■按钮，在弹出的对话框中选择黑白渐变，单击刚才所添加的文字图层的图层蒙版缩览图，在画布中按住Shift键从下至上拖动将多余文字部分擦除，如图11.66所示。

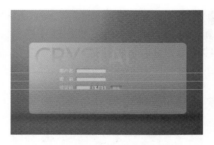

图11.66 将多余文字部分擦除

PS 25 选中上面的文字图层，将其图层混合模式设置为【滤色】，将图层【不透明度】更改为60%，如图11.67所示。

图11.67 设置图层混合模式并更改图层不透明度

PS 26 选择工具箱中的【横排文字工具】**T**，在画布中适当位置添加文字，如图11.68所示。

图11.68 添加文字

PS 27 在【图层】面板中，选中刚才所添加的文字图层，拖至面板底部的【创建新图层】按钮上，将其复制一个文字拷贝，如图11.69所示。

图11.69 将文字图层复制

PS 28 选中【水晶球会员登陆 拷贝】文字图层，在画布中按Ctrl+T组合键对其执行自由变换命令，将光标移至出现的变形框上单击鼠标右键，从弹出的快捷菜单中选择【垂直翻转】命令，再选中此文字图层按住Shift键向下移动一定距离，如图11.70所示。

图11.70 将文字变换并移动

PS 29 在【图层】面板中，选中【水晶球会员登陆 拷贝】文字图层，单击面板底部的【添加图层蒙版】 按钮，为当前图层添加图层蒙版，如图11.71所示。

PS 30 选择工具箱中的【渐变工具】 ，在选项栏中单击【点按可编辑渐变】按钮，在弹出的对话框中选择黑白渐变，再单击【线性渐变】 按钮，在【水晶球会员登陆 拷贝】文字图层蒙版缩览图上单击，在画布中按住Shift键从下至上拖动将多余的文字部分去除，再将其图层【不透明度】更改为60%，如图11.72所示。

图11.71 添加图层蒙版　图11.72 将文字图层复制

PS 31 选择工具箱中的【椭圆选框工具】 ，在画布中刚才所添加的文字底部绘制一个细长型的椭圆选区，再单击【图层】面板底部的【创建新图层】 按钮，新建一个【图层3】图层，将选区填充为黑色，填充完成之后按Ctrl+D组合键将选区取消，如图11.73所示。

PS 32 选中【图层3】，执行菜单栏中的【滤镜】|【模糊】|【高斯模糊】命令，在出现的对话框中将【半径】更改为2像素，设置完成之后单击【确定】按钮，如图11.74所示。

图11.73 绘制选区并填充颜色

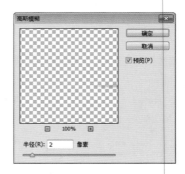

图11.74 设置高斯模糊

PS 33 选中【图层3】，将其图层【不透明度】更改为50%，如图11.75所示。

图11.75 更改图层不透明度

PS 34 选择工具箱中的【椭圆工具】 ，在选项栏中将其【填充】更改为白色，【描边】为无，在画布中靠近左侧位按住Shift键绘制一个正圆图形，此时将生成一个【椭圆1】图层，如图11.76所示。

347

图11.76 绘制正圆图形

PS 35 选中【椭圆1】图层，将其图层【填充】更改为0%，再单击面板底部的【添加图层样式】*fx* 按钮，从快捷菜单中选择【内发光】命令，在弹出的对话框中将【混合模式】更改为【线性光】，【不透明度】更改为43%，【颜色】为青色（R:0，G:234，B:255），选中【居中】单选按钮，将【大小】更改为76像素，设置完成之后单击【确定】按钮，如图11.77所示。

PS 36 在【图层】面板中，选中【椭圆1】图层，拖至面板底部的【创建新图层】 按钮上，将其复制一个【椭圆1 拷贝】图层，如图11.78所示。

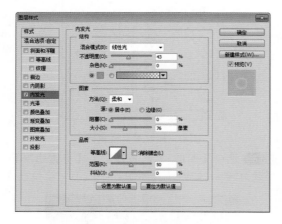

图11.77 设置内发光

图11.78 将图层复制

PS 37 选中【椭圆1 拷贝】图层，单击其图层名称下方的图层样式名称，打开图层样式对话框，将【混合模式】更改为【亮光】，【不透明度】更改为40%，选中【边缘】单选按钮，将【大小】更改为20像素，设置完成之后单击【确定】按钮，如图11.79所示。

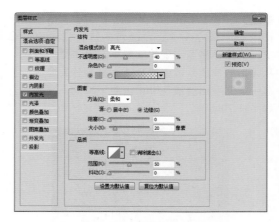

图11.79 设置内发光

PS 38 选择工具箱中的【椭圆选框工具】 ，在画布中椭圆下方绘制一个稍扁形的选区，单击【图层】面板底部的【创建新图层】 按钮，新建一个【图层4】图层，将其填充为黑色，填充完成之后按Ctrl+D组合键将选区取消，如图11.80所示。

图11.80 绘制选区并填充图层

PS 39 选中【图层4】图层，执行菜单栏中的【滤镜】|【模糊】|【高斯模糊】命令，在弹出的对话框中将【半径】更改为3像素，设置完成之后单击【确定】按钮，将其图层【不透明度】更改为50%，这样就完成了制作，最终效果如图11.81所示。

图11.81 最终效果

11.3 尚雅朵拉UI界面设计

设计构思

- 新建画布以后为添加相对应的图层样式。
- 绘制矩形及添加相关文字并设置不同的图层样式，并为部分图形制作倒影效果，完成效果制作。
- 本例主要讲解尚雅朵拉UI界面设计，浅灰的背景加上亮橙颜色的组合，使整个画面视频冲击更强，并使人感觉充满温情，简洁的界面设计也表现了简约不简单的道理。

难易程度：★★★★☆
最终文件：配套光盘\附增及素材\源文件\第11章\尚雅朵拉UI界面设计.psd
视频位置：配套光盘\movie\11.3 尚雅朵拉UI界面设计.avi

尚雅朵拉UI界面设计最终效果如图11.82所示。

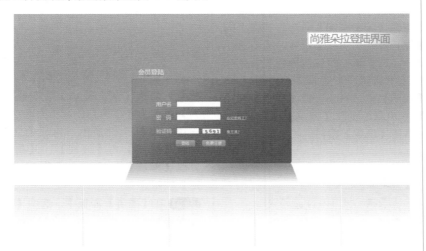

图11.82 尚雅朵拉UI界面设计最终效果

操作步骤

11.3.1 填充渐变背景

PS 01 执行菜单栏中的【文件】|【新建】命令，在弹出的对话框中设置【宽度】为1000像素，【高度】为600像素，【分辨率】为72像素/英寸，【颜色模式】为RGB颜色，新建一个空白画布，如图11.83所示。

图11.83 新建画布

PS 02 选择工具箱中的【矩形工具】 ▭ ，在选项栏中将【填充】更改为灰色（R:224，G:224，B:224），【描边】为无，在画布中绘制一个稍大于画布本身的矩形，此时将生成一个【矩形1】图层，如图11.84所示。

图11.84 绘制矩形

PS 03 在【图层】面板中，选中【矩形1】图层，单击面板底部的【添加图层样式】 *fx* 按钮，从菜单中选择【渐变叠加】命令，在弹出的对话框中将【混合模式】更改为正常，【不透明度】更改为50%，设置渐变颜色从黑色到白色，并更改黑色的【不透明度】为10%，如图11.85所示，勾选【反向】复选框，设置【样式】为线性，【角度】为90度，更改【缩放】值为100，设置完成之后单击【确定】按钮。

图11.85 编辑渐变

PS 04 选择工具箱中的【矩形工具】 ▭ ，在选项栏中将【填充】设置为白色，【描边】为无，在画布中靠下方的位置绘制一个矩形，此时将生成一个【矩形2】图层，如图11.86所示。

PS 05 在【图层】面板中，选中【矩形2】图层，单击面板底部的【添加图层样式】 *fx* 按钮，从快捷菜单中选择【描边】命令，在弹出的对话框中设置【大小】为1像素，【位置】为【外部】，【颜色】为灰色（R:212，G:212，B:212），如图11.87所示。

图11.86 绘制矩形

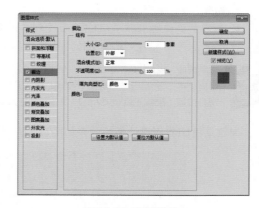

图11.87 设置描边

PS 06 勾选【渐变叠加】复选框，将【混合模式】更改为【正常】，渐变颜色从透明的黑色到白色，如图11.88所示，勾选【反向】复选框，设置【样式】为【线性】，【角度】为90度，更改【缩放】为100%，设置完成之后单击【确定】按钮。

PS 07 在【图层】面板中，选中【矩形2】图层拖至面板底部的【创建新图层】 ⬜ 按钮上，将其复制一个【矩形2 拷贝】图层，如图11.89所示。

图11.88 设置【渐变叠加】　图11.89 复制图层
　　　　中的渐变颜色

PS 08 在【图层】面板中，选中【矩形2 拷贝】图层双击其图层【描边】样式名称，打开图层样式对话框，将描边颜色更改为白色，如图11.90所示。

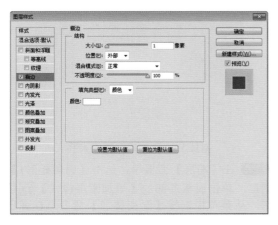

图11.90 设置描边

PS 09 将【渐变叠加】中的【不透明度】更改为53%，再将渐变的黑色不透明度色标的【不透明度】更改为12%，如图11.91所示。

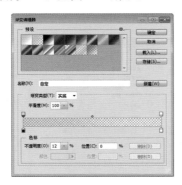

图11.91 设置【渐变叠加】颜色

PS 10 选中【矩形2 拷贝】图层，在画布中按一次键盘上的向下方向键，将其向下移动一个像素，如图11.92所示。

图11.92 移动图像

PS 11 选择工具箱中的【直线工具】 ，在选项栏中将【填充】设置为灰色（R:231，G:231，B:231），【描边】为无，【粗细】为1像素，在画布左下角位置绘制一个垂直的直线，此时将生成一个【形状1】图层，如图11.93所示。

图11.93 绘制直线

PS 12 选中【形状1】图层，在画布中按住Shift+Alt组合键将其向右平移拖动一个像素，此时将生成一个【形状1拷贝】图层，选中此图层将其颜色更改为白色，如图11.94所示。

图11.94 复制图像

PS 13 同时选中【形状1】和【形状1 拷贝】图层，按Ctrl+G组合键将其编组，此时将生成一个【组1】，如图11.95所示。

PS 14 选中【组1】，在画布中按住Alt+Shift组合键将其向右拖动平移复制3份，此时将成【组1拷贝】、【组1拷贝2】、【组1拷贝3】三个新的组，如图11.96所示。

图11.95 将图层编组　　图11.96 复制组

PS 15 同时选中【组1】、【组1 拷贝】、【组1 拷贝2】、【组1 拷贝3】组，单击选项栏中的【水平居中分布】 按钮，再按Ctrl+G组合键将这4个图层进行编组，此时将生成一个【组2】，如图11.97所示。

图11.97 将组进行水平居中分布

PS 16 同时选中【组2】和【背景】图层，单击选项栏中的【水平居中对齐】 按钮，将其与背景水平对齐，如图11.98所示。

图11.98 将组与背景水平对齐

11.3.2 绘制登陆框

PS 01 选择工具箱中的【圆角矩形工具】 ，在选项栏中将【填充】更改为白色，【描边】为无，【半径】为5像素，在画布中绘制一个圆角矩形，此时将生成一个【圆角矩形1】图层，如图11.99所示。

图11.99 绘制图形

PS 02 同时选中【圆角矩形1】和【背景】图层，单击选项栏中的【水平居中对齐】 ，将图形与画布对齐，如图11.100所示。

图11.100 将图形与画布对齐

PS 03 在【图层】面板中，选中【圆角矩形1】图层，单击面板底部的【添加图层样式】 *fx* 按钮，从菜单中选择【渐变叠加】命令，在弹出的对话框中设置【混合模式】为正常，【不透明度】为100%，渐变颜色从深橙色（R:210，G:87，B:2）到浅橙色（R:254，G:129，B:42），【样式】为线性，【角度】为120度，经【缩放】为123%，设置完成之后单击【确定】按钮，如图11.101所示。

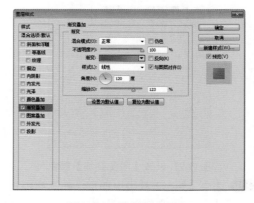

图11.101 设置渐变叠加

PS 04 在【图层】面板中，选中【圆角矩形1】图层，拖至面板底部的【创建新图层】 按钮上，将其复制一个【圆角矩形1 拷贝】图层，如图11.102所示。

PS 05 选中【圆角矩形1 拷贝】图层，在画布中将其向下移动使其顶部与【圆角矩形1】图层底部对齐，再按Ctrl+T组合键对其执行自由变换命令，当出现变形框以后缩小其高度，然后在变形框上单击鼠标右键，从弹出的快捷菜单中选择【透视】，拖动变形框底部的控制点向外拖动将其变形，使其形成一种透视效果，变形完成之后按Enter键确认，如图11.103所示。

图11.102 复制图层　　图11.103 将图形变形

PS 06 在【图层】面板中，选中【圆角矩形1 拷贝】图层，单击面板底部的【添加图层蒙版】按钮，为当前图层添加图层蒙版，如图11.104所示。

PS 07 选择工具箱中的【渐变工具】 ，在选项栏中单击【点按可编辑渐变】按钮，在弹出的对话框中选择【黑白渐变】，单击【圆角矩形1 拷贝】图层，在画布中按住Shift键从下至上拖动鼠标，将多余图像擦除，如图11.105所示。

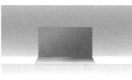

图11.104 添加图层蒙版 图11.105 将多余图像擦除

PS 08 选中【圆角矩形1 拷贝】图层，将其图层【不透明度】更改为50%，如图11.106所示。

图11.106 更改图层不透明度

PS 09 选择工具箱中的【横排文字工具】 ，在画布中添加文字，如图11.107所示。

图11.107 添加文字

PS 10 选择工具箱中的【矩形工具】 ，在选项栏中将【填充】更改为白色，【描边】为无，在画布中文字后方绘制一个矩形，此时将生成一个【矩形3】图层，如图11.108所示。

图11.108 绘制矩形

PS 11 在【图层】面板中，选中【矩形3】图层，单击面板底部的【添加图层样式】 按钮，从菜单中选择【内阴影】命令，在弹出的对话框中设置【距离】为1，【大小】为1，设置完成之后单击【确定】按钮，如图11.109所示。

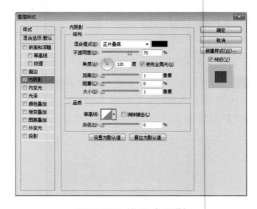

图11.109 设置内阴影

PS 12 执行菜单栏中的【视图】|【标尺】命令，此时可以在选项栏下方看到标尺，将光标移至标尺上方按住鼠标左键向画布方向拖动，可以创建参考线，将参考线拖至文字与刚才所绘制的矩形底部的水平位置，以参考线为基准将文字与矩形的水平位置对齐，如图11.110所示。

图11.110 建立参考线将图形与文字对齐

PS 13 选中【矩形3】图层，在画布中按住 Alt+Shift组合键将其向下垂直复制并移动，此时将生成【矩形3 拷贝】和【矩形3 拷贝2】图层，如图11.111所示。

PS 14 选中【矩形3 拷贝2】图层，在画布中按 Ctrl+T组合键对其执行自由变换命令，将光标移至变换框右侧向左侧拖动将矩形缩短，按Enter键确认，如图11.112所示。

 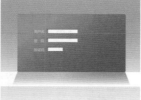

图11.111 复制图形　　图11.112 变换图形

PS 15 以刚才同样的方法建立两个新的参考线，分别将复制所生成的【矩形3 拷贝】和【矩形3 拷贝2】图形与文字对齐，如图11.113所示。

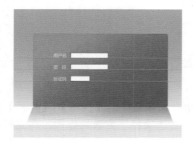

图11.113 将图形与文字对齐

PS 16 同时选中【矩形3】、【矩形3 拷贝】、【矩形3 拷贝2】图层，在画布中单击【左对齐】按钮，将图形左对齐，如图11.114所示。

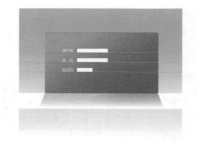

图11.114 将图形左对齐

PS 17 选中【矩形3 拷贝2】图层，在画布中按住Shift+Alt组合键向右拖动将其平移并复制，此时将生成一个【矩形3 拷贝3】图层，再选中【矩形3 拷贝 3】图层在画布中按Ctrl+T组合键对其执行自由变换命令，当出现变形框以后将其缩小，缩小完成之后按Enter键确认，如图11.115所示。

图11.115 将图形复制并缩小

PS 18 在【图层】面板中，选中【矩形3 拷贝3】图层，选中其图层样式名称，拖至面板底部的【删除图层】🗑按钮上，将其图层样式删除，如图11.116所示。

PS 19 选中【矩形3 拷贝 3】图层，执行菜单栏中的【图层】|【智能对象】|【转换为智能对象】命令，将所选图层转换为智能对象，如图11.117所示。

图11.116 将图层样式删除　图11.117 将图层转换为
　　　　　　　　　　　　　　　　智能对象

PS 20 选中【矩形3 拷贝 3】图层，执行菜单栏中的【滤镜】|【杂色】|【添加杂色】命令，在弹出的对话框中将【数量】更改为5%，选中【高斯分布】单选按钮和【单色】复选框，设置完成之后单击【确定】按钮，如图11.118所示。

图11.118 设置添加杂色

PS 21 选择工具箱中的【横排文字工具】**T**，在刚才添加杂色的图形内添加相关文字，如图11.119所示。

图11.119 添加文字

PS 22 选择工具箱中的【横排文字工具】**T**，在适当位置再次添加文字，如图11.120所示。

图11.120 再次添加文字

PS 23 选择工具箱中的【直线工具】**/**，在选项栏中将【填充】更改为粉色（R:248，G:223，B:213），【描边】为无，【粗细】为1像素，在适当位置绘制直线图形，此时将生成一个【形状2】图层，如图11.121所示。

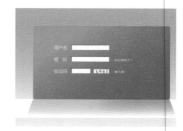

图11.121 绘制图形

PS 24 选中【形状2】图层，在画布中按住Alt键将其拖动放在另一个文字的底部，并按Ctrl+T组合键执行自由变换命令，将其适当延长，如图11.122所示。

图11.122 变换图形

PS 25 选择工具箱中的【圆角矩形工具】**▢**，将其【填充】更改为任意一种颜色，【描边】

为无，【半径】为1像素，在画布中绘制一个圆
角矩形图层，此时将生成一个【圆角矩形2】图
层，如图11.123所示。

图11.123 绘制图形

PS 26 在【图层】面板中，选中【圆角矩形2】图
层，单击面板底部的【添加图层样式】**fx**按钮，
从快捷菜单中选择【描边】命令，在弹出的对话
框中将【大小】更改为1像素，【颜色】为橙色
（R:254，G:147，B:72），如图11.124所示。

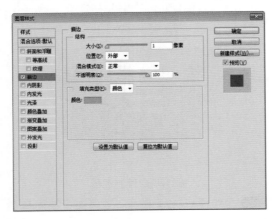

图11.124 设置描边

PS 27 勾选【渐变叠加】复选框，将【混合模
式】更改为正常，【不透明度】为100%，渐变
颜色从橙色（R:253，G:104，B:0）到浅橙色
（R:254，G:211，B:13），【样式】为线性，
【角度】为90度，【缩放】为123%，设置完成
之后单击【确定】按钮，如图11.125所示。

PS 28 选中【圆角矩形2】图层，在画布中按住
Shfit+Alt组合键将其向右平移并复制，此时将成
一个【圆角矩形2 拷贝】图层，如图11.126所示。

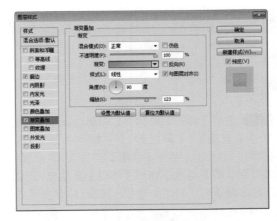

图11.125 设置渐变叠加

图11.126 复制图层

PS 29 选中【圆角矩形2 拷贝】图层，在画布中
按Ctrl+T组合键对其执行自由变换命令，将光标
移至出现的变形框右侧位置向右侧拖动将其变
形，按Enter键确认，如图11.127所示。

图11.127 将图形变形

PS 30 选择工具箱中的【横排文字工具】**T**，在
刚才所绘制的圆角矩形上添加文字，如图11.128
所示。

356

图11.128 添加文字

PS 31 选择工具箱中的【横排文字工具】**T**，在画面中适当位置再次添加文字，在【图层】面板中，再选中添加文字所生成的【会员登陆】图层，将其拖至面板底部的【创建新图层】按钮上，此时将生成一个【会员登陆 拷贝】图层，如图11.129所示。

图11.129 添加文字并将其复制

PS 32 在【图层】面板中，选中【会员登陆 拷贝】图层，在画布中按Ctrl+T组合键对其执行自由变换，当出现变形框以后在其变形框上单击鼠标右键，从弹出的快捷菜单中选择【垂直翻转】命令，按Enter键确认，再按住Shift键向下拖动使其顶部与原文字底部对齐，如图11.130所示。

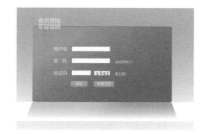

图11.130 将文字变换

PS 33 在【图层】面板中选中【会员登陆 拷贝】文字图层，单击面板底部的【添加图层蒙版】按钮，为当前图层添加图层蒙版，如图11.131所示。

PS 34 选择工具箱中的【渐变工具】，在选项栏中单击【点按可编辑渐变】按钮，在弹出的对话框中选择【黑白渐变】，单击【会员登陆 拷贝】图层蒙版缩览图，在画布中从下至上拖动，将多余图像擦除，并将其图层【不透明度】更改为50%，如图11.132所示。

图11.131 为当前图层添加图层蒙版

图11.132 将多余图像擦除

PS 35 选择工具箱中的【直线工具】，在选项栏中单击【填充】后面的【设置形状填充类型】按钮，在弹出的面板中单击顶部的渐变按钮，在下方设置渐变颜色从透明到黑色再到透明，【描边】为无，设置完成之后在画布中的文字下方按住Shift键绘制一个直线图形，此时将生成一个【形状3】图层，如图11.133所示。

PS 36 在【图层】面板中选中【形状3】图层，在其图层名称上单击鼠标右键，从弹出的快捷菜单中选择【转换为智能对象】命令，将当前图层转换为智能对象，如图11.134所示。

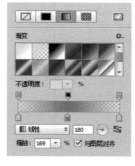 

图11.133 设置填充类型　图11.134 将图层转换为智能对象

357

PS 37 选中【形状3】图层，在其图层名称上单击鼠标右键，执行菜单栏中的【滤镜】|【模糊】|【高斯模糊】命令，在出现的对话框中将【半径】更改为1像素，设置完成之后单击【确定】按钮，如图11.135所示。

PS 38 在【图层】面板中，选中【形状3】图层，拖至面板底部的【创建新图层】 🔲 按钮上，将其复制此时将生成一个【形状3 拷贝】图层，选中此图层将其图层【不透明度】更改为50%，如图11.136所示。

图11.135 设置高斯模糊　　图11.136 复制图层

PS 39 选择工具箱中的【矩形工具】 ▇ ，在选项栏中将【填充】更改为白色，【描边】为无，在画布中右上角绘制一个矩形，此时将生成一个【矩形4】图层，如图11.137所示。

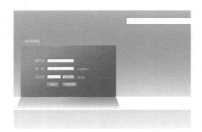

图11.137 绘制矩形

PS 40 在【图层】面板中，选中【矩形4】图层，单击面板底部的【添加图层样式】 *fx* 按钮，从快捷菜单中选择【渐变叠加】命令，在弹出的对话框中设置渐变颜色从灰色（R:195，G:195，B:195）到透明，并调整颜色滑块的位置和不透明度，如图11.138所示，【样式】为线性，【角度】为180度，【缩放】为120%，设置完成之后单击【确定】按钮。

PS 41 在【图层】面板中，选中【矩形4】，拖至面板底部的【创建新图层】 🔲 按钮上，将其复制一个【矩形4 拷贝】，如图11.139所示。

图11.138 设置图层样式中　　图11.139 复制图层
　　　的渐变颜色

PS 42 选中【矩形4 拷贝】图层，在选项栏中单击【描边】后面的【设置形状描边类型】，在弹出的面板中单击【渐变】，设置渐变颜色从透明到白色，将角度如更改为180度，如图11.140所示。

图11.140 设置渐变

PS 43 将【矩形4 拷贝】图层【填充】更改为0%，如图11.141所示。

图11.141 拷贝并粘贴图层样式

PS 44 选中【矩形4 拷贝】图层，在画布中按
Ctrl+T组合键对其执行自由变换命令，当出现变
形框以后按住Alt+Shift组合键分别将其上下和左
侧位置各扩展1像素，变换完成之后按Enter键确
认，如图11.142所示。

图11.142　将图形变换

PS 45 选择工具箱中的【横排文字工具】T，在
右上角矩形位置添加文字，再同时选中【矩形
4】和文字图层，单击选项栏中的【重直居中对
齐】按钮，将文字与图形对齐，这样就完成
了制作，最终效果如图11.143所示。

图11.143　最终效果

第12章 商业广告设计

内容摘要

广告设计是对图象、文字、色彩、版面、图形等表达广告的元素，结合广告媒体的使用特征，在计算机上通过相关设计软件来为实现表达广告目的和意图，所进行平面艺术创意的一种设计活动或过程。所谓广告设计是指从创意到制作的这个中间过程。广告设计是广告的主题、创意、语言文字、形象、衬托五个要素构成的组合安排。广告设计的最终目的就是通过广告来达到吸引眼球的目的。本章主要介绍商业广告设计的设计技巧和基本知识。

教学目标

- 了解商业广告设计的基本知识
- 掌握商业广告设计的功能和作用
- 掌握冰箱广告的设计方法
- 掌握运动鞋广告的设计方法
- 掌握手机广告的设计方法
- 掌握移动通信广告的设计方法

12.1　冰箱广告设计

设计构思

- 新建画布为背景填充颜色再利用画笔工具及滤镜为背景添加特效、添加素材图像并绘制图形。
- 添加文字并将部分文字变形完成最终效果制作。
- 本例主要讲解冰箱广告设计制作，本广告中最大的亮点是添加的具有强烈视觉冲击效果的文字，通过醒目的文字效果使人过目不忘，能在极短时间内让顾客接收到广告主体信息，而花纹素材图像的添加更是衬托了冰箱极具有美感的表面花纹设计，在配色方向则是采用了与产品及广告信息相符的蓝色系。

難易程度：★★★★☆
调用素材：配套光盘\附增及素材\调用素材\第12章\冰箱广告
最终文件：配套光盘\附增及素材\源文件\第12章\冰箱广告设计.psd
视频位置：配套光盘\movie\12.1　冰箱广告设计.avi

冰箱广告设计最终效果如图12.1所示。

图12.1 冰箱广告设计最终效果

操作步骤

12.1.1 背景效果

PS 01 执行菜单栏中的【文件】|【新建】命令，在弹出的对话框中设置【宽度】为10厘米，【高度】为7厘米，【分辨率】为300像素/英寸，【颜色模式】为RGB颜色，新建一个空白画布，如图12.2所示。

图12.2 新建画布

PS 02 将画布填充为浅蓝色（R:208，G:228，B:230），如图12.3所示。

图12.3 填充颜色

PS 03 在【图层】面板中，单击面板底部的【创建新图层】 按钮，新建一个【图层1】图层，如图12.4所示。

PS 04 选择工具箱中的【画笔工具】 ，在画布中单击鼠标右键，在弹出的面板中，选择一种圆角笔触，将【大小】更改为300像素，【硬度】更改为0%，如图12.5所示。

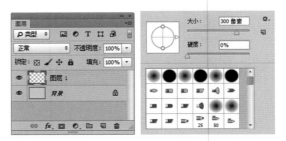

图12.4 新建图层　　　图12.5 设置笔触

PS 05 选中【图层1】图层，将前景色设置为浅蓝色（R:155，G:209，B:210），在画布中适当位置单击添加笔触效果，如图12.6所示。

图12.6 添加笔触效果

361

PS 06 选中【鸡蛋】图层，执行菜单栏中的【滤镜】|【模糊】|【高斯模糊】命令，在弹出的对话框中将【半径】更改为80像素，设置完成之后单击【确定】按钮，如图12.7所示。

图12.7 设置高斯模糊

12.1.2 添加素材及绘制图形

PS 01 执行菜单栏中的【文件】|【打开】命令，在弹出的对话框中选择配套光盘中的【调用素材\第12章\冰箱广告\冰箱.psd】文件，将打开的素材拖入画布中靠左侧位置并适当缩小，如图12.8所示。

图12.8 添加素材

PS 02 选择工具箱中的【多边形套索工具】，在刚才所添加的素材图像底部位置绘制一个不规则选区，如图12.9所示。

PS 03 在【图层】面板中，单击面板底部的【创建新图层】按钮，新建一个【图层2】图层，如图12.10所示。

图12.9 绘制选区　　　图12.10 新建图层

PS 04 选中【图层2】图层，在画布中将选区填充为黑色，填充完成之后按Ctrl+D组合键将选区取消，在【图层】面板中将其向下移至【冰箱】图层下方，如图12.11所示。

图12.11 填充颜色并更改图层顺序

PS 05 选中【图层2】图层，执行菜单栏中的【滤镜】|【模糊】|【高斯模糊】命令，在弹出的对话框中将【半径】更改为6像素，设置完成之后单击【确定】按钮，如图12.12所示。

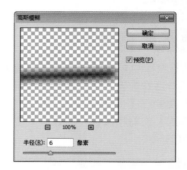

图12.12 设置高斯模糊

PS 06 选择工具箱中的【钢笔工具】，在画布底部位置绘制一个封闭路径，如图12.13所示。

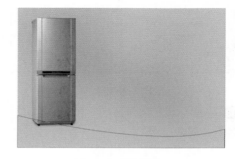

图12.13 绘制路径

PS 07 在画布中按Ctrl+Enter组合键将刚才所绘制的封闭路径转换成选区，然后在【图层】面板中，单击面板底部的【创建新图层】按钮，新建一个【图层3】图层，如图12.14所示。

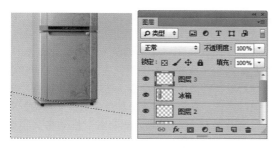

图12.14 转换选区并新建图层

PS 08 选中【图层】图层，在画布中将选区填充为橙色（R:255，G:127，B:16），填充完成之后按Ctrl+D组合键将选区取消，如图12.15所示。

图12.15 填充颜色

PS 09 在【图层】面板中，将【图层3】复制1份，然后选中【图层3】图层，单击面板上方的【锁定透明像素】 按钮，将当前图层中的透明像素锁定，在画布中将图层填充为稍浅的橙色（R:255，G:173，B:18），填充完成之后再次单击此按钮将其解除锁定，如图12.16所示。

图12.16 锁定透明像素并填充颜色

PS 10 选中【图层3】图层，在画布中按Ctrl+T组合键对其执行自由变换命令，在出现的变形框中单击鼠标右键，从弹出的快捷菜单中选择【斜切】命令，将光标移至变形框左侧向上拖动将图形变换，完成之后按Enter键确认，再将其图形向上稍微移动，如图12.17所示。

图12.17 变换图形

PS 11 执行菜单栏中的【文件】|【打开】命令，在弹出的对话框中选择配套光盘中的【调用素材\第12章\冰箱广告\花纹.psd】文件，将打开的素材拖入画布中适当缩小并移至右上角位置，如图12.18所示。

图12.18 添加素材

PS 12 在【图层】面板中，选中【花纹】图层，单击面板上方的【锁定透明像素】 按钮，将当前图层中的透明像素锁定，在画布中将图层填充为蓝色（R:170，G:215，B:217），如图12.19所示。

图12.19 锁定透明像素并填充颜色

12.1.3 添加文字

PS 01 选择工具箱中的【横排文字工具】 T，在刚才所添加的花纹素材图像左侧位置添加文字，如图12.20所示。

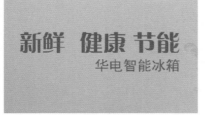

图12.20 添加文字

PS 02 在【图层】面板中，选中【新鲜…】图层，单击面板底部的【添加图层样式】*fx*按钮，在菜单中选择【渐变叠加】命令，在弹出的对话框中将渐变颜色更改为红色（R:225，G:58，B:0）到稍浅的红色（R:255，G:65，B:0）到红色（R:225，G:58，B:0）到稍浅的红色（R:255，G:65，B:0）再到红色（R:225，G:58，B:0），将【角度】更改为0度，设置完成之后单击【确定】按钮，如图12.21所示。

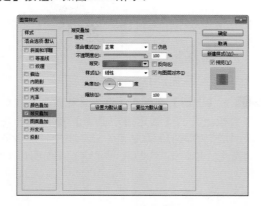

图12.21 设置渐变叠加

PS 03 选中【华电…】图层，在画布中按Ctrl+T组合键对其执行自由变换命令，在出现的变形框中单击鼠标右键，从弹出的快捷菜单中选择【斜切】命令，将光标移至变形框顶部向右侧拖动将文字变换，完成之后按Enter键确认，如图12.22所示。

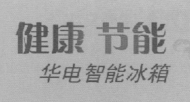

图12.22 变换文字

PS 04 选择工具箱中的【横排文字工具】**T**，在刚才所添加的文字下方位置再次添加文字，颜色为红色（R:225，G:58，B:0），如图12.23所示。

PS 05 选中【风暴…】图层，在画布中按Ctrl+T组合键对其执行自由变换命令，在出现的变形框中单击鼠标右键，从弹出的快捷菜单中选择【斜切】命令，将光标移至变形框顶部向右侧拖动将文字变换，完成之后按Enter键确认，如图12.24所示。

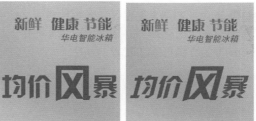

图12.23 添加文字　　　图12.24 变换文字

PS 06 在【图层】面板中，选中【均价风暴】图层，在其图层名称上单击鼠标右键，从弹出的快捷菜单中选择【转换为形状】命令，将当前文字图层转换成形状图层，如图12.25所示。

PS 07 选择工具箱中的【直接选择工具】，在画布中选中部分文字图形将其删除，如图12.26所示。

图12.25 转换成形状　　　图12.26 删除部分图形

PS 08 选择工具箱中的【直接选择工具】，在画布中选中【风】文字中的图形继续删除直至部分图形不能删除为止，如图12.27所示。

PS 09 选择工具箱中的【钢笔工具】在画布中单击【风】文字刚才删除图形后所剩下的2个锚点，将图形连接，此时部分多余的图形将自动消失，如图12.28所示。

图12.27 删除部分图形　　图12.28 调整锚点

PS 10 选择工具箱中的【直接选择工具】 ，在画布中选中【均】文字中的部分图形将其变换，如图12.29所示。

图12.29 变换部分图形

PS 11 选择工具箱中的【钢笔工具】 ，在选项栏中单击 路径 按钮，在弹出的三个选项中选择【形状】，将【填充】更改为红色（R:225，G:58，B:0），【描边】为无，在画布中刚才删除部分文字图形所剩下的空隙位置绘制不规则形状，此时将生成【形状1】、【形状2】、【形状3】、【形状4】图层，如图12.30所示。

图12.30 绘制图形

PS 12 在【图层】面板中，同时选中【形状1】、【形状2】、【形状3】及【形状4】图层，将其拖至面板底部的【创建新图层】 按钮上，复制相应的图层，此时将生成【形状1 拷贝】、【形状2 拷贝】、【形状3 拷贝】及【形状4拷贝】图层，如图12.31所示。

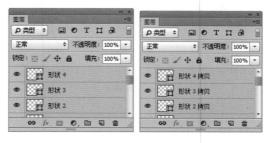

图12.31 复制图层

PS 13 在【图层】面板中，同时选中【形状1】、【形状2】、【形状3】、【形状4】及【均价风暴】图层，执行菜单栏中的【图层】|【合并形状】命令，将图层合并，此时将生成一个【形状4】图层，如图12.32所示。

图12.32 合并图层

PS 14 同时选中【形状1】、【形状2】、【形状3】及【形状4】图层，执行菜单栏中的【图层】|【新建】|【从图层建立组】，在弹出的对话框中将【名称】更改为【图形】，完成之后单击【确定】按钮，此时将生成一个【图形】组，如图12.33所示。

图12.33 从图层新建组

PS 15 在【图层】面板中，选中【形状4】图层，单击面板底部的【添加图层样式】 *fx* 按钮，在菜单中选择【描边】命令，在弹出的对话框中将【大小】更改为17像素，将【颜色】更改为蓝色（R:0，G:172，B:220），如图12.34所示。

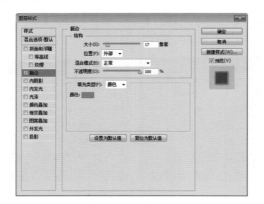

图12.34 设置描边

PS 16 勾选【颜色叠加】复选框，将【颜色】更改为浅蓝色（R:238，G:250，B:255），设置完成之后单击【确定】按钮，如图12.35所示。

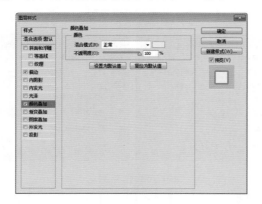

图12.35 设置颜色叠加

PS 17 在【图层】面板中，选中【形状4】图层，在其图层效果上单击鼠标右键，从弹出的快捷菜单中选择【创建图层】命令，此时将生成【形状4的颜色填充】和【形状4】的外描边】2个新的图层，如图12.36所示。

图12.36 创建图层

PS 18 选择工具箱中的【画笔工具】，在画布中单击鼠标右键，在弹出的面板中，选择一种圆角笔触，将【大小】更改为50像素，【硬度】更改为100%，如图12.37所示。

PS 19 选中【【形状4】的外描边】图层，将前景色更改为蓝色（R:0，G:172，B:220），在画布中其图层中的图形部分位置涂抹，为图形填充颜色，如图12.38所示。

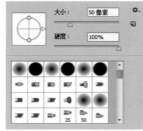 

图12.37 设置笔触　　　　图12.38 填充图形

PS 20 选中【【形状4】的外描边】图层，在画布中按Ctrl+T组合键对其执行自由变换，当出现变形框以后分别将光标移至变形框左侧和顶部控制点并按住Alt键向里拖动，将图形适当缩小，如图12.39所示。

图12.39 变换图形

PS 21 在【图层】面板中，选中【【形状4】的外描边】图层，将其拖至面板底部的【创建新图层】按钮上，复制一个【【形状4】的外描边拷贝】图层，如图12.40所示。

图12.40 复制图层

PS 22 在【图层】面板中，选中【【形状4】的外描边】图层，单击面板底部的【添加图层样式】按钮，在菜单中选择【渐变叠加】命令，在弹出的对话框中将渐变颜色更改为白色到蓝色（R:0，G:140，B:180）再到白色，【角度】更改为0度，设置完成之后单击【确定】按钮，如图12.41所示。

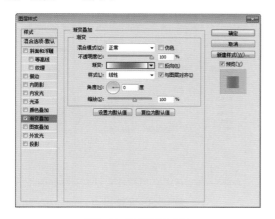

图12.41 设置渐变叠加

PS 23 选中【【形状 4】的外描边】图层，在画布中将图形向下稍微移动，如图12.42所示。

图12.42 移动图形

PS 24 在【图层】面板中，选中【形状4】图层，单击面板底部的【添加图层样式】 *fx* 按钮，在菜单中选择【投影】命令，在弹出的对话框中将【距离】更改为3像素，【大小】更改为2像素，完成之后单击【确定】按钮，如图12.43所示。

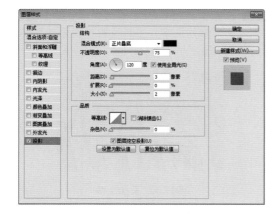

图12.43 设置描边

PS 25 选中【形状1 拷贝】图层，在选项栏中将【填充】更改为浅蓝色（R:87，G:187，B:255），如图12.44所示。

图12.44 更改图形颜色

PS 26 在【图层】面板中，选中【形状1 拷贝】图层，单击面板底部的【添加图层样式】 *fx* 按钮，在菜单中选择【描边】命令，在弹出的对话框中将【大小】更改为2像素，【位置】更改为内部，【颜色】更改为灰色（R:205，G:205，B:205），设置完成之后单击【确定】按钮，如图12.45所示。

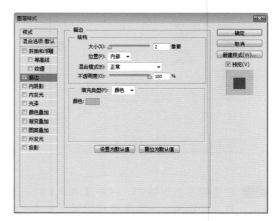

图12.45 设置描边

PS 27 分别选中【形状2 拷贝】、【形状3 拷贝】、【形状4 拷贝】图层，在选项栏中将其【填充】更改为橙色（R:255，G:127，B:16），浅蓝色（R:87，G:187，B:255），橙色（R:255，G:127，B:16），如图12.46所示。

图12.46 更改图形颜色

367

PS 28 在【形状1 拷贝】图层上单击鼠标右键，从弹出的快捷菜单中选择【拷贝图层样式】命令，在【形状2 拷贝】图层上单击鼠标右键，从弹出的快捷菜单中选择【粘贴图层样式】命令，如图12.47所示。

图12.47 拷贝并粘贴图层样式

PS 29 在【图层】面板中，双击【形状2 拷贝】图层样式名称，在弹出的对话框中将【颜色】更改为红色（R:160，G:3，B:10），完成之后单击【确定】按钮，如图12.48所示。

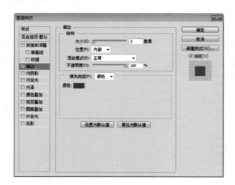

图12.48 设置描边

PS 30 在【图层】面板中，选中【形状3 拷贝】图层，在其图层名称上单击鼠标右键，从弹出的快捷菜单中选择【粘贴图层样式】命令，如图12.49所示。

图12.49 粘贴图层样式

PS 31 双击【形状3 拷贝】图层样式名称，在弹出的对话框中将【颜色】更改为蓝色（R:0，

G:125，B:160），完成之后单击【确定】按钮，如图12.50所示。

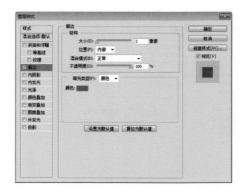

图12.50 设置描边

PS 32 在【图层】面板中，选中【【形状 4】的外描边 拷贝】图层，单击面板底部的【添加图层样式】**fx** 按钮，在菜单中选择【渐变叠加】命令，在弹出的对话框中将渐变颜色更改为蓝色（R:0，G:156，B:200）到稍浅的蓝色（R:126，G:227，B:255），设置完成之后单击【确定】按钮，如图12.51所示。

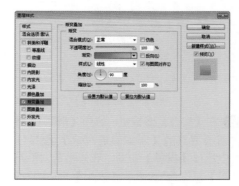

图12.51 设置渐变叠加

PS 33 选择工具箱中的【横排文字工具】**T**，在刚才所添加的文字左上角位置再次添加文字，如图12.52所示。

图12.52 添加文字

PS 34 在【图层】面板中，选中【盛夏狂欢】图层，执行菜单栏中的【图层】|【栅格化】|【文

字】命令，将当前文字栅格化，如图12.53所示。

图12.53 栅格化文字

PS 35 选中【盛夏狂欢】图层，在画布中按Ctrl+T组合键对其执行自由变换命令，将光标移至出现的变形框中单击鼠标右键，从弹出的快捷菜单中选择【斜切】命令，将光标移至变形框顶部位置向左侧拖动，将文字变换，完成之后再单击鼠标右键，从弹出的快捷菜单中选择【扭曲】命令，将光标移至变形框左上角向左侧拖动将文字扭曲变形，完成之后按Enter键确认，如图12.54所示。

图12.54 变换文字

PS 36 在【图层】面板中，选中【盛夏狂欢】图层，单击面板底部的【添加图层样式】**fx**按钮，在菜单中选择【描边】命令，在弹出的对话框中将【大小】更改为6像素，将【颜色】更改为浅蓝色（R:238，G:250，B:255），如图12.55所示。

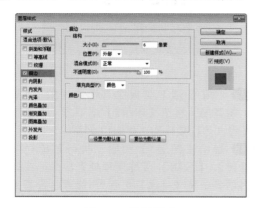

图12.55 设置描边

PS 37 勾选【投影】复选框，将【不透明度】更改为75%，取消【使用全局光】复选框，将【角度】更改为90度，【距离】更改为6像素，【大小】更改为5像素，设置完成之后单击【确定】按钮，如图12.56所示。

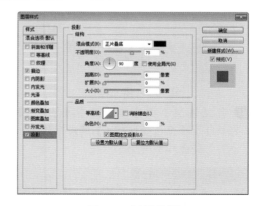

图12.56 设置投影

PS 38 选择工具箱中的【钢笔工具】✎，在画布中刚才所添加的文字位置绘制一个封闭路径，如图12.57所示。

图12.57 绘制路径

PS 39 在画布中按Ctrl+Enter组合键将刚才所绘制的封闭路径转换成选区，然后在【图层】面板中，单击面板底部的【创建新图层】⬜按钮，新建一个【图层4】图层，如图12.58所示。

图12.58 转换选区并新建图层

PS 40 选中【图层4】图层，在画布中将选区填充为白色，填充完成之后按Ctrl+D组合键将选区取消，如图12.59所示。

图12.59 填充颜色

PS 41 在【图层】面板中，选中【图层4】图层，将其向下移至【【形状 4】的外描边 拷贝】图层下方，如图12.60所示。

图12.60 更改图层顺序

PS 42 选中【图层4】图层，执行菜单栏中的【滤镜】|【模糊】|【高斯模糊】命令，在弹出的对话框中将【半径】更改为60像素，设置完成之后单击【确定】按钮，如图12.61所示。

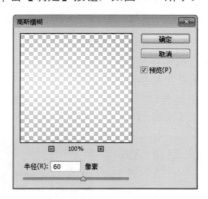

图12.61 设置高斯模糊

PS 43 执行菜单栏中的【文件】|【打开】命令，在弹出的对话框中选择配套光盘中的【调用素材\第12章\冰箱广告\冰箱2.psd】文件，将打开的素材拖入画布中右下角位置并适当缩小，如图12.62所示。

图12.62 添加素材

PS 44 选择工具箱中的【多边形套索工具】，在画布中刚才所添加的冰箱素材图像的左侧冰箱底部位置绘制一个不规则选区，按住Shift键在右侧冰箱图像底部位置绘制一个不规则选区，如图12.63所示。

PS 45 在【图层】面板中，单击面板底部的【创建新图层】按钮，新建一个【图层5】图层，如图12.64所示。

图12.63 绘制选区　　　图12.64 新建图层

PS 46 选中【图层5】图层，在画布中将选区填充为黑色，填充完成之后按Ctrl+D组合键将选区取消，如图12.65所示。

图12.65 填充颜色

PS 47 在【图层】面板中，选中【图层5】图层，将其向下移至【冰箱2】组下方，在画布中将图形向下稍微移动，如图12.66所示。

PS 48 选中【图层5】图层，执行菜单栏中的【滤镜】|【模糊】|【高斯模糊】命令，在弹出的对话框中将【半径】更改为4像素，设置完成之后单击【确定】按钮，如图12.67所示。

图12.66 更改图层顺序

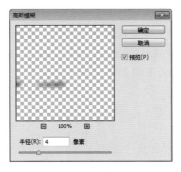

图12.67 设置高斯模糊

PS 49 选择工具箱中的【横排文字工具】**T**，在画布中适当位置添加文字，如图12.68所示。

PS 50 选中【真诚…】图层，在画布中按Ctrl+T组合键对其执行自由变换命令，在出现的变形框中单击鼠标右键，从弹出的快捷菜单中选择【斜切】命令，交光标移至变形框顶部控制点向右侧拖动将文字变换，完成之后按Enter键确认，如图12.69所示。

图12.68 添加文字

图12.69 变换图形

PS 51 在【图层】面板中，选中【真诚…】图层，单击面板底部的【添加图层样式】**fx**按钮，在菜单中选择【描边】命令，在弹出的对话框中将【大小】更改为3像素，将【颜色】更改为橙色（R:255，G:173，B:18），如图12.70所示。

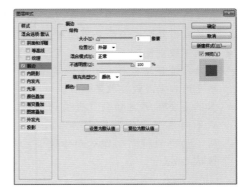

图12.70 设置描边

PS 52 勾选【投影】复选框，将【距离】更改为3像素，【大小】更改为3像素，完成之后单击【确定】按钮，如图12.71所示。

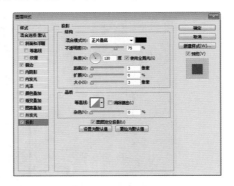

图12.71 设置投影

PS 53 执行菜单栏中的【文件】|【打开】命令，在弹出的对话框中选择配套光盘中的【调用素材\第12章\冰箱广告\logo.psd】文件，将打开的素材拖入画布中右上角位置并适当缩小，选择工具箱中的【横排文字工具】**T**，在刚才所添加的素材图像下面位置添加文字，这样就完成了效果制作，最终效果如图12.72所示。

371

图12.72 添加素材和文字及最终效果

12.2 运动鞋广告设计

设计构思

- 新建画布利用【渐变工具】为画布制作红色系背景效果。利用【矩形工具】在画布中绘制图形并利用复制变换命令为画布添加放射状特效背景。

- 绘制不规则图形及使用【画笔工具】添加笔触并利用滤镜命令为画布背景添加特效。利用钢笔工具绘制路径并利用描边路径命令为添加的鞋子素材添加特效，最后添加文字并将部分文字变形后完成最终效果制作。

- 本例主要讲解运动鞋广告设计制作，在制作方面着重强调了鞋的运动性，通过添加的特效从不同角度来体现鞋子的不同特性，本例所讲解的重点是特效部分的制作，通过富有冲动、动感的特效制作从而体现了运动的本质，而特效文字的添加更是成为了本广告的画龙点睛之笔。

难易程度：★★★★☆
调用素材：配套光盘\附增及素材\调用素材\第12章\运动鞋广告
最终文件：配套光盘\附增及素材\源文件\第12章\运动鞋广告设计.psd
视频位置：配套光盘\movie\12.2 运动鞋广告设计.avi

运动鞋广告设计最终效果如图12.73所示。

图12.73 运动鞋广告设计最终效果

操作步骤

12.2.1 背景效果

PS 01 执行菜单栏中的【文件】|【新建】命令，在弹出的对话框中设置【宽度】为12厘米，【高度】为10厘米，【分辨率】为300像素/英寸，【颜色模式】为RGB颜色，新建一个空白画布，如图12.74所示。

图12.74 新建画布

PS 02 选择工具箱中的【渐变工具】，在选项栏中单击【点按可编辑渐变】按钮，在弹出的对话框中将渐变颜色更改为蓝色（R:15，G:102，B:170）到黑色，设置完成之后单击【确定】按钮，再单击选项栏中的【径向渐变】按钮，如图12.75所示。

图12.75 设置渐变

PS 03 在画布中从右下角向左上角方向拖动，为画布填充渐变，如图12.76所示。

图12.76 填充渐变

PS 04 选择工具箱中的【钢笔工具】，在画布右下角位置绘制一个封闭路径，如图12.77所示。

图12.77 绘制路径

PS 05 在画布中按Ctrl+Enter组合键将刚才所绘制的封闭路径转换成选区，然后在【图层】面板中，单击面板底部的【创建新图层】按钮，新建一个【图层1】图层，如图12.78所示。

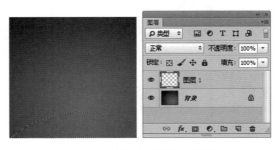

图12.78 转换选区并新建图层

PS 06 选中【图层1】图层，在画布中将选区填充为蓝色（R:0，G:177，B:236），填充完成之后按Ctrl+D组合键将选区取消，如图12.79所示。

图12.79 填充颜色

PS 07 选中【图层1】图层，执行菜单栏中的【滤镜】|【模糊】|【高斯模糊】命令，在弹出的对话框中将【半径】更改为150像素，设置完成之后单击【确定】按钮，如图12.80所示。

图12.80 设置高斯模糊

PS 08 在【图层】面板中，单击面板底部的【创建新图层】按钮，新建一个【图层2】图层，如图12.81所示。

PS 09 选择工具箱中的【画笔工具】，在画布中单击鼠标右键，在弹出的面板中，选择一种圆角笔触，将【大小】更改为900像素，【硬度】更改为0%，如图12.82所示。

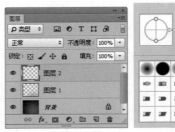
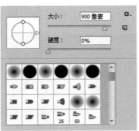

图12.81 新建图层　　图12.82 设置笔触

PS 10 将前景色更改为黑色，将文档视图等比缩小，将画笔移至左下角及右上角附近位置画布外与画布接触的边缘部分单击，添加黑色笔触效果，如图12.83所示。

图12.83 添加笔触效果

12.2.2 添加素材图像

PS 01 执行菜单栏中的【文件】|【打开】命令，在弹出的对话框中选择配套光盘中的【调用素材\第12章\运动鞋广告\鞋子.psd】文件，将打开的素材拖入画布中间位置并适当缩小并稍微旋转，如图12.84所示。

图12.84 打开素材并调整

PS 02 选择工具箱中的【画笔工具】，将前景色分别更改为蓝色（R:40，G:40，B:100），及稍浅的蓝色（R:0，G:150，B:220），选中【图层2】图层，在所添加的鞋子素材图像上方及左侧位置分别单击继续添加笔触效果，如图12.85所示。

图12.85 添加笔触效果

PS 03 选择工具箱中的【钢笔工具】，在画布中沿着刚才所绘制的矩形上半部分附近位置绘制一个封闭路径，如图12.86所示。

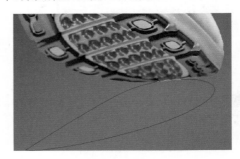

图12.86 绘制路径

PS 04 在画布中按Ctrl+Enter组合键将刚才所绘制的封闭路径转换成选区，然后在【图层】面板中，单击面板底部的【创建新图层】 ⬚ 按钮，新建一个【图层3】图层，如图12.87所示。

图12.87 转换选区并新建图层

PS 05 选中【图层】图层，在画布中将选区填充为黑色，填充完成之后按Ctrl+D组合键将选区取消，如图12.88所示。

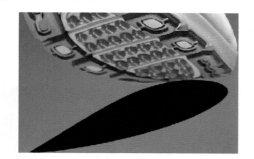

图12.88 填充颜色

PS 06 选中【图层3】图层，执行菜单栏中的【滤镜】|【模糊】|【高斯模糊】命令，在弹出的对话框中将【半径】更改为15像素，设置完成之后单击【确定】按钮，如图12.89所示。

图12.89 设置高斯模糊

PS 07 在【图层】面板中，选中【图层3】图层，单击面板底部的【添加图层蒙版】 ⬚ 按钮，为其图层添加图层蒙版，如图12.90所示。

PS 08 选中【图层3】图层，在画布中将其图形向上稍微移动，如图12.91所示。

图12.90 添加图层蒙版　　图12.91 移动图形

PS 09 选择工具箱中的【画笔工具】 🖌 ，在画布中单击鼠标右键，在弹出的面板中，选择一种圆角笔触，将【大小】更改为300像素，【硬度】更改为0%，在选项栏中将【不透明度】更改为30%，如图12.92所示。

PS 10 单击【图层3】图层蒙版缩览图，将前景色更改为黑色，在画布中其图形上部分位置涂抹，将部分图形隐藏，如图12.93所示。

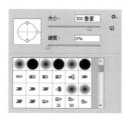

图12.92 设置笔触　　图12.93 隐藏图形

提示

在对图形隐藏操作的时候可以适当更改画笔笔触大小及硬度使图形的效果更加自然。

PS 11 选中【图层3】图层，将其图层【不透明度】更改为70%，如图12.94所示。

图12.94 更改图层不透明度

PS 12 选择工具箱中的【钢笔工具】 🖋 ，在鞋子底部位置绘制一个稍扁的封闭路径，如图12.95所示。

图12.95 绘制路径

PS 13 在画布中按Ctrl+Enter组合键将刚才所绘制的封闭路径转换成选区，然后在【图层】面板中，单击面板底部的【创建新图层】 按钮，新建一个【图层4】图层，如图12.96所示。

图12.96 转换选区并新建图层

PS 14 选中【图层4】图层，在画布中将选区填充为黑色，填充完成之后按Ctrl+D组合键将选区取消，如图12.97所示。

图12.97 填充颜色

PS 15 选中【图层4】图层，执行菜单栏中的【滤镜】|【模糊】|【高斯模糊】命令，在弹出的对话框中将【半径】更改为8像素，设置完成之后单击【确定】按钮，如图12.98所示。

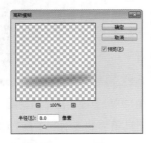

图12.98 设置高斯模糊

PS 16 在【图层】面板中，选中【图层4】图层，将其拖至面板底部的【创建新图层】 按钮上，复制一个【图层4 拷贝】图层，如图12.99所示。

图12.99 复制图形

PS 17 选择工具箱中的【减淡工具】 ，在画布中单击鼠标右键，在弹出的面板中，选择一种圆角笔触，将【大小】更改为150像素，【硬度】更改为0%，如图12.100所示。

PS 18 选中【鞋子】图层，在画布中其图像左上角和右下角涂抹，将部分图像颜色减淡，如图12.101所示。

图12.100 设置笔触　　图12.101 减淡图像颜色

PS 19 选择工具箱中的【锐化工具】 ，在画布中单击鼠标右键，在弹出的面板中，选择一种圆角笔触，将【大小】更改为300像素，【硬度】更改为0%，如图12.102所示。

PS 20 选中【鞋子】图层，在刚才颜色减淡的图像区域涂抹，将部分图像锐化，如图12.103所示。

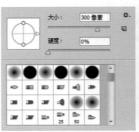
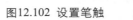

图12.102 设置笔触　　图12.103 锐化图像

12.2.3 制作特效

PS 01 选择工具箱中的【多边形工具】◯，在选项栏中将【填充】更改为白色，【描边】为无，单击 ✿ 图标，在弹出的面板中勾选【星形】复选框，将【缩进边依据】更改为40%，将【边】更改为50，如图12.104所示。

图12.104 设置星形参数

PS 02 在画布中鞋子图像右下角位置按住Shift键绘制一个图形，此时将生成一个【多边形1】图层，如图12.105所示。

图12.105 绘制图形

PS 03 选择工具箱中的【直接选择工具】▷，在画布中选中图形上的部分锚点，将图形变换，如图12.106所示。

图12.106 变换图形

PS 04 在【图层】面板中，选中【多边形1】图层，执行菜单栏中的【图层】|【栅格化】|【形状】命令，将当前图形栅格化，如图12.107所示。

图12.107 栅格化图层

PS 05 选中【多边形1】图层，执行菜单栏中的【滤镜】|【模糊】|【动感模糊】命令，在弹出的对话框中将【角度】更改为90度，【距离】更改为20像素，设置完成之后单击【确定】按钮，如图12.108所示。

PS 06 选中【多边形1】图层，在画布中按Ctrl+T组合键对其执行自由变换，当出现变形框以后按住Alt+Shift组合键将图形等比缩小，完成之后按Enter键确认，如图12.109所示。

图12.108 设置动感模糊 图12.109 变换图形

PS 07 在【图层】面板中，选中【多边形1】图层，将其向下移至【鞋子】图层下方，如图12.110所示。

图12.110 更改图层顺序

PS 08 在【图层】面板中，选中【多边形1】图层，将其拖至面板底部的【创建新图层】 ◻ 按钮上，复制一个【多边形1 拷贝】图层，如图12.111所示。

377

图12.111 复制图层

PS 09 在【图层】面板中，选中【多边形1】
图层，单击面板底部的【添加图层样式】*fx* 按
钮，在菜单中选择【外发光】命令，在弹出的对
话框中将【大小】更改为60像素，设置完成之后
单击【确定】按钮，如图12.112所示。

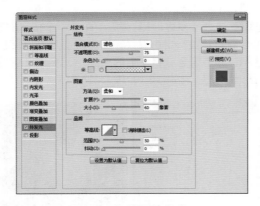

图12.112 设置外发光

PS 10 在【图层】面板中，选中【多边形1】图
层，在其图层名称上单击鼠标右键，从弹出的快
捷菜单中选择【栅格化图层样式】命令，如图
12.113所示。

图12.113 栅格化图层样式

PS 11 选中【多边形1】图层，执行菜单栏中的
【滤镜】|【模糊】|【高斯模糊】命令，在弹出
的对话框中将【半径】更改为50像素，设置完成
之后单击【确定】按钮，如图12.114所示。

PS 12 在【图层】面板中，单击面板底部的【创
建新图层】按钮，新建一个【图层5】图层，
如图12.115所示。

图12.114 设置高斯模糊　图12.115 新建图层

PS 13 选择工具箱中的【画笔工具】，执行
菜单栏中的【窗口】|【画笔】命令，在弹出的
面板中选中一种圆角笔触，将【大小】更改为30
像素，【硬度】更改为0%，勾选【间距】复选
框，将其更改为480%，如图12.116所示。

PS 14 勾选【形状动态】复选框，将【大小抖
动】更改为80%，如图12.117所示。

图12.116 设置画笔笔尖形状 图12.117 设置形状动态

PS 15 勾选【散布】复选框，将【散布】更改为
600%，如图12.118所示。

PS 16 勾选【颜色动态】复选框，将【前景/背景
抖动】更改为50%，如图12.119所示。

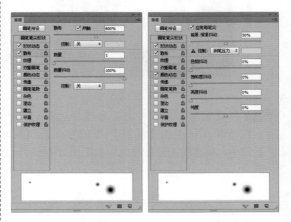

图12.118 设置散布　图12.119 设置颜色动态

378

PS 17 选中【图层5】图层，将前景色设置为蓝色（R:0, G:200, B:250）在画布中鞋子图像左上角位置涂抹，添加笔触效果，如图12.120所示。

图12.120 添加笔触效果

PS 18 在【图层】面板中，选中【图层5】图层，将其拖至面板底部的【创建新图层】按钮上，复制一个【图层5拷贝】图层，如图12.121所示。

PS 19 选中【图层5】图层，执行菜单栏中的【滤镜】|【模糊】|【高斯模糊】命令，在弹出的对话框中将【半径】更改为20像素，设置完成之后单击【确定】按钮，如图12.122所示。

图12.121 复制图层　　图12.122 设置高斯模糊

PS 20 选中【图层5 拷贝】图层，按Ctrl+Alt+F组合键打开【高斯模糊】对话框，将【半径】更改为3像素，完成之后单击【确定】按钮，如图12.123所示。

图12.123 设置高斯模糊

PS 21 在【图层】面板中，选中【图层5 拷贝】图层，将其图层混合模式设置为【叠加】，【不透明度】更改为35%，如图12.124所示。

图12.124 设置图层混合模式

PS 22 在【图层】面板中，选中【图层5 拷贝】图层，将其拖至面板底部的【创建新图层】按钮上，复制一个【图层5拷贝2】图层，如图12.125所示。

PS 23 选中【图层5 拷贝2】图层，在画布中将图形向右上角方向稍微移动，如图12.126所示。

图12.125 复制图层　　图12.126 移动图形

PS 24 在【图层】面板中，选中【鞋子】图层，按住Ctrl键单击其图层缩览图，将图层中的图像载入选区，如图12.127所示。

图12.127 载入选区

PS 25 选择工具箱中的【矩形选框工具】，在画布中的选区中单击鼠标右键，从弹出的快捷菜单中选择【建立工作路径】命令，在弹出的对话框中将【容差】更改为1像素，完成之后单击【确定】按钮，如图12.128所示。

379

图12.128 建立工作路径

PS 26 选择工具箱中的【直接选择工具】，在画布中选中部分路径按Delete键将其删除，如图12.129所示。

图12.129 删除部分路径

PS 27 在【图层】面板中，单击面板底部的【创建新图层】按钮，新建一个【图层6】图层，如图12.130所示。

图12.130 新建图层

PS 28 选择工具箱中的【画笔工具】，执行菜单栏中的【窗口】|【画笔】命令，在弹出的面板中选中一种圆角笔触，将【大小】更改为30像素，【硬度】更改为0%，勾选【间距】复选框，将其更改为300%，如图12.131所示。

PS 29 勾选【颜色动态】复选框，将【前景/背景抖动】更改为50%，如图12.132所示。

PS 30 选中【图层6】图层，将前景色更改为白色，背景色更改为蓝色（R:0, G:200, B:250），执行菜单栏中的【窗口】|【路径】命令，在弹出的面板中选中【工作路径】，在其路径名称上单击鼠标右键，从弹出的快捷菜单中选择【描边路径】命令，在弹出的对话框中选择工具为【画笔】，确认勾选【模拟压力】复选框，设置完成之后单击【确定】按钮，如图12.133所示。

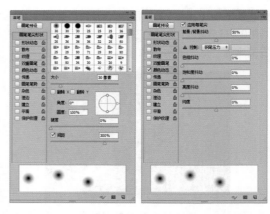

图12.131 设置画笔笔尖形状 图12.132 设置颜色动态

图12.133 设置描边路径

PS 31 选中【图层6】图层，在画布中将其图形向左侧方向稍微移动，如图12.134所示。

图12.134 移动图形

PS 32 在【图层】面板中，选中【图层6】图层，单击面板底部的【添加图层样式】*fx* 按钮，在菜单中选择【外发光】命令，在弹出的对话框中将【颜色】更改为蓝色（R:0, G:200, B:250），【大小】更改为50像素，设置完成之后单击【确定】按钮，如图12.135所示。

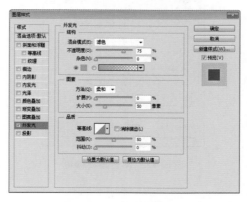

图12.135 设置外发光

PS 33 选择工具箱中的【钢笔工具】 ✍，在画布中鞋子图像上绘制一条稍弯曲的路径，如图12.136所示。

PS 34 在【图层】面板中，单击面板底部的【创建新图层】 ◻ 按钮，新建一个【图层7】图层，如图12.137所示。

图12.136 绘制路径　　　图12.137 新建图层

PS 35 选择工具箱中的【画笔工具】 ✎，执行菜单栏中的【窗口】|【画笔】命令，在弹出的面板中选择一种柔角笔触，将【大小】更改为6像素，【间距】更改为1%，如图12.138所示。

PS 36 勾选【平滑】复选框，如图12.139所示。

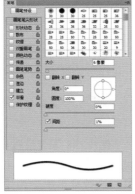

图12.138 设置画笔笔尖形状　图12.139 设置平滑

PS 37 选中【图层7】图层，将前景色更改为白色，执行菜单栏中的【窗口】|【路径】命令，在弹出的面板中选中【工作路径】，在其路径名称上单击鼠标右键，从弹出的快捷菜单中选择【描边路径】命令，在弹出的对话框中选择工具为【画笔】，确认勾选【模拟压力】复选框，设置完成之后单击【确定】按钮，如图12.140所示。

图12.140 设置描边路径

PS 38 执行菜单栏中的【窗口】|【路径】命令，在弹出的面板中选中【工作路径】，将其拖至面板底部的【创建新图层】 ◻ 按钮上，转化成一个【路径1】路径，将【路径1】复制一份。重命名为【路径2】。

PS 39 选择工具箱中的【直接选择工具】 ▷，在画布中选中路径，将其向左下角方向移动，再选择工具箱中的【添加锚点工具】 ✍，在画布中路径中间位置单击，为其添加锚点，如图12.141所示。

PS 40 选择工具箱中的【直接选择工具】 ▷，选中【路径2】路径在画布中将路径调整，如图12.142所示。

图12.141 添加锚点　　　图12.142 调整路径

PS 41 执行菜单栏中的【窗口】|【路径】命令，在弹出的面板中选中【路径2】，将其拖至面板底部的【创建新图层】 ◻ 按钮上，复制一个【路径2 拷贝】路径。

PS 42 选中【路径2 拷贝】路径选择工具箱中的【直接选择工具】 ▷，在画布中将其向左下角方向移动，再选择工具箱中的【添加锚点工具】 ✍，在画布中路径中间位置单击，为其添加锚点，再选择【直接选择工具】 ▷ 以刚才同样的方法在画布中将路径调整，如图12.143所示。

图12.143 调整路径

381

PS 43 在【图层】面板中，单击面板底部的【创建新图层】 按钮，新建一个【图层8】图层，如图12.144所示。

PS 44 选中【图层8】图层，将前景色更改为白色，执行菜单栏中的【窗口】|【路径】命令，在弹出的面板中选中【路径2】，单击面板底部角的【用画笔描边路径】 按钮。

图12.144 新建图层

PS 45 在【图层】面板中，单击面板底部的【创建新图层】 按钮，新建一个【图层9】图层，如图12.145所示。

PS 46 选中【图层9】图层，将前景色更改为白色，执行菜单栏中的【窗口】|【路径】命令，在弹出的面板中选中【路径2 拷贝】，单击面板底部的【用画笔描边路径】 按钮。

图12.145 新建图层

PS 47 选择工具箱中的【画笔工具】 ，执行菜单栏中的【窗口】|【画笔】命令，在弹出的面板中选中一种圆角笔触，将【大小】更改为20像素，【硬度】更改为0%，勾选【间距】复选框，将其更改为60%，如图12.146所示。

PS 48 勾选【形状动态】复选框，将【大小抖动】更改为60%，如图12.147所示。

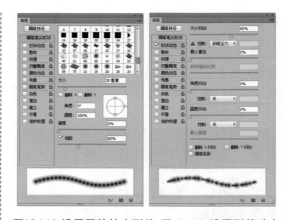

图12.146 设置画笔笔尖形状 图12.147 设置形状动态

PS 49 勾选【散布】复选框，将【散布】更改为200%，如图12.148所示。

PS 50 勾选【颜色动态】复选框，将【前景/背景抖动】更改为50%，如图12.149所示。

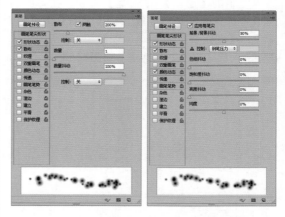

图12.148 设置散布 图12.149 设置颜色动态

PS 51 在【图层】面板中，选中【图层7】图层，执行菜单栏中的【窗口】|【路径】命令，在弹出的面板中选中【路径1】，单击面板左下角的【用画笔描边路径】 按钮，如图12.150所示。

图12.150 用画笔描边路径

PS 52 以刚才同样的方法分别选中【图层8】图层，在【路径】面板中，选中【路径2】，单击面板左下角的【用画笔描边路径】 ◯ 按钮，选中【图层9】图层，在【路径】面板中，选中【路径2 拷贝】，单击面板左下角的【用画笔描边路径】 ◯ 按钮，如图12.151所示。

图12.151 描边路径

PS 53 在【图层】面板中，同时选中【图层7】、【图层8】、【图层9】图层，将其图层混合模式设置为【变亮】，如图12.152所示。

图12.152 设置图层混合模式

PS 54 在【图层】面板中，单击面板底部的【创建新图层】 ◻ 按钮，新建一个【图层10】图层，如图12.153所示。

PS 55 选择工具箱中的【画笔工具】 ✐ ，在画布中单击鼠标右键，在弹出的面板中，选择一种圆角笔触，将【大小】更改为85像素，【硬度】更改为0%，如图12.154所示。

 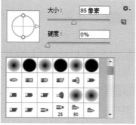

图12.153 新建图层　　图12.154 设置笔触

PS 56 选中【图层10】图层，将前景色设置为白色，在画布中鞋子上方靠左侧位置单击添加笔触效果，如图12.155所示。

图12.155 添加笔触效果

12.2.4 添加文字

PS 01 选择工具箱中的【横排文字工具】 T ，在画布右上角位置添加文字，如图12.156所示。

图12.156 添加文字

提示

为了方便后期对文字进行变形，在添加文字的时候需要将文字分为两个图层。

PS 02 选中【快步】文字图层，在画布中按Ctrl+T组合键对其执行自由变换命令，在出现的变形框中单击鼠标右键，从弹出的快捷菜单中选择【斜切】命令，将光标移至变形框顶部控制点向右侧拖动，将文字变换，完成之后按Enter键确认，如图12.157所示。

图12.157 变换文字

PS 03 在【图层】面板中，选中【有型】图层，在其图层名称上单击鼠标右键，从弹出的快捷菜单中选择【转换为形状】命令，将当前文字图层转换为形状图层，如图12.158所示。

PS 04 以同样的方法选中【快步】图层，将其转换为形状图层，如图12.159所示。

图12.158 转换为形状　　图12.159 转换图层

PS 05 选择工具箱中的【直接选择工具】，在画布中选中刚才经过转换的文字形状上的部分锚点移动将其变形，选中【有型】图层，在画布中将图形向上稍微移动，如图12.160所示。

图12.160 变换及移动文字

PS 06 选择工具箱中的【椭圆工具】，在选项栏中将【填充】更改为蓝色（R:16，G:157，B:247），【描边】为无，在画布靠左下角位置绘制一个椭圆图形，此时将生成一个【椭圆1】图层，如图12.161所示。

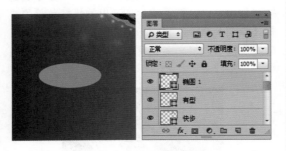

图12.161 绘制图形

PS 07 选择工具箱中的【钢笔工具】，在刚才所绘制的椭圆图形上绘制一条路径，如图12.162所示。

PS 08 在【图层】面板中，单击面板底部的【创建新图层】按钮，新建一个【图层11】图层，如图12.163所示。

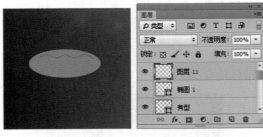

图12.162 绘制路径　　图12.163 新建图层

PS 09 选择工具箱中的【画笔工具】，在画布中单击鼠标右键，在弹出的面板中，选择一种圆角笔触，将【大小】更改为2像素，【硬度】更改为100%，如图12.164所示。

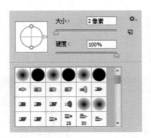

图12.164 设置笔触

PS 10 选中【图层11】图层，将前景色更改为白色，执行菜单栏中的【窗口】|【路径】命令，在弹出的面板中选中【工作路径】，在其路径名称上单击鼠标右键，从弹出的快捷菜单中选择【描边路径】命令，在弹出的对话框中选择工具为【画笔】，确认勾选【模拟压力】复选框，设置完成之后单击【确定】按钮，如图12.165所示。

图12.165 设置描边路径

PS 11 在【图层】面板中，选中【图层11】图层，将其拖至面板底部的【创建新图层】按钮上，复制一个【图层11 拷贝】图层，如图12.166所示。

PS 12 选中【图层11 拷贝】图层，在画布中按Ctrl+T组合键对其执行自由变换命令，在出现的变形框中单击鼠标右键，从弹出的快捷菜单中选择【垂直翻转】命令，完成之后按Enter键确认，再将图形稍微移动并与原图形边缘对齐，如图12.167所示。

图12.166 复制图层　　　图12.167 变换图形

PS 13 在【图层】面板中，同时选中【图层11 拷贝】和【图层11】图层，执行菜单栏中的【图层】|【合并形状】命令，此时将生成一个【图层11 拷贝】图层，如图12.168所示。

图12.168 合并图层

PS 14 选中【图层11拷贝】图层，在画布中按住 Alt+Shift组合键向下拖动，将图形复制，此时将生成一个【图层11 拷贝2】图层，如图12.169所示。

图12.169 复制图形

PS 15 同时选中【图层11 拷贝2】及【图层11 拷贝】图层，执行菜单栏中的【图层】|【合并形状】命令，此时将生成一个【图层11 拷贝2】图层，如图12.170所示。

图12.170 合并图层

PS 16 同时选中【图层11 拷贝2】及【椭圆1】图层，分别单击选项栏中的【垂直居中对齐】按钮及【水平居中对齐】按钮，将图形对齐，如图12.171所示。

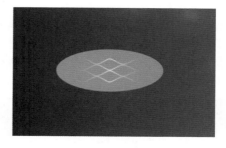

图12.171 对齐图形

PS 17 在【图层】面板中，选中【椭圆1】图层，单击面板底部的【添加图层蒙版】按钮，为其图层添加图层蒙版，如图12.172所示。

PS 18 在【图层】面板中，选中【图层11 拷贝2】图层，按住Ctrl键单击其图层缩览图，将其图层中的图形载入选区，如图12.173所示。

 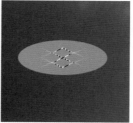

图12.172 添加图层蒙版　　图12.173 载入选区

PS 19 单击【椭圆1】图层蒙版缩览图，在画布中将选区填充为黑色，将部分图形隐藏为其制作镂空效果，填充完成之后按Ctrl+D组合键将选区取消。

PS 20 选中【图层11 拷贝2】图层，单击图层名称前面的【指示图层可见性】图标将图层隐藏，如图12.174所示。

 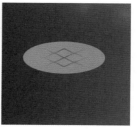

图12.174 隐藏图形

PS 21 选择工具箱中的【横排文字工具】T，在刚才所绘制的椭圆图形下方位置添加文字，如图12.175所示。

PS 22 选中【弹性…】文字图层，在画布中按Ctrl+T组合键对其执行自由变换命令，在出现的变形框中单击鼠标右键，从弹出的快捷菜单中选择【斜切】命令，将光标移至变形框顶部控制点向右侧拖动，将文字变换，完成之后按Enter键确认，如图12.176所示。

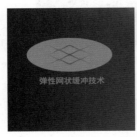

图12.175 添加文字　　图12.176 变换文字

PS 23 选择工具箱中的【椭圆工具】○，在选项栏中将【填充】更改为无，【描边】为蓝色（R:16，G:157，B:247），【大小】为0.5点，在刚才所添加的文字下方位置按住Shift键绘制一个正圆图形，此时将生成一个【椭圆2】图层，如图12.177所示。

图12.177 绘制图形

PS 24 在【图层】面板中，选中【椭圆2】图层，将其拖至面板底部的【创建新图层】□按钮上，复制一个【椭圆2 拷贝】图层，如图12.178所示。

PS 25 选中【椭圆2 拷贝】图层，在选项栏中将【填充】更改为蓝色（R:16，G:157，B:247），【描边】更改为无，再按Ctrl+T组合键对其执行自由变换，当出现变形框以后按住Alt+Shift组合键将图形等比缩小，完成之后按Enter键确认，如图12.179所示。

图12.178 复制图层　　图12.179 变换图形

PS 26 同时选中【椭圆2】及【椭圆2 拷贝】图层，执行菜单栏中的【图层】|【新建】|【从图层建立组】，在弹出的对话框中将【名称】更改为【椭圆】，完成之后单击【确定】按钮，此时将生成一个【椭圆】组，如图12.180所示。

图12.180 从图层新建组

PS 27 选中【椭圆】组，在画布中按住Alt+Shift组合键向下拖动，将其复制2份，此时将生成【椭圆 拷贝】及【椭圆 拷贝2】组，如图12.181所示。

图12.181 复制组

PS 28 选择工具箱中的【横排文字工具】T，在刚才所绘制的图形前方位置添加文字，这样就完成了效果制作，最终效果如图12.182所示。

图12.182 添加文字及最终效果

12.3 手机广告设计

设计构思

● 新建画布后利用【渐变工具】制作淡蓝色的渐变背景。添加相关调用素材，利用【多边形套索工具】在所添加的调用素材图像底部绘制不规则选区。

● 在画布中绘制不规则的选区并填充不同的颜色制作出折叠的生动形象的图形效果。在所绘制的图形上及画布适当位置添加相关文字。

● 利用相关图形工具在画布中绘制小标签并添加相关文字。最后添加相关调用素材并利用自定义形状工具在所添加的素材附近位置绘制图形完成最终效果制作。

● 本例主要讲解手机广告设计制作，本广告的一大亮点是折叠的图形效果，利用绘制不规则选区并填充不同颜色的方法制作出折叠图形效果使整个广告画面更加生动形象，使人眼前一亮并且将注意力瞬间转移至广告的主体信息位置。

难易程度：★★★★☆
调用素材：配套光盘\附增及素材\调用素材\第12章\手机广告
最终文件：配套光盘\附增及素材\源文件\第12章\手机广告设计.psd
视频位置：配套光盘\movie\12.3 手机广告设计.avi

手机广告设计最终效果如图12.183所示。

图12.183 手机广告设计最终效果

操作步骤

12.3.1 制作背景及添加素材

PS 01 执行菜单栏中的【文件】|【新建】命令，在弹出的对话框中设置【宽度】为10厘米，【高度】为6厘米，【分辨率】为300像素/英寸，【颜色模式】为RGB颜色，新建一个空白画布，如图12.184所示。

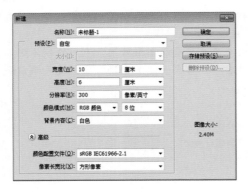

图12.184 新建画布

PS 02 选择工具箱中的【渐变工具】 ，在选项栏中单击【点按可编辑渐变】按钮，在弹出的对话框中将渐变颜色更改为白色到浅蓝色（R:181，B:198，B:218），设置完成之后单击【确定】按钮，再单击选项栏中的【径向渐变】 按钮，如图12.185所示。

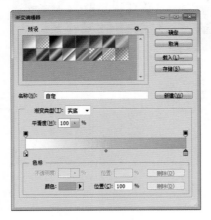

图12.185 设置渐变

PS 03 在画布中靠左侧位置向右边缘拖动，为画布填充渐变，如图12.186所示。

图12.186 填充渐变

PS 04 执行菜单栏中的【文件】|【打开】命令，在弹出的对话框中选择配套光盘中的【调用素材\第12章\手机广告\手机.psd】文件，将打开的素材拖入画布右侧位置并适当缩小，如图12.187所示。

图12.187 添加素材

PS 05 选择工具箱中的【钢笔工具】 ，在刚才所添加的素材图像中手机底部位置绘制一个细长的封闭路径，如图12.188所示。

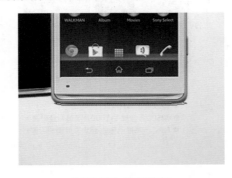

图12.188 绘制路径

PS 06 在画布中按Ctrl+Enter组合键将刚才所绘制的封闭路径转换成选区，然后在【图层】面板中，单击面板底部的【创建新图层】 按钮，新建一个【图层1】图层，如图12.189所示。

图12.189 转换选区并新建图层

PS 07 选中【图层1】图层，在画布中将选区填充为黑色，填充完成之后按Ctrl+D组合键将选区取消，如图12.190所示。

图12.190 填充颜色

PS 08 选中【图层1】图层，执行菜单栏中的【滤镜】|【模糊】|【高斯模糊】命令，在弹出的对话框中将【半径】更改为2像素，设置完成之后单击【确定】按钮，如图12.191所示。

PS 09 在【图层】面板中，选中【图层1】图层，将其向下移至【手机】图层下方，如图12.192所示。

图12.191 设置高斯模糊　图12.192 更改图层顺序

PS 10 选择工具箱中的【钢笔工具】 ，以同样的方法在刚才所添加的素材图像中手机底部另外位置再次绘制不规则的封闭路径，如图12.193所示。

图12.193 绘制路径

PS 11 在画布中按Ctrl+Enter组合键将刚才所绘制的封闭路径转换成选区，然后在【图层】面板中，单击面板底部的【创建新图层】 按钮，新建一个【图层2】图层，如图12.194所示。

图12.194 转换选区并新建图层

PS 12 选中【图层2】图层，在画布中将选区填充为黑色，填充完成之后按Ctrl+D组合键将选区取消，如图12.195所示。

图12.195 填充颜色

PS 13 选中【图层2】图层，执行菜单栏中的【滤镜】|【模糊】|【高斯模糊】命令，在弹出的对话框中将【半径】更改为3像素，设置完成之后单击【确定】按钮，如图12.196所示。

PS 14 在【图层】面板中，选中【图层2】图层，将其向下移至【背景】图层上方，如图12.197所示。

389

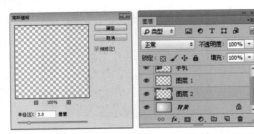

图12.196 设置高斯模糊　图12.197 更改图层顺序

PS 15 选中【图层2】图层，将其图层【不透明度】更改为60%。

12.3.2 绘制图形并添加文字

PS 01 选择工具箱中的【多边形套索工具】，在画布中靠右侧位置绘制一个不规则选区，如图12.198所示。

PS 02 单击面板底部的【创建新图层】 按钮，新建一个【图层3】图层，如图12.199所示。

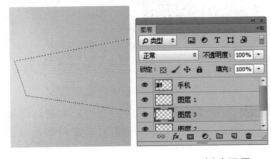

图12.198 绘制选区　　　图12.199 新建图层

PS 03 选中【图层3】图层，在画布中将选区填充为深红色（R:168，G:8，B:38），填充完成之后按Ctrl+D组合键将选区取消，如图12.200所示。

图12.200 填充颜色

PS 04 选择工具箱中的【多边形套索工具】，以刚才同样的方法在适当位置再次绘制不规则选区，如图12.201所示。

PS 05 单击面板底部的【创建新图层】 按钮，新建一个【图层4】图层，如图12.202所示。

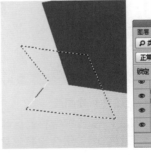

图12.201 绘制选区　　　图12.202 新建图层

PS 06 选中【图层4】图层，在画布中将选区填充为深红色（R:133，G:4，B:28），填充完成之后按Ctrl+D组合键将选区取消，如图12.203所示。

图12.203 填充颜色

PS 07 选择工具箱中的【多边形套索工具】，绘制一个选区，如图12.204所示。

图12.204 绘制一个选区

PS 08 单击面板底部的【创建新图层】 按钮，新建一个【图层5】图层。

PS 09 选中【图层5】图层，在画布中将选区填充为绿色（R:179，G:226，B:17），填充完成之后按Ctrl+D组合键将选区取消，如图12.205所示。

图12.205 填充颜色

PS 10 在【图层】面板中，选中【图层5】图层，单击面板底部的【添加图层样式】*fx*按钮，在菜单中选择【渐变叠加】命令，在弹出的对话框中将渐变颜色更改为深绿色（R:100，G:128，B:3）到透明，【角度】更改为-90，设置完成之后单击【确定】按钮，如图12.206所示。

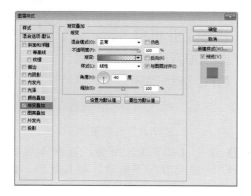

图12.206 设置渐变叠加

PS 11 选择工具箱中的【多边形套索工具】，在画布右侧与画布接触的边缘位置绘制不规则选区，如图12.207所示。

PS 12 单击面板底部的【创建新图层】按钮，新建一个【图层6】图层，如图12.208所示。

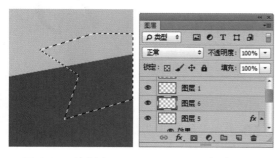

图12.207 绘制选区　　　图12.208 新建图层

PS 13 在画布中将选区填充为绿色（R:169，G:204，B:74），填充完成之后按Ctrl+D组合键将选区取消，如图12.209所示。

PS 14 在【图层】面板中，选中【图层6】图层，将其拖至面板底部的【创建新图层】按钮上，复制一个【图层6 拷贝】图层，如图12.210所示。

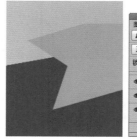 

图12.209 填充颜色　　　图12.210 复制图层

PS 15 在【图层】面板中，选中【图层6】图层，单击面板上方的【锁定透明像素】按钮，将其图层填充为黑色，填充完成之后再次单击此按钮将其解除锁定，如图12.211所示。

图12.211 锁定透明像素并填充颜色

PS 16 选中【图层6】图层，将其图层【不透明度】更改为30%，然后在画布中将图层向下稍微移动，如图12.212所示。

 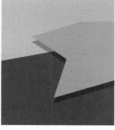

图12.212 更改图层不透明度并移动图形

PS 17 选中【图层6】图层，选择工具箱中的【多边形套索工具】，在画布中其图形与背景交叉的地方绘制一个不规则选区，按Delete键将选区中的图形删除，完成之后按Ctrl+D组合键将选区取消，如图12.213所示。

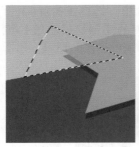 

图12.213 删除图形

PS 18 为【图层6】添加图层蒙版，选择工具箱中的【渐变工具】■，在选项栏中单击【点按可编辑渐变】按钮，在弹出的对话框中选择【黑白渐变】，设置完成之后单击【确定】按钮，再单击选项栏中的【线性渐变】■按钮，如图12.214所示。

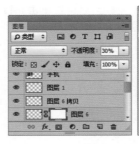

图12.214 设置渐变

PS 19 单击【图层6】图层蒙版缩览图，在画布中其图形上拖动，将多余图形隐藏，如图12.215所示。

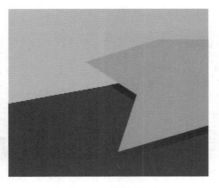

图12.215 隐藏图形

PS 20 选择工具箱中的【横排文字工具】T，在画布中适当位置添加文字，如图12.216所示。

图12.216 添加文字

PS 21 选择工具箱中的【矩形工具】□，在选项栏中将【填充】更改为深红色（R:168，G:8，B:38），【描边】为无，在画布中绘制一个矩形，此时将生成一个【矩形1】图层，如图12.217所示。

图12.217 绘制图形

PS 22 选中【矩形1】图层，在画布中按住Alt+Shift组合键向下拖动，将其复制，如图12.218所示。

PS 23 执行菜单栏中的【文件】|【打开】命令，在弹出的对话框中选择配套光盘中的【调用素材\第12章\手机广告\蓝牙耳机.psd】文件，将打开的素材拖入画布中并适当缩小，如图12.219所示。

图12.218 复制图形　　图12.219 添加素材

PS 24 选择工具箱中的【椭圆工具】○，在选项栏中将【填充】更改为黑色，【描边】为无，在刚才所添加的素材图像下方绘制一个稍扁的图形，此时将生成一个【椭圆1】图层，如图12.220所示。

图12.220 绘制图形

PS 25 选中【椭圆1】图层，执行菜单栏中的【图层】|【栅格化】|【形状】命令，将当前图形栅格化，如图12.221所示。

PS 26 选中【椭圆1】图层，执行菜单栏中的【滤镜】|【模糊】|【高斯模糊】命令，在弹出的对话框中将【半径】更改为3像素，设置完成之后单击【确定】按钮，如图12.222所示。

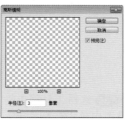

图12.221 栅格化图层　图12.222 设置高斯模糊

PS 27 选中【椭圆1】图层，将其图层【不透明度】更改为30%，如图12.223所示。

图12.223 更改图层不透明度

PS 28 选择工具箱中的【椭圆工具】，在选项栏中将【填充】更改为橙色（R:255，G:114，B:0），【描边】为无，在刚才所添加的素材图像附近位置按住Shift键绘制一个椭圆，此时将生成一个【椭圆2】图层，如图12.224所示。

PS 29 选择工具箱中的【矩形工具】，在选项栏中将【填充】更改为橙色（R:255，G:114，B:0），【描边】为无，单击选项栏中的【路径操作】按钮，在弹出的选项中选择【合并

形状】在刚才所绘制的椭圆图形右下角位置绘制一个矩形，如图12.225所示。

图12.224 绘制图形　　图12.225 合并形状

提示

在绘制图形时由于选择了合并形状，所以在绘制第二个图形之后当前图层会保持第一个图形名称不会发生变化。

PS 30 选择工具箱中的【横排文字工具】T，在刚才所绘制的图形上添加文字，如图12.226所示。

PS 31 选择工具箱中的【圆角矩形工具】，在选项栏中将【填充】更改为橙色（R:255，G:114，B:0），【描边】为无，【半径】为20像素，在画布右下角位置绘制一个圆角矩形，此时将生成一个【圆角矩形1】图层，如图12.227所示。

图12.226 添加文字

图12.227 绘制图形

PS 32 在【图层】面板中，选中【圆角矩形1】图层，单击面板底部的【添加图层样式】fx按钮，

在菜单中选择【渐变叠加】命令，在弹出的对话框中将渐变颜色更改为橙色（R:255，G:114，B:0），到浅橙色（R:253，G:169，B:101）【角度】更改为90度，如图12.228所示。

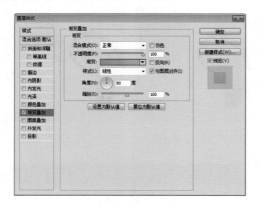

图12.228 设置渐变叠加

PS 33 勾选【投影】复选框，将【不透明度】更改为30%，【角度】更改为90度，【距离】更改为2像素，【大小】更改为4像素，设置完成之后单击【确定】按钮，如图12.229所示。

PS 34 选择工具箱中的【横排文字工具】 T ，在刚才所绘制的圆角矩形上添加文字，如图12.230所示。

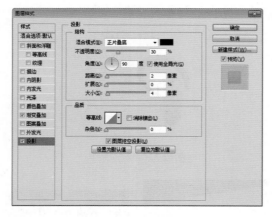

图12.229 设置投影

图12.230 添加文字

PS 35 执行菜单栏中的【文件】|【打开】命令，在弹出的对话框中选择配套光盘中的【调用素材\第12章\手机广告logo.psd】文件，将打开的素材拖入画布中右上角位置并适当缩小，如图12.231所示。

图12.231 添加素材

PS 36 选择工具箱中的【自定形状工具】 ，在画布中单击鼠标右键，在弹出的面板中选择【注册商标符号】图形，在选项栏中将【填充】更改为黑色，【描边】为无，在画布右上角刚才所添加的素材右上角位置按住Shift键绘制图形，这样就完成了效果制作，最终效果如图12.232所示。

图12.232 绘制图形及最终效果

12.4 移动通信广告设计

设计构思

- 新建画布后利用【渐变工具】制作一个径向的渐变背景。添加相关调用素材，利用滤镜命令为所添加的素材图像制作倒影效果。在画布中适当位置绘制图形并添加相关调用素材。
- 在画布靠上方位置添加相关文字并在部分文字空隙位置绘制形象的图形效果，增加了整个广告的灵动性并且强调了广告的信息。最后在画布底部位置添加调用素材和文字以及绘制相关图形完成最终效果制作。
- 本例主要讲解移动通信广告设计制作，广告的主体内容简约清晰明了，采用了手机素材图像强调了广告的信息量，从色彩图形搭配到广告的整体效果向用户传递了一种最为直观的信息。

难易程度：★★★★☆
调用素材：配套光盘\附增及素材\调用素材\第12章\移动通信广告
最终文件：配套光盘\附增及素材\源文件\第12章\移动通信广告设计.psd
视频位置：配套光盘\movie\12.4 移动通信广告设计.avi

移动通信广告设计最终效果如图12.233所示。

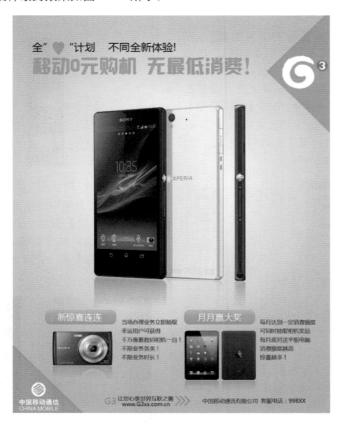

图12.233 移动通信广告设计最终效果

![操作步骤] **操作步骤**

12.4.1 制作背景及添加素材

PS **01** 执行菜单栏中的【文件】|【新建】命令，在弹出的对话框中设置【宽度】为10厘米，【高度】为13厘米，【分辨率】为300像素/英寸，【颜色模式】为RGB颜色，新建一个空白画布，如图12.234所示。

图12.234 新建画布

PS **02** 选择工具箱中的【渐变工具】，在选项栏中单击【点按可编辑渐变】按钮，在弹出的对话框中将渐变颜色更改为白色到浅蓝色（R:181，B:198，B:218），设置完成之后单击【确定】按钮，再单击选项栏中的【径向渐变】按钮，如图12.235所示。

PS **03** 在画布中靠上方位置从上方向下拖动，为画布填充渐变，如图12.236所示。

图12.235 设置渐变　　　图12.236 填充渐变

PS **04** 执行菜单栏中的【文件】|【打开】命令，在弹出的对话框中选择配套光盘中的【调用素材\第12章\移动通信广告\手机.psd】文件，将打开的素材拖入画布靠上方位置并适当缩小，如图12.237所示。

PS **05** 在【图层】面板中，选中【手机】图层，

将其拖至面板底部的【创建新图层】按钮上，复制一个【手机 拷贝】图层，如图12.238所示。

图12.237 添加素材　　　图12.238 复制图层

PS **06** 选中【手机 拷贝】图层，在画布中按Ctrl+T组合键对其执行自由变换，在出现的变形框中单击鼠标右键，从弹出的快捷菜单中选择【垂直翻转】命令，再按住Shift键将其向下垂直移动并与原图像对齐，完成之后再次单击鼠标右键，从弹出的快捷菜单中选择【斜切】命令，将光标移至变形框右侧控制点并向上拖动，将图形变换，完成之后按Enter键确认，如图12.239所示。

图12.239 变换图形

PS **07** 选择工具箱中的【多边形套索工具】，在【手机 拷贝】图层中的图像位置绘制一个不规则选区以选中部分图像，按Ctrl+T组合键向上拖动，将图像变换，完成之后按Enter键确认，如图12.240所示。

图12.240 绘制选区并变换图像

PS 08 选中【手机 拷贝】图层，执行菜单栏中的【滤镜】|【模糊】|【动感模糊】命令，在弹出的对话框中将【角度】更改为90度，【距离】更改为9像素，设置完成之后单击【确定】按钮，如图12.241所示。

PS 09 在【图层】面板中，选中【手机 拷贝】图层，单击面板底部的【添加图层蒙版】 ▢ 按钮，为其图层添加图层蒙版，如图12.242所示。

图12.241 设置动感模糊   图12.242 添加图层蒙版

PS 10 选择工具箱中的【渐变工具】 ▣，在选项栏中单击【点按可编辑渐变】按钮，在弹出的对话框中选择【黑白渐变】，如图12.243所示，设置完成之后单击【确定】按钮，再单击选项栏中的【线性渐变】 ▣ 按钮。

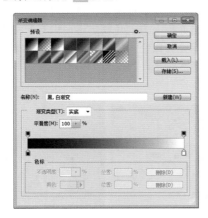

图12.243 设置渐变

PS 11 单击【手机 拷贝】图层蒙版缩览图，在画布中从下至上拖动，将部分图像隐藏，如图12.244所示。

图12.244 隐藏图像

PS 12 选中【手机 拷贝】图层，将其图层【不透明度】更改为30%，如图12.245所示。

图12.245 更改图层不透明度

12.4.2 绘制图形并添加文字

PS 01 选择工具箱中的【矩形工具】 ▣，在选项栏中将【填充】更改为橙色（R:255，G:132，B:0），【描边】为无，在画布中适当位置按住Shift键绘制一个矩形，此时将生成一个【矩形1】图层，如图12.246所示。

图12.246 绘制图形

PS 02 选中【矩形1 拷贝】图层，在画布中按Ctrl+T组合键对其执行自由变换，当出现变形框以后在选项栏中的【旋转】后面的文本框中输入45，完成之后按Enter键确认，如图12.247所示。

PS 03 选中刚才所绘制的矩形图形，选择工具箱中的【删除锚点工具】，单击矩形右侧的锚点，将其删除，如图12.248所示。

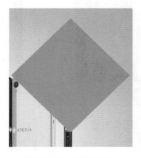 

图12.247 旋转图形　　图12.248 删除锚点

PS 04 选中【矩形1】图层，在画布中按Ctrl+T组合键对其执行自由变换，当出现变形框以后按住Alt+Shift组合键将其等比缩小，完成之后按Enter键确认，再移至画布右上角位置，如图12.249所示。

图12.249 变换及移动图形

PS 05 在【图层】面板中，选中【矩形1】图层，将其拖至面板底部的【创建新图层】按钮上，复制一个【矩形1 拷贝】图层，如图12.250所示。

PS 06 选中【矩形1 拷贝】图层，在画布中按Ctrl+T组合键对其执行自由变换，当出现变形框以后在选项栏中的【旋转】后面的文本框中输入-45，完成之后按Enter键确认，再将图形移至画布右下角位置，如图12.251所示。

图12.250 复制图层　　图12.251 变换图形

PS 07 选中【矩形1 拷贝】图层，在画布中按Ctrl+T组合键对其执行自由变换，当出现变形框以后按住Alt+Shift组合键将其等比缩小，完成之后按Enter键确认，再移至画布右下角边缘位置与画布边缘对齐，如图12.252所示。

图12.252 变换及移动图形

PS 08 执行菜单栏中的【文件】|【打开】命令，在弹出的对话框中选择配套光盘中的【调用素材\第12章\移动通信广告\移动logo.psd】文件，将打开的素材拖入画布左下角图形上并适当缩小，如图12.253所示。

图12.253 添加素材

PS 09 在【图层】面板中，选中【移动logo】图层，单击面板上方的【锁定透明像素】按钮，将其图层填充为白色，填充完成之后再次单击此按钮将其解除锁定，如图12.254所示。

图12.254 锁定透明像素并填充颜色

PS 10 执行菜单栏中的【文件】|【打开】命令，在弹出的对话框中选择配套光盘中的【调用素材\第12章\移动通信广告\G3标志.psd】文件将打开

的素材拖入画布右上角图形上并适当缩小，如图12.255所示。

PS 11 选择工具箱中的【矩形选框工具】[ ]，在画布中刚才所添加的素材图像上绘制一个矩形选区将部分图像选中，如图12.256所示。

图12.255 添加素材　　图12.256 绘制选区

PS 12 在【图层】面板中，选中【G3标志】单击面板上方的【锁定透明像素】按钮，将其选区填充为白色，完成之后按Ctrl+D组合键将选区取消，之后再次单击【锁定透明像素】按钮将图层透明像素解除锁定，如图12.257所示。

图12.257 锁定透明像素并填充颜色

PS 13 选择工具箱中的【横排文字工具】 T ，在画布靠上方位置添加文字并在所添加的文字中部分位置留出一个文字的空间，如图12.258所示。

图12.258 添加文字

PS 14 选择工具箱中的【自定形状工具】，在画布中单击鼠标右键，从弹出的面板中选择【形状】|【红心】，如图12.259所示。

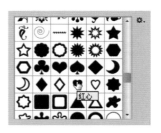

图12.259 设置图形

PS 15 在选项栏中将【填充】更改为橙色（R:255，G:132，B:0），【描边】为无，在刚才添加文字所留出的空间按住Shift键绘制一个心形图形，此时将生成一个【形状1】图层，如图12.260所示。

图12.260 绘制图形

PS 16 选择工具箱中的【圆角矩形工具】，在选项栏中将【填充】更改为橙色（R:255，G:132，B:0），【描边】为无，【半径】为20像素，在画布中靠下方位置绘制一个圆角矩形，此时将生成一个【圆角矩形1】图层，如图12.261所示。

图12.261 绘制图形

PS 17 在【图层】面板中，选中【圆角矩形1】图层，单击面板底部的【添加图层样式】*fx*按钮，在菜单中选择【渐变叠加】命令，在弹出的对话框中将渐变颜色更改为橙色（R:255，G:132，B:0）到浅橙色（R:248，G:202，B:142），【角度】更改为90度，设置完成之后单击【确定】按钮，如图12.262所示。

399

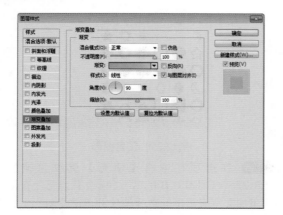

图12.262 设置渐变叠加

PS 18 选择工具箱中的【横排文字工具】T，在刚才所绘制的圆角矩形图形上添加文字，如图12.263所示。

PS 19 执行菜单栏中的【文件】|【打开】命令，在弹出的对话框中选择配套光盘中的【调用素材\第12章\移动通信广告\相机.psd】文件，将打开的素材拖入画布右下角位置并适当缩小，如图12.264所示。

图12.263 添加文字　　图12.264 添加素材

PS 20 在【图层】面板中，选中【相机】图层，将其拖至面板底部的【创建新图层】按钮上，复制一个【相机 拷贝】图层，如图12.265所示。

PS 21 选中【相机 拷贝】图层，按Ctrl+T组合键对其执行自由变换命令，在出现的变形框中单击鼠标右键，从弹出的快捷菜单中选择【垂直翻转】命令，完成之后按Enter键确认，如图12.266所示。

PS 22 选择工具箱中的【渐变工具】，在选项栏中单击【点按可编辑渐变】按钮，在弹出的对话框中选择【黑白渐变】，设置完成之后单击【确定】按钮，再单击选项栏中的【线性渐变】按钮，如图12.267所示。

PS 23 在【图层】面板中，选中【相机 拷贝】图层，单击面板底部的【添加图层蒙版】按钮，为其图层添加图层蒙版，如图12.268所示。

图12.265 复制图层　　图12.266 变换图像

图12.267 设置渐变　　图12.268 添加图层蒙版

PS 24 单击【相机 拷贝】图层蒙版缩览图，在画布中其图形上从下至上拖动，将部分图像隐藏，如图12.269所示。

PS 25 选择工具箱中的【横排文字工具】T，在相机图像旁边添加文字，如图12.270所示。

图12.269 隐藏图像　　图12.270 添加文字

PS 26 选中【圆角矩形1】图层，在画布中按住Alt+Shift组合键向右侧拖动，将图形复制，此时将生成一个【圆角矩形1 拷贝】图层，如图12.271所示。

400

图12.271 复制图形

PS 27 选择工具箱中的【横排文字工具】 T ，在所复制的圆角矩形上添加文字，如图12.272所示。

PS 28 执行菜单栏中的【文件】|【打开】命令，在弹出的对话框中选择配套光盘中的【调用素材\第12章\移动通信广告\平板电脑.psd】文件，将打开的素材拖入画布右下角位置并适当缩小，如图12.273所示。

图12.272 添加文字　　　图12.273 添加素材

PS 29 在【图层】面板中，选中【平板电脑】图层，将其拖至面板底部的【创建新图层】 按钮上，复制一个【平板电脑 拷贝】图层，如图12.274所示。

PS 30 选中【平板电脑 拷贝】图层，按Ctrl+T组合键对其执行自由变换命令，在出现的变形框中单击鼠标右键，从弹出的快捷菜单中选择【垂直翻转】命令，完成之后按Enter键确认，如图12.275所示。

图12.274 复制图层　　　图12.275 变换图像

PS 31 选择工具箱中的【渐变工具】 ，在选项栏中单击【点按可编辑渐变】按钮，在弹出的对话框中选择【黑白渐变】，设置完成之后单击【确定】按钮，再单击选项栏中的【线性渐变】 按钮，如图12.276所示。

PS 32 在【图层】面板中，选中【平板电脑 拷贝】图层，单击面板底部的【添加图层蒙版】 按钮，为其图层添加图层蒙版，如图12.277所示。

图12.276 设置渐变　　　图12.277 添加图层蒙版

PS 33 单击【相机 拷贝】图层蒙版缩览图，在画布中其图形上从下至上拖动，将部分图像隐藏，如图12.278所示。

PS 34 选择工具箱中的【横排文字工具】 T ，在相机图像旁边添加文字，如图12.279所示。

图12.278 隐藏图像　　　图12.279 添加文字

PS 35 选择工具箱中的【横排文字工具】 T ，在画布底部位置添加文字，如图12.280所示。

图12.280 添加文字

401

PS 36 选择工具箱中的【矩形工具】■，在选项栏中将【填充】更改为无，【描边】为橙色（R:255，G:132，B:0），【大小】为1点，在画布中按住Shift键绘制一个矩形，此时将生成一个【矩形2】图层，如图12.281所示。

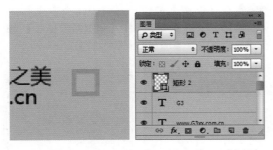

图12.281 绘制图形

PS 37 选中【矩形2】图层，在画布中按Ctrl+T组合键对其执行自由变换，当出现变形框以后在选项栏中的【旋转】后面的文本框中输入45，完成之后按Enter键确认，如图12.282所示。

图12.282 旋转图形

PS 38 选择工具箱中的【直接选择工具】▷，在画布中选中矩形2图形的右侧锚点，按Delete键将其删除，如图12.283所示。

图12.283 删除锚点

提示

直接删除锚点与使用【删除锚点工具】的区别是前者直接将图形中控制部分图形锚点删除，而【删除锚点工具】的作用则是只删除锚点图形不会被删除。

PS 39 选中【矩形2】图层，在画布中按住Alt+Shift组合键向右侧拖动，将图形复制2份，如图12.284所示。

图12.284 复制图形

PS 40 选择工具箱中的【横排文字工具】T，在画布适当位置添加文字，这样就完成了效果制作，最终效果制作如图12.285所示。

图12.285 添加文字及最终效果